湖北省学术著作出版专项资金资助项目

工程景观研究丛书

万 敏 主编

Theoretical Study of Environmental Colors and
Practical Exploration of Landscape Design

环境色彩的学理研究

及景观设计实践探索

辛艺峰 著

华中科技大学出版社

http://www.hustp.com

中国·武汉

图书在版编目(CIP)数据

环境色彩的学理研究及景观设计实践探索/辛艺峰著.—武汉:华中科技大学出版社,
2019.1

(工程景观研究丛书)

ISBN 978-7-5680-4405-9

Ⅰ. ①环⋯　Ⅱ. ①辛⋯　Ⅲ. ①景观规划-色彩-环境设计-研究　Ⅳ. ①TU983

中国版本图书馆 CIP 数据核字(2019)第 061142 号

环境色彩的学理研究及景观设计实践探索　　　　　　　　　　　　　辛艺峰　著

Huanjing Secai de Xueli Yanjiu ji Jingguan Sheji Shijian Tansuo

策划编辑:易彩萍

责任编辑:易彩萍

封面设计:王　娜

责任校对:刘　竣

责任监印:朱　玢

出版发行:华中科技大学出版社(中国·武汉)　　　电话:(027)81321913
　　　　　武汉市东湖新技术开发区华工科技园　　　邮编:430223

录　　排:华中科技大学惠友文印中心

印　　刷:武汉市金港彩印有限公司

开　　本:710mm×1000mm　1/16

印　　张:25.5

字　　数:389 千字

版　　次:2019 年 1 月第 1 版第 1 次印刷

定　　价:258.00 元

　　本书得到国家自然科学基金"绿网城市理论及其实践引导研究(项目批准号:51678258)"的支持。

作者简介 | About the Author

辛艺峰

　　男，1961 年 11 月生，四川省广安人。现为华中科技大学建筑与城市规划学院教授和研究生导师，中国建筑学会会员及室内设计分会理事、资深高级室内建筑师、室内设计专家委员会专家委员、中国工业设计协会会员及首批认定的高级设计师。

　　从 1984 年毕业分配进入高等学校任教至今已近 35 年，先后在原武汉城市建设学院风景园林系从事风景园林专业的教学、科研与工程设计工作，完成首届风景园林专业实习及毕业设计指导工作，并于 1985 年率先将构成设计教学内容引入风景园林专业设计初步课程中，直至构建起风景园林专业构成教学训练系统。1995—2015 年负责华中科技大学建筑与城市规划学院环境设计专业、设计学一级硕士授予点与艺术硕士授予点的教学管理与学科建设工作，20 余年来，完成环境设计专业从本科到硕士再到建筑学一级学科博士授予点下的国内首个"室内设计及其理论"二级学科博士授予点的申报及学科建设任务。

　　现主持华中科技大学城市环境艺术设计研究室的理论研究、教学科研与设计创作实践工作，著有《建筑绘画表现技法》(2001)、《建筑室内环境设计》(2007、2018)、《城市环境艺术设计快速效果表现》(2008)、《室内环境设计原理与案例剖析》(2013)、《城市细部的考量——环境艺术小品设计解读》(2015)、普通高等教育"十一五"国家级规划教材《室内环境设计理论与入门方法》(2011)、普通高等教育"十一五"国家级规划教材《商业建筑室内环境艺术设计》(2008)、《现代商场室内设计》(2011)、研究生教材《商业建筑内外环境设计》(2013)、住建部普通高等教育土建学科专业"十五"至"十三五"规划教材及高校建筑学专业指导委员会规划推荐教材《室内设计原理》(2006、2017)等著述。发表专业学术论文近百篇，出版、展示及完成各类城市及建筑内外环境艺术设计作品与工程项目百余个。

前　　言

　　人类对色彩的认识有着悠久的历史,早在远古时期,人类就已经懂得运用色彩来装饰自身与周围的环境,以表达内心的情感。纵览人类社会的发展历程可知:人类运用色彩来装饰、美化建筑及环境的历史,和装饰、美化自身及其他一切物品的历史一样源远流长,而且随着不同时代物质与精神、生产与意识等客观因素的改变而不断地发生变化。

　　就"环境色彩"而言,它是现代色彩学运用空间环境而产生的一门新的色彩探究领域。"环境色彩"一词产生于20世纪60年代,是基于飞速发展的世界性城市化进程而提出来的。从环境色彩涉及的范畴来看,它不但包含空间实体环境中的自然要素(地理环境、气候条件、植被生物、水体土壤)与人工要素(建构筑物、道路桥梁、服务设施、公共艺术),还包括空间实体环境中的人文要素(风土人情、地域文化、宗教信仰、审美习俗)等的色彩现象。本书从视觉美学与环境文化两个层面来呈现环境色彩探究的意义:视觉美学层面,主要通过空间实体环境中的自然、人工等要素来呈现环境色彩的意义;环境文化层面,主要通过空间实体环境中的人文要素、社会生活的方方面面来呈现环境色彩的气质及特质。两者相辅相成、相互补充,共同展现空间实体环境色彩的表现意蕴。

　　若从城市与大地环境来看,构成环境实质的任何景物都不能脱离色彩而存在,环境色彩是空间场所中引人注目、独具个性特色的景观构成要素。在构成空间场所个性特色的诸多要素中,色彩要素无疑凭借其"第一视觉"的特性而成为环境景观塑造中最主要的语言表现形式。如在城市空间中,其环境色彩不仅可在某种程度上直接反映出所在城市市民的文化素质水平和精神风貌,还可展现该城市市民对文明程度与生活品质的追求。因此,就城市空间而言,环境色彩的规划与设计既是在其具体时空中的体现,也是改善城市空间环境、提高城市景观品质的一种有效途径。对城市空间中环境色彩规划与设计的探索,即在于以严谨的学术态度、科学方法和艺术探求的精神去发现城市色彩的综合价值,寻找不同城市的色彩特质,为城市景观个性营造具有美学意义的城市色彩环境,以实现环境色彩在"美丽中国"建设中景观塑造的梦想和价值。

作为一个从事环境色彩设计教学与科研工作已 30 余年的学者,笔者从 20 世纪 80 年代初即接触到刚引入的色彩构成基础理论与教学训练内容,并以极大的兴趣投入这种感性与理性相结合的色彩理论学习及设计应用的实践探究之中。笔者进入原武汉城市建设学院风景园林系任教以后,在学院图书馆外文阅览室借阅到日本色彩设计家吉田慎吾所著的《環境色彩デザイン——調査から設計まで》原版图书,有机会较早触及"环境色彩"这个亟待开拓的研究范畴。数十年来,笔者结合所在风景园林与环境艺术设计专业的教学,以及专业不同层级的学科建设和工程设计实践需要,以"环境色彩"为专题进行了持续的探索。

在环境色彩设计理论研究方面,笔者于 1989 年完成的《现代城市景观个性创造的重要因素——城市的环境色彩设计》入选 1989 年中国流行色协会学术交流会并获优秀学术论文奖,后以《城市景观与环境色彩设计》为题发表在中国流行色协会会刊《流行色》1992 年 2 期;后有论文《试论现代城市的环境色彩设计》发表在《城市》1995 年 2 期,《对建筑外观色彩设计的思考与展望》发表在《装饰装修天地》1995 年第 6 期、第 7 期两期,《走向新时期的城市环境色彩设计》发表在《新建筑》1995 年第 4 期;《建筑外部环境艺术设计中的色彩应用研究》发表在《重庆建筑大学学报》2002 年第 5 期;《现代城市环境色彩设计方法的研究》发表在《建筑学报》2004 年第 5 期等。进入 21 世纪以来,伴随着中国城市建设的飞速发展,环境与建筑色彩研究也引起不同领域广泛的关注,中国流行色协会作为中国科学技术协会下的一级学术组织,在过去关注纺织、服装、产品、家装等基础上,开始将目光聚焦于城市空间与建筑造型等环境色彩领域,并在协会下成立了建筑与环境色彩专业委员会,使前期处于摸索阶段的建筑与环境色彩研究逐渐成为社会关注的热点。其中在笔者主持的华中科技大学城市环境艺术研究室,从 2012 年至今,笔者对新世纪以来承担工程设计任务中完成的相关建筑环境色彩规划项目进行梳理,先后有《南方喀斯特地区城镇地域特色塑造中的环境色彩设计研究——以贵州荔波县城区为例》(2012)、《基于城市滨水区域的环境色彩设计探析——以豫中长葛市清潩河景观带设计为例》(2013)、《历史建筑内外环境更新改造中的色彩设计探索——以广东新会茶坑村旧乡府建筑为例》(2014)、《"美丽乡村"建设中的乡村环境色彩设计考量——以河南信阳市"狮乡美环"总体规划及美丽乡村重点地段整治设计为例》(2015)等近30篇环境色彩理论研究与设计应用探索方面的学术论文获中国流行色协会学术年会优秀论文奖,并收录入年会论文集公开出版或在中国色彩领域权威刊物《流行色》杂志发表。这些学术探究从"传统—现代、室外—室内、城市—乡村"等多视角对环境色彩理论与设计应用进行探索,取得了一系列具有价值的理论研究成果。

在环境色彩设计教学探索方面,笔者从1985年9月起即在武汉城市建设学院(现华中科技大学)风景园林专业一年级"设计初步"课程中进行构成设计教学训练内容引入后的教学探索,经过几年的教学实践,就风景园林专业构成教学中的色彩训练内容而言,我们深感这种富有理性和创意的基础训练方式对学生掌握现代色彩设计原理及把握建筑空间与风景园林色彩设计的有机联系帮助较大,其教学训练方式具有系统性、独创性、渐进性、启发性与趣味性等特点,满足了风景园林专业基础教学改革与系统构建的发展需要。1997年9月武汉城市建设学院环境艺术设计专业招生后,"构成设计"课程教学训练内容从"设计初步"课程中列出单独设课,色彩构成训练内容成为一个完整的板块。我们基于在环境色彩设计层面的理论探究及工程设计实践方面具有前沿性的思考,还在环境艺术设计专业高年级开设了"环境色彩研究专题"课程,以促进学生在多元化发展背景下对环境色彩理论进行深入学习。另在笔者指导的研究生中,先后有《城市地域特色塑造中的环境色彩设计研究——以郑州城市环境色彩设计实践为例》(张倩,2007)、《碧海蓝天·绿树红瓦——滨海城市青岛城市环境色彩设计特色研究》(刘海燕,2007)、《城市风貌特色塑造中的环境色彩设计方法及应用研究——以河南省平顶山市新城区为例》(杨鑫芃,2018)等硕士学位论文通过答辩,展现出在环境色彩设计方面取得的探索性成果。

在环境色彩景观设计实践方面,笔者一是从城市历史风貌及其旧城文化保护区维护层面将环境色彩规划设计理论导入相关工程实践应用,在延续城市历史文脉及维护城市文化风貌方面发挥出重要的作用。其项目包括河南郑州商城及相邻区域城市环境色彩概念设计(2007)、山东青岛城市色彩规划研究(2007)、贵州荔波县城风貌规划及旧城区主要街道环境色彩保护规划(2008)等。二是在城市开发新区整体规划及环境设计创新层面,完成城市开发新区整体规划及环境色彩规划设计,并取得一系列具有探索性的成果,包括河南南阳西峡财富世家住区环境设计(2007)、安徽合肥高新区柏堰科技园道路绿化环境色彩规划设计(2008)、河南长葛清潩河景观带城市概念性设计(2009)、广东珠海主城区道路及广场公共服务设施设置规划设计(2012)、湖北十堰房县义乌世贸城规划设计(2013)、河南信阳"狮乡美环"美丽乡村重要地段整治规划(2014)、河南省平顶山新城区城市风貌及环境色彩规划设计(2017)等。三是在城市标志建筑造型及内外环境空间营造层面,完成的设计项目包括湖北武汉东湖国家级风景名胜区梨园大门入口空间环境设计(2000)、广东韶关华苑名庭住区外部环境设计(2000)、湖北武汉东湖清河桥造型及环境设计(2002)、湖北武汉华中科技大学西12教学楼建筑内外环境设计(2007)等,从而为环境色彩景观营造范围的拓展提供设计实践探索方面的参照案例。

　　以上在环境色彩理论研究、色彩教学与工程实践三个方面所做的探索及取得的阶段性成果,无疑为本书撰写起到良好的支撑作用,其中相关的环境色彩理论研究、教学与工程实践应用成果也经重新梳理后,纳入本书各个章节予以呈现。

　　在本书付梓之际,在此特向所有为本书提供帮助和支持的相关人士表示诚挚的谢意! 另外,本书在撰写中参考和引用的文字、图片及设计案例均在其后注明出处或用表格列出,在此予以说明并致谢。一本著述的完成实属不易,书中若有不当之处还诚望读者及同仁给予批评和斧正。笔者从20世纪80年代初触及"环境色彩"这个具有探索性的研究课题,30余年来,见证了国内对"环境色彩"研究从初始时的寂寞至今日的繁华,可谓感慨万分。环境色彩作为城乡景观及地域特色塑造中的重要一环,其理论研究与实践探索需要以更加宽广的学术视野、科学精神及艺术追求来展现独有的综合价值，以在走向未来的征程中，将明天的城市与大地环境色彩景观渲染得更为绚丽多姿。

辛艺峰

2018 年 8 月于武汉华中科技大学

目　　录

导论 环境色彩设计与城市景观个性的创造^{①②}

20世纪60年代初期,随着改善城市生活环境问题的提出,学界萌发了对城市环境行为问题的研究。众多的社会学家、生态学家、心理学家、地理学家、人类学家和城市设计师们在各自的研究领域对人类生活形态及改善城市居住环境的问题进行了广泛的研究和探讨,并从人的环境行为研究中发现,美学中的"形"和"色"的构成是影响城市景观环境的两个极为重要的因素。于是,在城市建设的诸多问题中,提出了景观的个性创造和环境色彩设计问题(图0-1)。

图 0-1 城市景观个性创造和环境色彩设计

城市景观的个性特色和环境色彩是城市内在素质的外部表象,从广义上来说,它与人类文明的进程有密切联系;从狭义上来说,人们最初感受到的城市形象就是景观和空间。改善城市景观是现代城市建设中的几个关键问题之一,其重点是协调三度空间内环境与人的活动的关系,具体目标有三

① 辛艺峰.现代城市景观个性创造的重要因素——城市的环境色彩设计[C].中国流行色协会学术论文集,1989:10.
② 辛艺峰.城市景观与环境色彩设计[J].流行色,1992(4):5-7.

个,即合理发挥城市的使用功能,建设高质量的城市环境,建立有表现力的、易于识别和理解的城市形象。根据环境行为研究发现,愉悦的城市景观环境主要由两个因素组成,这就是实质设施上的视觉美感的满足和场所特性上的心智认同。

城市景观的实质要素包括四个内容,即自然景观、文化古迹、建筑物体和市政公共设施(图 0-2)。自然景观主要是指山、水、树木、草地以及绿化栽培等,文化古迹主要是指历史遗留下来的具有文化价值的某些街区、建筑文物和具有纪念意义的设施等,建筑物体主要是指街面连接的商店、工厂、住宅以及其他各种建筑物的屋顶天际线、房屋的立面形象及细部要素等,市政公共设施主要是指城市的广场、公园、道路设施、路面铺装、河道、交通塔标、告示牌、路灯、旗杆、水池、雕塑、花台、椅凳、电话亭、邮筒、垃圾箱、停车场、人行天桥、地下道的出入口、各种标志、户外广告、橱窗及公共车辆和站台设施等。城市景观环境的色彩设计正是围绕这些方面的视觉美感要求提出来

图 0-2　城市景观个性创造中的环境色彩设计

的,而色彩恰恰具有视觉美感上最易辨认和理解的标识作用,从而达到场所特性上的心智认同。

城市环境色彩处理的好坏直接影响到城市景观的个性特色塑造,如英国伦敦市内的红色双层巴士与古老黯淡的灰绿色建筑物背景构成了伦敦城市特有的风貌;澳大利亚海滨城市悉尼的悉尼歌剧院,白色的建筑立面与蔚蓝色的海滨环境构成典型的热带海滨城市景观。所以具有景观价值的城市环境色彩是城市形象最具感染力的视觉信号。许多国家的经验证明,城市景观环境色彩设计首先要调查城市色彩的现状,即了解城市色彩的地理环境、风土人情和文化特征(图 0-3)。由于地域不同,城市景观的形成也各有区别。一般来说,城市环境,包括建筑物所涂饰的色彩,都富有地方性,并带有民族文化的印记,所以了解色彩的风土民俗以及城市的历史、文化和未来发展前景,是构建城市景观个性特色不可忽视的因素。

图 0-3　城市景观的个性特色塑造

1.英国伦敦市内的红色双层巴士成为展现城市风貌特有的标识;

2.悉尼歌剧院白色的建筑立面与蔚蓝色的海滨环境成为悉尼的标识色彩

目前,国际上对于城市环境色彩的调查一般都采用法国巴黎三度空间色彩设计事务所让·菲利浦·郎科罗和日本 CPC 机构共同确立的方法,并结合各国的具体情况进行,其步骤分六个方面。

①调查的基本计划的确立/调查对象的确定。

②预备调查——调查对象摄影/对象物的采集。

③测色对象色彩分布状态的把握/对象色彩整理。

④调查用色标的制作。

⑤实际调查——在现场利用色标测色/现场记录/调查状况及状况记录。

⑥现场记录的色标化与照片的对照/对色彩一览表的制作/色标的测色计算成蒙赛尔数位/蒙赛尔色度图的制作。

根据以上方法获得资料,再将材质、面积比率、地方发展方向以及市民意识等因素进行综合考虑,然后提出这个城市的环境色彩设计计划。

在这方面,法国巴黎的三度空间色彩设计事务所走在世界前列,设计师不仅对法国一些主要城市的环境色彩作出计划,而且计划在全国进行调查,以便对法国的整体环境进行色彩规划。在日本,CPC机构完成了东京的城市环境调查,又对神户、川崎等城市作出了环境色彩的分析,对西条、广岛的景观色彩进行调查,并在此基础上思考下一步的设计(图0-4)。

进行城市环境色彩设计一般除了按照色彩设计的基本原则进行外,还

图0-4　法国及日本相关机构完成的城市环境色彩景观调查与规划设计成果

要结合城市景观的个性特色进行综合考虑。当然,现代色彩的思维方式也不可忽视,这对于创造一个有个性的和有时代感的环境色彩非常必要。在具体制订计划时,有三个因素必须考虑,即环境色彩的思考因素、组配方法及现场测试。

在进行环境色彩设计之前,有几个问题必须落实:设计方案中将使用多少种颜色? 多大的面积才有色彩变化? 同一种颜色将重复多少次? 这些都与城市景观的造型、大小、表面品质有关。

色彩的组配则以协调为原则,也就是同一颜色或同一色调形成的一致性,同一色系和相近色调形成的相关性,不同色系和互补色彩形成的协调对比。根据这些原则设计出来的城市环境色彩才会是和谐的。

在完成环境色彩设计计划以后,设计的图面作业暂时告一段落,接下来就是现场测试,具体作法如下。将设计出的几套色彩方案做成色标放入基地现场,在现场的光线下以基地为背景,用照相机从不同的角度拍摄照片,从中衡量哪一套方案最有利于城市景观和个性创造,从而进行取舍。

当然,城市景观环境的色彩设计可以通过周密的考虑达到设计程序的理想化。但是,能否实现并达到预期效果,还取决于材料和色料的选择。所以,改善城市环境色彩的一个比较根本的问题是建筑材料和色料的开发研究。只有多样化的材质色彩的应用,才有可能实现富有个性的城市景观。

制定严格的城市环境色彩管理体制是塑造良好的城市形象的根本保障。城市景观出现混乱现象,除了环境污染以外,杂乱无章的色彩设施也是一种严重的视觉公害。所以除了实现有个性特色的景观环境色彩以外,对城市环境色彩的规范管理,以控制无秩序的城市色彩泛滥也是必需的。例如交通管制、公共空间都需要确立一些对人的行为进行管理和制约的标志,作为注意、限制、禁止和区分安全、生产等行为导向的认知信号。尤其对城市中特有的交通工具、特殊的建筑物、公共设施、广告色彩、夜间的灯光照明等,更有必要进行统一管理,促使主管行业予以实施,这是构建愉悦的城市环境必不可少的手段。此外,增强这方面的宣传和指导,提高市民的色彩修养,调动市民参与管理,也是一件提升城市景观环境的意义深远的社会工程(图 0-5)。

图 0-5 国内外城市环境色彩设计
1.澳大利亚堪培拉国家博物馆的建筑群造型色彩设计实景；
2.中国广东深圳市华强北路的城市环境色彩设计实景

美国建筑师伊利尔·沙里宁曾经说过："让我看看你的城市，我就能说出这个城市居民在文化上追求的是什么。"事实确实如此，尽管不少人没有意识到这一点，但他们的文化素质和追求的趣味都能通过城市面貌暴露无遗。

城市是一本打开的书，是人们为自己编织的摇篮。当我们去探访一个陌生的城市的时候，留给我们最深的印象和感受就是这个城市特有的个性和魅力。我国数十年经济建设和改革的成功，已为现代城市景观环境的色彩设计积累了不少经验。人民正在从温饱型的生活逐渐向小康型生活过渡，环境意识的出现和文化精神的渴求，将对创造中国城市新的生活图景起到推动作用。中国城市景观环境的色彩设计是一项方兴未艾、充满希望的事业，几千年的文明史和现代城市建设的发展过程，有必要加快城市景观环境色彩的研究和治理，色彩学科的介入必将对这一事业的发展起促进作用，这也是人类文明发展之必然。

第一章　色彩学的基本理论

色彩是什么？是太阳神头顶上的光环，是宇宙万物的衣裳，是大自然脸颊的红晕，是人类心灵的颤动。自从我们人类在这个蔚蓝色的星球诞生以来，色彩，就以它那绚丽多姿、变幻莫测的魅力，吸引着人们永不休止地去探索它那神奇的奥秘，并为今天的人类社会创造出一个五彩缤纷的色彩世界（图 1-1）。

图 1-1　五彩缤纷的色彩世界

色彩和人类的生存及生活息息相关，它的发展不仅伴随着人类历史和文明前进的征程，而且还扩展与深入到人类的衣、食、住、行、用、玩等各个层面，成为当代人类文化不可分割的重要组成部分。就人类对色彩的认知而言，色彩作为人类认识世界、感知世界不可或缺的媒介，它很早就为人类所认知，并作为一种手段表达出人们的信念、期望和对未来生活的美好憧憬。而人类对色彩的认知是通过视觉即人的眼睛来接收有关形状、色彩等的信息，并反映到人的头脑中，经过联想形成一系列与之相关的属性判断，诸如体积、材料、性质、用途等，其视觉中心则主要集中于"形"与"色"两方面，其中形即形体，色即色彩。从大量的视觉测试实验中得知：在正常光照的情况下观察物体，测试一开始，视觉对色彩的敏感力约为 80%，对形体的敏感力约为 20%，且持续 20 秒，2 分钟后，视觉对色彩的敏感力降到约为 60%，对形体的敏感力升到约 40%,5 分钟后达到平衡。由此我们可以确认:色彩是人们视觉感官上的第一因素,利用色彩的这种特殊性质进行色彩现象与本质等层面的探究,对色彩学的学科发展与人们未来美好生活的创造具有重要的建设意义及应用价值。

第一节　色彩学的内涵与演进

一、色彩学的本质内涵

色彩学(color science)作为研究色彩产生、接受及其应用规律的科学,是以光学为基础,涉及物理学、化学、生理学、心理学、美学、社会学、文艺学、文化人类学与宗教学等的综合学科,也是一门需要进行跨学科研究的学科。对色彩学的探究则是人类对色彩认知的知识总汇,其理论研究成果均在色彩设计创作与推广应用中发挥出极为重要的作用。

我们知道,人类对自然界的认识源于各种感官体验,其中人们对自然界和人类社会的感受最多的就是来自视觉,在"看"的过程中,人们的眼睛可以捕捉到许多细微的变化,对千千万万个不同的物体作出识别,这一切都离不开自然界千变万化、丰富多彩的色彩现象。大自然中的一切物体皆有颜色,只是色彩的本质内涵是什么呢?

古希腊哲学家则农认为:"色彩是物质的最初形式。"

古希腊学者阿里斯妥太来斯在《泰奥菲拉斯图斯的色彩学》一书中认为色彩是"光投射在物体上而使该物体有色;光变化,物体的色也随之变化"。

中国先秦思想家孟子在解释人的声色之本性时说:"口之于味也,有同耆焉;耳之于声也,有同听焉;目之于色也,有同美焉。至于心,独无所同然乎? 心之所同然者何也?"由此可见,人的色彩本性同在人类原始色彩本能之中。

在先秦时期的史学钜编《左传》中即有"天有六色,发有五色,征为五声,淫生六疾"的论述,提出"五色"之说并与"五行"联系在一起,认为"五色"是色彩本源之色,是一切色彩的基本元素。五行结合生百物,五色结合生百色,五色论完全符合五行论的理论。

19世纪德国哲学家格奥尔格·威廉·弗里德里希·黑格尔认为:"颜色感应该是艺术家所特有的一种品质,是他们所特有的掌握色调和就色调构思的一种能力,所以是再现想象力和创造力的一个基本因素。"

瑞士色彩学家约翰内斯·伊顿在《色彩艺术》一书的序言中写道:"色彩就是生命,因为一个没有色彩的世界在我们看来就像死的一般。色彩是从原始时代就存在的概念,是原始的无色彩光线及其相对物无色彩黑暗的产儿。正如火焰产生光一样,光又产生了色彩。色是光之子,光是色之母。光——这个世界的第一个现象,通过色彩向我们展示了世界的精神和活生生的灵魂。"

日本文艺评论家小林秀雄在《近代绘画》一书评论莫奈的一章中说:"色彩是破碎了的光……太阳的光与地球相撞,破碎分散,因而使整个地球形成美丽的色彩……"

在美国1995年版的《美国百科全书》中,对色彩的解释:"色彩是光进入人眼的视网膜所产生的感知。这里的光可以是光源所发出的直射光,也可以是反射光……颜色感知取决于不同波长的光对眼睛不同程度的刺激。"

在上海辞书出版社1989年出版的第四版《辞海》中对色彩的注释:"由于光的作用及各种物体吸收光和反射光量的程度不同而呈现出复杂的色彩现象。"

在中国大百科全书出版社2004年出版的《中国大百科全书——美术II》中对"色"的解释:"光刺激眼睛而产生的视感觉,一切光源都含有色素成分;自然界中的一切色彩都是在日光和白光的映射下形成的。"

中国国家标准《颜色术语》GB/T 5698—1985中将色彩表述为:"色是光作用于人眼引起除形象以外的视觉特性。"

由上述解释可以看出,色彩的形成与三个因素有关,即光、眼睛与物体,首先是光的存在,其次是眼睛的感知,再者为大脑视觉中枢产生的一种感觉(图1-2)。而光是客观存在的,眼睛与大脑是主观感受的,因此色彩现象是一种同时融合了客观存在和主观感受的复杂现象,对色彩的研究既需要对它进行定性、定量的科学研究和评价,也要兼顾因人而异的生理、心理感受。

只是人们对色彩的认识往往依靠的是直观的感受,而忽视对色彩光学理论的深入探究。对色彩的本质内涵也缺乏理性认识,从而导致在色彩的表达上只能被动地依靠对生活的观察、感悟、视觉经验的积累来进行色彩艺术创作,缺乏对色彩进行再认识的过程,从而在色彩艺术表现上出现缺失与创造。引入色彩光学理论体系进行色彩的理性思考,即可对色彩的认识、发展起到推动作用,但也应预防极端理性与概念化弊端的出现。这是因为人们对色彩的认识是一个从感性到理性的认识过程,即从具象演变到对抽象形态符号的提炼,既要有艺术的感知,又需要有科学和理性的考量,并由此提升对色彩学本质内涵的认知水平。

图 1-2   人们感受色彩现象的三个基本条件

二、色彩学的历史演进

人类对色彩的感知可以说与人类自身的历史一样漫长,色彩作为人类认识世界、感知世界不可或缺的手段之一,很早就为人类所感知。随着人类自身的进化,人类对色彩的认识也逐渐深入,并开始有意识、有目的地对色彩进行探究,从而推动了色彩学的发展,使之成为人类文明的重要成果之一。

(一)人类早期对色彩的感知及认识

从色彩演变的历史来看,色彩可说是在历史久远的远古时期就被人们所认识的概念。当时,人类的生产技术水平较为低下,只是初步掌握了很少种类的色彩材料和粗浅、简单的使用方法,色彩多以装饰功能出现。诸如在法国丰·的·高麦洞发现的旧石器时代古象和野牛壁画,西班牙桑坦德附近阿尔塔米拉洞窟的野牛壁画与北非阿杰尔高原上中石器时代的岩画。原始先民在这些壁画中开始掌握以矿石、动物材料为颜料绘制岩画,且多使用赭石矿石研磨出的红、黄、棕三种颜色来描绘,以木炭为黑色,以动物脂肪、血液为调和剂,从而渗透出人类最真诚的激情、冲动与活力(图1-3)。另在距今约3万年的中国北京地区山顶洞人遗址中,据考已出现了具有明确装饰作用的染色文化迹象,主要染料为赤铁矿粉。公元前5000年至公元前1000年,人类对色彩的应用技术有了进一步的提高,并能运用更多的颜色材料模拟与再现现实,制作工艺品或绘制各类画作。如古埃及人在建筑中开始使用纯度较高的装饰性色彩,在陵墓壁画中的鸟、兽等动物身上已经开始运用灰度适当的色彩。另在中国云南沧源佤族自治县发现距今3000多年前新石器晚期绘制在海拔1000~2000 m石灰岩崖上的原始崖画,画面多为表现佤族先民狩猎、舞蹈、战争、采集、放牧、建筑、祭祀等场面,其崖画彩绘所用赤铁矿粉与动物血调和绘成的暗红色尚能保持几千年不褪色,在今天仍熠熠生辉(图1-4)。可见色彩作为一种图像识别性的视觉语言,在远古时期已经被人类掌握和使用。

而在甘肃秦安县五营乡邵庙村东大地湾已发掘出200多座房屋遗址,在其晚期的遗址中已发现平地建的房屋。如编号F901的房址据推为中国目前年代最早、规模最大的宫殿式建筑,由主室、东西两侧室和后室、门前附属物构成,总面积为420 m²,宫室内外墙面皆用黄泥抹光,使之表面坚实且平整。这种做法显然是为了实用,并具有一定的装饰效果(图1-5)。另外,新石器时期的千余处遗址中出土的彩陶器物,其分布范围几乎遍布于全国,彩陶器物的色彩由于土质的不同,入窑烧制后也呈现出红、黑、棕、白等各异的

图 1-3　人类在历史久远的远古时期对色彩的感知及认识

1. 西班牙桑坦德附近阿尔塔米拉洞窟的野牛壁画色彩；

2. 北非恩阿杰尔高原上中石器时代的岩画色彩

图 1-4　远古时期的色彩

1. 北京地区山顶洞人遗址中岩画色彩据考已出现的染料为赤铁矿粉；

2. 云南沧源佤族自治县在海拔 1000～2000 m 石灰岩崖上所绘原始崖画色彩为赤铁矿粉与动物血调和而成

颜色。

（二）色彩文化符号与民俗性的形成

中华民族是世界上最早懂得使用色彩的民族之一，在公元前 11 世纪后就逐渐形成了五行、五方、五色学说，确立了色彩结构，以黄、青、赤、黑、白五色为正色，与五行中的土、木、火、水、金相联系，把中国人关于自然宇宙、伦理、哲学等多种观念融入色彩的使用中，形成独树一帜的中国传统色彩文化观念，并在政治文化、社会礼仪及衣食住行上都扮演了重要的角色，其色彩

图 1-5　甘肃秦安大地湾编号 F901 房址

成为划分地理方位和族群的形象符号。上到统治阶级，下至黎民百姓，无不以它作为用色基准，并使之法典化，在一定程度上成了尊卑的标志和某种权力的象征。

据史书《周礼》记载："画缋之事杂五色。"这是目前中国最早关于"五色观"色彩理论的记载，由此也为中国传统色彩的美学观念的形成奠定了基础。所谓"五色"，即包括"青、赤、黄、白、黑"。其中，"青色为主，生物生长之色；红色为赤，太阳之色；黄色为光，日光之色；白色为启，如同化水之色；黑色为晦，如同昏暗之色"，且以五色象征五行与天下五方的传统文化观念。"五色"还代表五种物质元素，也用其表现时间（季节）关系及空间关系，具体所指如图 1-6 所示。

图 1-6　五行、五色与五方的构成关系图

　　而黑、白、青、赤、黄五色本身也确实是对光学三原色和黑、白无彩色的正确概括,也说明此时人类对于色彩全光谱的结构有了基本的认识。从西周到春秋、战国时期形成的"五色"系统广泛流行,标志着古代中国占统治地位的色彩审美意识已从原始观念的积淀中获得独立的审美意义。

　　"五色"系统的建立对于推动古代色彩科学技术的发展和色彩艺术的繁荣起到了非常重要的作用。五色的发现和色彩混合规律的掌握,大大丰富了色彩的色谱和艺术表现力。从此,人们从原始的自然单色概念中解放出来,走向色彩艺术创造的多元化,使色彩的装饰应用更广泛地进入社会生活,并注入了奴隶社会和封建社会的文化内涵,如商周时期奴隶制等级制度和宗教礼仪非常严格,色彩用作尊卑的标志,成为"明贵贱,辨等级"的工具,以维护统治阶级的利益。其后,"五色"系统在绘画和建筑活动中也都有所体现和划分。据《礼记》记载:"楹,天子丹,诸侯黝,大夫苍,士黈。"即帝王的房屋柱子用红色,诸侯用黑色,一般官僚用青色,至于百姓只能用土黄色。除了统治阶级对"五色观"的推动作用之外,更多的因素还源自于民间,烧陶与冶铜术的发明使其得到较广的应用。

　　另在公元前 1000 年至公元前 612 年,两河流域亚述时期的祭祀建筑设计中出现了用红、白蓝、褐、黑、银白、金黄的色彩次序作为祭坛建筑的等级划分,表示色彩作为一种划分事物层级的抽象符号已经产生。这个时期各个主要文明区域都在色彩基础符号、色彩材料技术上逐渐形成了各具特点的地域色彩系统。

（三）色彩的科学认知与其审美意蕴

在色彩的科学认知层面，古希腊哲学家苏格拉底在同当时的艺术家们讨论艺术时曾说："绘画是对所见之物的描绘，（画家）借助颜色模仿凹陷与凸起、阴影与光亮、坚硬与柔软、平与不平，准确地把它们再现出来。"从中我们能够看出当时的画家已经观察到了光与色的关系，掌握了光与影的画法。从古希腊出土的陵墓壁画中，已经可以清晰地看到画家在起稿的时候对人物身体、服装衣褶的光影效果表现，可见当时的画家已经观察到了光与色的关系，掌握了光与影的画法。在其后的古罗马壁画中，画家已经发现了不同背光环境下的色彩变化并运用在作品中。另在公元前 2 世纪至公元前 1 世纪的罗马绘画里，即出现了圆雕式的光影描绘，尤其是人物出现了投影，但光源是不统一的，透视法也没有发现唯一的消失焦点。同时，人物的肌体及服装衣褶的立体表现仍离完美成熟尚远，多数还是停留在凹凸起伏的塑造上（图 1-7）。

图 1-7　科学地认知色彩

而在色彩的审美探索层面，色彩审美就是指对视觉感受的美感评价与接受，要使之得到比较好的美感评价，就必须有意识地进行色彩设计。东汉著名经学家、文字学家许慎在《说文解字》里记载了汉代为人所熟知的 39 种色彩名，由此可以窥见当时染色和绘画使用的颜料已很丰富，并成为进行色彩设计的必要条件。在我国南朝刘宋时期的历史学家范晔编撰的记载东汉历史的纪传体史书《后汉书》中作为"礼仪志"的补充的"舆服志"中，即对当时规定的不同级别、时间、应用场合的车舆装饰、冠带、绶带、佩饰、服装等色彩规范设计做了详细的记录。如《后汉书·志第三十·舆服下》所记："公主、贵人、妃以上，嫁娶得服锦绮罗縠缯，采十二色，重缘袍。特进、列侯以上锦缯，采十二色。六百石以上重练，采九色，禁丹紫绀。三百石以上五色采，青绛黄红绿。二百石以上四采，青黄红绿。贾人，缃缥而已。"以此可以推断这时在色彩搭配的美感层面已具有较高的水平。

从汉代到明清时期，中国古代的卷本绘画在画面色彩运用上可说是独树一帜，即注重墨色的使用。早在魏晋南北朝时期，东晋画家顾恺之在《论画》一文中曾记叙过当时绘画设色技法的程序："竹、木、土，可令墨彩轻而松竹叶浓也。凡胶清于彩色，不可进素之上下也。"提出了墨色与浓厚色彩之间的分离运用经验。唐代画家、绘画理论家张彦远在他所著述的《历代名画记》中也说："山不待空青而绎，凤不待五色而绎，是故运墨而五色具，谓之得意。意在五色，则物象乖矣。"表示他主张重用墨色，慎重使用浓丽色彩的观点。宋代以后，中国画设色的重墨轻色观点非常流行，画面色彩经历了从古朴到绚丽到清淡，并实践了"随类赋彩"的法则，形成了中国画独有的色彩语境(图1-8)。

而中国古代山水画的用色对中国古代造园也具有较大影响，明代造园家计成在《园冶》中述"巧于因借、精在体宜"的要则，园林建筑墙面多用白色粉刷，"鄙于巧绘"，色彩则多借用材料的本色，由此形成了明清之际江南园林与水墨山水画意境相融的设色效果。

公元4世纪至14世纪是欧洲中世纪时期。公元330年，罗马迁都于拜占庭，于是迎来了拜占庭文化发展时期。拜占庭文化由古罗马遗风、基督教和东方文化三部分组成，其中在基督教教堂装饰中多以小块彩色玻璃和石子镶嵌而成的绘画作品进行建筑及室内装饰。这种装饰绘画将色彩的明度对比与整体纯度值提高，加上与琐碎的线条分割构图，创造出一种无与伦比的华丽、浪漫的色彩设计风格。受这种传统镶嵌画色彩设计风格的影响，中世纪后期的哥特式绘画艺术在色彩运用中多采用深暗而强烈的色彩，如以蓝色为背景，以墨绿、金黄为主色调，以紫罗兰等色为补色，以褐色和桃红色来表现人体，其色彩表现效果也更加强烈(图1-9)。

图 1-8　北宋王希孟《千里江山图》画卷(局部)

图 1-9　欧洲中世纪基督教教堂的建筑及室内装饰以及哥特式绘画艺术中表现
　　　　强烈的色彩运用效果

　　而著名医生阿尔韦托·马格诺在中世纪发表的关于颜色的论著至今仍有非常珍贵的意义。直到 15 世纪产生于意大利,后在文艺复兴时期传播到欧洲其他地区,西方画家对更为科学、高妙的立体技巧有了系统的发明和总结——掌握了焦点透视法和统一光源法。对于人类来讲,是一个非常重要

17

的进步。人类发现了现实世界色彩的明度变化来自于光线的照射角度的变化,并感受到了色彩对于空间塑造的重要作用(图1-10)。

图1-10　列奥纳多·达·芬奇创作的壁画《最后的晚餐》

（四）色彩理性探究与表现上的超越

在色彩学发展的历史上,17世纪至19世纪人类对光学、色彩学的认识进入了一个理性探究的重要时期。早期的研究者如开普勒、笛卡儿、牛顿等人,一直致力于探讨光和颜色的理论问题,并由此证明色彩是色光为主体的一种客观存在。从色彩学理论研究来看,色彩学首先是关于光、色的物理科学研究,其次是关于人类视觉规律的生理学与心理学研究,再次是关于色彩材料应用的光学、化学与数字科技研究。在上述学科研究的基础上形成了色彩学领域三百多年来积累的学科探究框架与理论成果。

1666年,英国物理学家艾萨克·牛顿利用太阳光进行了著名的"光的色散"实验,用事实证实了白光是由红、橙、黄、绿、青、蓝、紫序列的不同色光复合而成的结论,并于1704年出版了《光学》一书,颜色的本质由此逐渐得到正确的解释,并为色彩学奠定了科学的发展基础(图1-11)。其后,卢·布隆、乔治·帕勒墨等物理学家陆续发表了色彩减法混合三原色的发现和色彩、色觉、三原色等色彩分类的研究成果。这些物理科学的科研成果对人类认识色彩的本质起到了最关键的作用。

图 1-11　英国物理学家牛顿利用太阳光进行了著名的"光的色散"实验

1725 年,德国解剖学教授舒尔兹发现了光对银盐物质的作用,法国画家达盖尔和英国科学家塔尔伯特发明了摄影法,以及 1873 年后,在人们陆续发现有机染料与卤化银乳剂合成物的多感色性(蓝色除外)后,人类对色彩的认识、研究更是进入了一个崭新的时代(图 1-12)。

图 1-12　人类对色彩的认知

1810 年,德国文学家约翰·沃尔夫冈·冯·歌德发表了《色彩论》一书,全书阐述了色彩论的沿革,并对牛顿的宇宙机械观理论提出批判,认为牛顿的光谱理论并不具有普遍的真理价值。尽管历史学家通常将歌德的这种质疑看成是特定历史时期浪漫主义诗学对抗物理学的一个插曲,但其强调眼睛作为一个器官在颜色感知中的角色地位,无疑拓展了色彩研究的维度。与此同时,德国画家菲力普·奥托·龙格发表了用球体色标表示的色彩系统,这是最早的色彩立体系统研究,表明画家也在参与光色自然规律的研究。

19世纪下半叶,色彩学研究的著作开始出现,如法国薛夫鲁尔的《色彩和谐与对比的原则》,书中深刻揭示了色彩的同时对比法则,其有关色彩调和、色彩对比的观点对后来的印象派画家产生了很大的影响。德国生理学家赫林发表心理四原色理论,提出"对立色"的理论模型。美国物理学家卢德的著作《现代的色素》一书中所谈及的关于光色视觉知觉科学视野中的色彩调和与同时对比原理,以及法国浪漫主义画派的代表人物欧仁·德拉克罗瓦在所绘《自由引导人民》和《十字军进入君士坦丁堡》等作品中体现出来的"固有色在阴影中和在高光下的变化以及色彩的对比关系"。英国画家透纳首先在作品中用色彩冷暖的关系去发现、表现自然中的光色和大气的效果等。这些理论均对印象派和后期印象派画家们色彩表现探索产生了重要的影响(图1-13)。

图1-13 名画中对色彩关系与效果的表达

在色彩的表现上,19世纪七八十年代达到了鼎盛时期的印象派画家主张根据太阳光谱所呈现的赤、橙、黄、绿、青、蓝、紫七种颜色去反映自然界的瞬间印象,无论是在城市或是在乡村,画家们开始观察和捕捉到瞬息多变的大自然的光与色彩的微妙变化进行自由表现,并将阳光下复杂的光影效果作为创作的兴趣点。诸如莫奈、雷诺阿、毕莎罗等印象派画家到晚年都成为色彩表现的艺术大师,印象派之后的重要画家高更、文森特·威廉·凡·高、塞尚等也都是在色彩表现上全力追求脱离传统模式、写生逻辑与光影要素限制的自由色彩艺术表现的巨匠(图 1-14)。从这个阶段的绘画艺术作品可见,人类对色彩美的全部渴望由一些很具天赋的艺术家淋漓尽致地表现出来,他们用自己的探索超越了具体形象等的束缚,使色彩不再是造型要素的再现性附庸或简单的概念性色彩分配,而是进入了自由表现的审美意象空间。

图 1-14　19 世纪印象派画家用颜色去反映自然界瞬间印象的探索

1.法国印象派代表人物和创始人之一莫奈所绘代表作品《伦敦国会大厦》;

2.荷兰后印象派画家文森特·威廉·凡·高所绘作品《收割者》

只是在色彩科学发现方面,中国古代对五色系统的超前发现表明同期中国人在色彩感色机能和表现能力等层面曾经实现领先世界各民族的水平。但由于多种原因,在宋朝之后,中国的色彩实践和理论变得趋向沉寂,致使近现代中国色彩认知的相对固着,虽然其间不时出现个别色彩感觉敏锐的艺术家,但是却没能冲破传统色彩观念的禁锢,创造出欧美等国在近现代色彩科学探寻中那样辉煌的成就及其对色彩本质的影响。

(五) 颜色标准建立及色彩学的发展

进入 20 世纪,色彩学在现代光学、物理学、生理学、心理学等基础上获得了长足进展,其中颜色标准的建立是在其应用中最主要的基础性工作之一,也是在信息管理中颜色标准系统规范编码得以运行的基石。颜色标准系统的建立对色彩在各个领域推广运用及实现色彩科学管理更是意义重大。

1905 年,美国画家及美术教育家艾伯特·亨利·蒙塞尔发表了蒙塞尔色彩表色系统。1915 年,德国化学家奥斯特瓦尔德依据德国生理学家埃瓦尔德·赫林的色拮抗学说,采用以色相、明度、纯度为三属性,架构了以配色为目的的奥斯特瓦尔德色彩系统。1931 年,国际照明委员会推出了CIE1931 标准色度学表色系统;1966 年,日本色彩研究所推出了 PCCS 实用颜色坐标表色系统;1972 年,瑞典斯堪的纳维亚色彩研究所推出了 NCS 自然色表色系统;1995 年,中国国家技术监督局发布了《中国颜色体系》(GB/T 15608—1995)等不同的色彩系统。

这些色彩表色系统的诞生,标志着人类对色彩认识进入了全面、系统和理性化的新阶段,人类已经可以通过科学方法、技术手段将全光谱中所包含的眼睛所能感知的大多数色彩复制出来,其色相再现的技术标准越来越精微。无论建筑材料、服装染色、彩色纸张印染、颜料制作、印刷等各类色彩工艺,都可以通过色彩表色系统的控制做到几乎不出现色偏误差。颜色标准的建立无疑为 20 世纪 60 年代以来色彩研究与应用领域的结合提供了基础条件,而如何将色彩的运用国际化、标准化、实用化是其发展的方向,研究取得的成果也逐步开始在企业研发、工业生产、商品流通、设计创新等领域得到应用推广(图 1-15)。

图 1-15　颜色标准在各领域得到应用推广

色彩学的发展表现在两个方面:一是德裔美籍作家、美术和电影理论家、知觉心理学家鲁道夫·阿恩海姆在出版的《艺术与视知觉》、《视觉思维》及英国艺术史家、艺术心理学和艺术哲学领域的大师级人物 E. H. 贡布里希出版的《艺术与人文科学》等著述中所强调和重视眼睛在颜色感知中的主观经验,将色彩研究与人的心理活动以及认知行为紧紧联系在一起,从而形成了现代色彩学研究中的四个维度,即光、眼睛、感知个体与应用关系;二是从20世纪80年代起,色彩学最前沿的研究是探讨如何使色彩成为知识产业的核心支柱,以及如何让色彩成为信息传播中的主要要素并占有更为广阔的市场等。

　　如今,色彩学在欧美、日、澳等发达国家和地区的研究与应用已经构成了一个规模庞大、跨越多种学科和行业范畴的视觉艺术职业设计市场,不仅在一般所理解的纺织品、服装、汽车、建筑等众所熟知的现代色彩设计应用行业中流行,还在家具、电器、出版物、影视、新媒体、环境景观、美容与个人形象设计等新的发展领域及设计行业中得到运用,成批的更为职业化的色彩设计师与色彩顾问也出现在当代生活的各个领域。色彩学层面的探究更是从原来的颜料色彩向数字色彩拓展,并且大有超越之势(图1-16)。

图1-16　数字色彩应用

　　色彩学作为发达的科学技术和绚丽的文化艺术的综合产物,是各学科、学科群在分解、组合的动态中自然形成的,具备多学科的各种属性。随着人类社会的发展、科学技术的进步和文化艺术的丰富,人类在色彩领域不断遇到新的事物,发现新的问题,人类在这方面的认识亦将不断地积累,直至由量变到质变、由感性向理性发展,并推动色彩学向着纵深研究领域迈进。

三、色彩学的研究任务

色彩学作为一门系统研究色彩产生、接受及其应用规律的科学,其研究具有科学性、艺术性、技术性、综合性、交叉性的学科特性,也是一门需要进行跨学科研究的学科。从色彩学的研究任务来看,依据色彩学科建立的丰富内涵,形成了多层面的构筑系统,其研究任务包括以下内容。

1. 对色彩学本体特质的研究

对色彩学本体特质的研究是色彩学科系统建立的基础,也是进行色彩学研究的主要任务之一。色彩学经过多年的发展,在色彩本质揭示、概念界定、基本特征、领域分类、产生和形成的目的、原则以及具有相对独立意义的方法论和价值体系方面,具备了构筑色彩学本体特质的基本内核。同时,色彩学作为实践性很强的应用型学科,在各种表现对象具体的色彩艺术创作活动中,需对色彩的功能要求、设色理念、基调确立、构图原则、色彩效果的具体表达以及为实现各种表现对象综合价值而贯穿始终的相关管理因素等层面的内容予以梳理,并以其各不相同的运作方式来体现色彩学的独立价值,且从基本原理和应用原理的角度来介入色彩学的探究工作。

2. 对色彩学外延领域的研究

色彩学的综合性特点使其研究具有相关学科间互相交叉、渗透的发展趋势,对色彩学外延领域的研究任务一方面体现在它与其他学科横向联系交叉而形成的体系之中,另一方面在于对其本体的不断充实与完善。从理论层面来看,物理学、化学、生理学、心理学、美学、文化学及相关艺术门类等均对色彩学的学科建设产生影响。从应用层面来看,人类学、民俗学、社会学、教育学、管理学、逻辑学、伦理学、宗教学、市场学、传播学、营销学、广告学、消费心理学及相关应用领域等均对色彩的推广运用施展作用。虽然目前色彩学外延领域的研究尚在完善之中,把握相关学科之间的有机联系、互为影响的关系,是其外延领域研究尚需持续关注的内容。

3. 对色彩学发展规律的研究

色彩学的发展演进有其独特的规律性,以不同的生产力条件和社会形态为研究基础,可以更好地认识到不同历史时期色彩学的发展规律,以及当时社会发展条件下的表现形态。同时,也可了解和研究特定的历史条件下,色彩学本体能动地完善并发展突破的运行轨迹。其研究任务着重从几个层面加以总结分析:①当时人类最为基本的生活状态特征,它体现了色彩学物化形态的广泛意义;②当时人类社会的生产力和技术条件的基本特征,这是构成色彩学物化表现的动因;③当时人类意识形态领域的基本特征等对色彩学的历史演进所产生的影响,以及对不同历史时期色彩学的发展成就进行归纳,其目的在于为未来色彩学的探索寻找到可供参照的坐标系。

4. 对色彩学推广应用的研究

从色彩学推广应用研究来看,色彩学是针对某一特定的色彩使用对象或色彩艺术为目标,将色彩学基础理论研究成果与相关交叉学科、应用范畴等结合进行的实践性探索工作。就色彩学的发展进程而言,欧美、日、澳等发达国家或地区在色彩应用方面已取得不少成果,伴随着中国近几十年来经济的快速发展与产业升级,对色彩的创造使用性研究也被提到一个前所未有的高度。在中国科学技术协会主编的《色彩学学科发展报告(2011—2012)》中,即将色彩学推广应用研究分为服装色彩发展研究、纺织色彩发展研究、色彩科学与技术发展研究、城市建筑与环境色彩发展研究、工业产品色彩发展研究、室内环境色彩发展研究等六个方面。色彩学的应用范畴越来越广,应用研究的任务也将更加深入与细化。

5. 色彩学科建设与教育研究

色彩学的形成和发展与色彩学科建设和教育的关系非常密切。教育体制、教育方法、人才培养目标以及针对色彩学不同领域、教育对象等逐步细分的不同类型人才的培养方式,都从不同角度决定了色彩学科建设与教育的发展取向。从发达国家的色彩学科建设与教育来看,在历经几百年色彩教学探索与实践演进的基础上,已将色彩科学和产业色彩应用导入色彩教学系统,进而步入数字色彩教学的新阶段。而对比国外色彩教育发展状况,国内的色彩教育经过近百年发展,于20世纪80年代从国外引进的"色彩构成"教学内容在相关设计学科一直延续至今,曾经对国内色彩教育产生推动作用。然而在面对国际的环境、市场需求的背景下,如何适应未来色彩学科建设与发展的需要,缩小色彩教学与世界发展潮流及社会需求之间的差距,是中国色彩学科建设与教育研究尚需面对的主要任务。

第二节　色彩学及其基本理论

人类从远古到今天,随着社会的发展与进步,对色彩的认知也在一步步深入。历史上第一次对色彩作出系统阐述的理论始于古希腊时期,但真正科学、独立地对色彩学进行科学的探究到近代才拉开帷幕。而色彩学理论的建立始于 17 世纪英国科学家牛顿所做的光的色散实验。通过实验,色彩和光的关系被发现,色彩产生之谜被揭示,色彩学被纳入科学理论范畴进行探究的历史被掀开。今天,伴随着人类对自然界色彩认识的逐渐深化,色彩学发展规律的探究已进入一个新的阶段。从现代色彩学的基本理论来看,色彩学主要包括色彩物理学、色彩生理学、色彩心理学和色彩行为学等多个分支。

一、色彩的物理学理论

自然界之所以色彩缤纷,是因为有了光的作用。没有光就没有色彩感觉,光涉及色彩物理学理论方面的知识,光与色之间的关系更是值得深入探究的。

(一) 色彩的物理性质

1. 光与色

人对色彩感觉的完成首先要有光,要有对象,要有健康的眼睛和大脑,缺一不可,因此为了更好地研究及应用色彩,就必须掌握从光到达眼睛的物理学知识,光进入眼睛至脑引起感觉作用的生理学知识,从感觉至知觉过程的心理学知识,所以今天对色彩的研究已成为多学科领域的综合科学。

没有光便没有色彩感觉。人们凭借光才能看见物体的形状、色彩,从而获得对客观世界的认识。如果我们在没有一点光线的暗室中,任何色彩都是无法辨认的。没有光就没有视觉活动,当然也就无所谓色彩感觉了,色彩感觉离不开光。

我们研究设计色彩,也要从研究光的性质开始。

什么是光呢？广义上讲，光在物理学上是一种客观存在的物质，它属于电磁波的一部分。电磁波包括宇宙射线、X射线、紫外线、可见光、红外线和无线电波等，它们都各有不同的波长和振动频率。

在整个电磁波范围内，并不是所有的光都有色彩。只有380～780 nm波长的电磁波才能引起人的色觉。这段波长叫可见光谱，或叫作光，其余波长的电磁波都是人眼所看不见的，通称不可见光。波长长于780 nm的电磁波叫红外线，短于380 nm的电磁波叫紫外线（图1-17）。

图1-17　电磁波与可见光线

从英国物理学家牛顿1666年所做的著名的"光的色散"实验可知，白光通过三棱镜分解成七种颜色，这种现象叫作色散。色散现象在自然界中常常可以看到，夏天雨过天晴，空气中悬浮着许多小水滴，这些小水滴起着三棱镜的作用，使阳光色散，形成美丽的彩虹。由三棱镜分解出来的色光如果用光度计测定，就可得出各色光的波长，因此，色的概念实际上是不同波长的光刺激人的眼睛的视觉反映。

而不同色彩的波长及其范围分别为：

红色的波长为700 nm，波长范围在640～750 nm；

橙色的波长为620 nm，波长范围在600～640 nm；

黄色的波长为580 nm，波长范围在550～600 nm；

绿色的波长为520 nm，波长范围在480～550 nm；

蓝色的波长为470 nm，波长范围在450～480 nm；

紫色的波长为420 nm，波长范围在400～450 nm。

2. 色彩现象

所谓色彩,指光刺激眼睛再传到大脑视觉中枢而产生的一种感觉。而色彩现象是指色彩有光源色、固有色和环境色之分(图 1-18)。

图 1-18　色彩现象中的光源色、固有色和环境色之分

光源色指光源本身的颜色,例如阳光是白色的,白炽灯是黄色的等。而没有光就没有色彩,光源色是构成物体色彩的决定因素,若其发生变化,物体的色彩也会相应地发生变化。另外,在一年之中还有季节的更替,全天之内也有朝暮之分,就连阳光的色彩也是会发生变化的。至于灯光的光源,其颜色更是五光十色。

固有色指物体本身的颜色,严格地说,固有色是不存在的。这是由于物体的颜色是其吸收与反射色光的能力所呈现的:反射的红光多,物体就是红色的;反射的绿光多,则呈现绿色等。而即使在同一色光照射下,由于照度不同,物体的固有色也会发生变化。通常照度越强,物体固有色越浅,反之物体固有色则越深。

环境色指周围环境对物体固有色的影响,它又被称为条件色。当物体受光源照射时就会吸收一部分色光,反射另一部分色光,当反射的光投射到邻近物体上时,就会使其固有色发生变化,色彩也就会变得更为丰富。当然在特殊情况下也有例外,如镜面玻璃与抛光不锈钢等,其环境色的反映就非常明显。

对光源色、固有色与环境色的相互关系及物体的色彩变化规律的研究,为今后研究所有色彩关系打下坚实的基础。

（二）色彩的基本属性

尽管世界上的色彩千千万万，各不相同，但是人们发现，大千世界中众多的色彩归纳起来主要可以分为无彩色系统与有彩色系统两大系列。其中无彩色系列是指黑白灰色，其特征只有一个——明度。它可在黑白世界中组成高、中、低调，是素描造型的关键。而有彩色系列是指黑白灰以外的所有色彩，包括红、橙、黄、绿、青、蓝、紫等颜色，其特征却有三个——色相、明度与纯度。而这样三个特征在色彩学中又称之为色彩的三个基本属性，简称为色彩的三属性。

色相——色彩的相貌，它是色彩最显著的重要特征。

明度——色彩的明暗程度。明度最高的是理想中的白色，明度最低的是理想中的黑色。黑白两色之间可按不同的灰度排列来显示色彩的差别，而有彩色的明度是以无彩色的明度为基础来识别的。

纯度——色彩的纯净程度。它表示颜色中所含有色成分的比例，若比例越大，则色彩纯度越高；若比例愈小，则色彩纯度愈低。在实际应用中，它又被称为彩度与饱和度等。

色彩的以上三个属性是识别色彩定性与定量的标准，也是识别成千上万种颜色的科学总结。在一切色彩现象中都含有这三个要素，它们不能孤立存在，只要其中有一个要素发生变化，必然引起其他两个要素相应地发生变化。

（三）色彩的构成类型

我们所看到的色彩世界千差万别，几乎没有相同的，只要我们注意就能辨别出许多不同的色彩。将这些色彩大致进行分类，可分为黑、白、灰一类没有纯度的色彩和红、橙、黄、绿、蓝、紫等有纯度的色彩两个大类。其中，没有纯度的色彩被称为无彩色系，有纯度的色彩被称为有彩色系(图 1-19)。

无彩色系是指白色、黑色和由白色黑色调和形成的各种深浅不同的灰色。按照一定的变化规律，可将其排成一个系列，由白色渐变到浅灰、中灰、深灰到黑色。色度学上称此为黑白系列，黑白系列中由白到黑的变化可以用一条垂直轴表示，一端为白，一端为黑，中间有各种过渡的灰色。无彩色系的颜色只有一种基本性质——明度。它们不具备色相和纯度，也就是说

图 1-19　色彩的无彩色系与有彩色系的构成类型

它们的色相与纯度都等于零。色彩的明度可用黑白度来表示,愈接近白色,明度愈高;愈接近黑色,明度愈低。

有彩色系简称彩色系,是指红、橙、黄、绿、青、蓝、紫等颜色。不同明度和纯度的红、橙、黄、绿、青、蓝、紫都属于有彩色系。有彩色系的颜色具有三个基本特征——色相、纯度、明度。

(四) 色彩混合及规律

1. 色彩混合

色彩混合是指某一色彩中混入另一种色彩,即两种不同的色彩混合可获得第三种色彩。在颜料混合中,加入的色彩愈多,颜色越暗,最终变为黑色。反之,色光的三原色能综合产生白色光。

(1) 原色、间色与复色。

原色也称第一次色,它包括三种颜色,即红、黄、蓝,其纯度最高,是调配其他颜色的基本色。这三色中的任意一色都不能由另外两种原色混合产生,而其他色彩可由这三色按一定的比例配合出来。这三个独立的色称三原色(或三基色)。

间色也称第二次色,它是由两种原色混合而成的,其纯度比原色要低,且将两种原色分别等量相加,即可得到橙、绿、紫三种间色。若相加的两种原色不等量时,就能调配出更多的不同倾向的间色。

复色也称第三次色,当三种原色等量相加时,即可获得黑色;若是不等量相加混合则可得到复色,而复色的纯度又较间色低。获取复色的方法可以是将原色与间色相混,也可将间色与间色相混,另外,任何一种原色与黑(或灰)相混合也能得到复色(图 1-20)。

图 1-20 色相环,原色、间色与复色的生成关系

牛顿用三棱镜将白色光分解得到红、橙、黄、绿、青、蓝、紫七种色光,这七种色混合在一起又产生白光,因此他认定这七种色光为原色。其后物理学家大卫·伯鲁斯特进一步发现原色只是红、黄、蓝三色,其他颜色都可以由这三种原色混合得来。他的这种理论被法国染料学家席弗通过各种染料配合实验证实。从此,这种三原色理论被人们公认。1802 年,物理学家托马斯·杨根据人眼的视觉生理特征提出了新的三原色理论。他认为色光的三原色并非红、黄、蓝,而是红、绿、紫。这种理论又被物理学家麦克斯韦证实,他通过物理实验,将红光和绿光混合,这时出现黄光,然后再掺入一定比例的紫光,结果出现了白光,从而使人们开始认识到色光和颜料的原色及其混合规律是有区别的。

色光的三原色是红、绿、蓝(蓝紫色),颜料的三原色是红(品红)、黄(柠檬黄)、青(湖蓝)。色光混合变亮,称为加色法混合;颜料混合变深,称为减色法混合(图 1-21)。

(2)加色法混合。

从物理光学实验中可知,红、绿、蓝三种色光是其他色光所不能混合出来的。而这三种色光的不同的比例混合几乎可以得到自然界所有的颜色。所以红、绿、蓝是加色混合最理想的三原色。

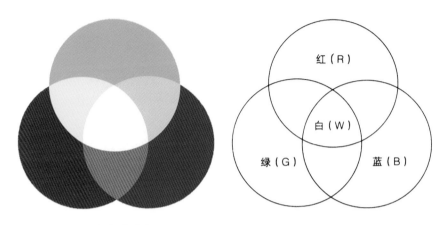

图 1-21 加色法混合

加色法混合可得出：

红光＋绿光＝黄光；

红光＋蓝光＝品红光；

蓝光＋绿光＝青光；

红光＋绿光＋蓝光＝白光。

如果改变三原色光的混合比例，还能得到其他不同的颜色。一切颜色都可以用加法混合得到，由于加法混合是色光的混合，因此随着不同色光混合量的增加，色光的明度也逐渐加强，当全色光混合时则可趋于白色。加色法混合效果是由人的视觉器官来完成的，因此是一种视觉混合。

彩色电视的彩色影像就是应用加色混色原理设计的。把彩色景象分解成红、绿、蓝三基色，并分别转变为电信号加以传送，最后在荧光屏上重现由三基色合成的景色。

（3）减色法混合。

有色物体（包括色料）之所以能显色，是因为物体对光谱中色光选择吸收和反射的作用。"吸收"就是"减去"的意思。印染的染料、绘画的颜料、印刷的油墨等各色的混合或重叠属于减色混合。当两种以上的色料相混合或重叠时，相当于白光减去各种色料的吸收光，剩余部分的反射色光混合结果就是色料混合和重叠产生的颜色。色料混合种类愈多，白光被减去的吸收光也愈多，相应的反射光量也愈少，最后将趋近于黑浊色（图 1-22）。

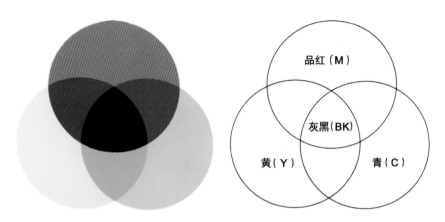

图 1-22 减色法混合

理想的颜色三原色应是品红(明亮的玫红)、黄(柠檬黄)、青(湖蓝),因为品红、黄、青混色的范围要比大红、中黄、普蓝大得多。

减法混合可得出:

品红＋黄＝红(白光－绿光－蓝光);

青＋黄＝绿(白光－红光－蓝光);

青＋品红＝蓝(白光－红光－绿光);

品红＋青＋黄＝黑(白光－绿光－红光、蓝光)。

减色法混合的原理只是为颜色的混合提供了一个规律,在实际应用中,仅用三原色去调配一切颜色是难以办到的。这是因为颜料三原色的饱和度很低,饱和度很低的颜料混色的范围就很小。

(4)色彩空间混合。

色彩空间混合实质上是加法混合,区别是后者为发光体的色光混合,前者为反射光的混合。色彩空间混合是各种颜色的反射光快速先后刺激或同时刺激人眼,从而达到反射色光在视网膜上的混色效果。如果我们把两种或两种以上不同的颜色涂在圆盘上快速旋转,将混合出新的颜色(图 1-23)。如果我们把两种或两种以上不同的色点或色线相交并置,在一定的视觉距离内,也能看到近似圆盘上快速旋转产生的色彩混合效果。色点、色线空间混合在设计色彩中具有广泛的实际应用价值。

①色彩空间混合的关系。

图 1-23　色彩空间混合陀螺

a.补色关系的色彩按一定比例空间混合,可得到无彩色系的灰和有彩色系的灰。如红与青绿的混合可得到灰、红灰、绿灰。

b.非补色关系的色彩空间混合时,产生两色的中间色。如红与青的混合可得到红紫、紫、青紫。

c.彩色系色与非彩色系色混合时,也产生两色的中间色。如红与白的混合可得到不同明度的浅红,红与灰的混合可得到不同纯度的红灰。

d.色彩空间混合时产生的新色的明度相当于所混合色的中间明度。

e.色彩并置产生空间混合是有条件的。

其一,混合色应该是细点、细线,同时要求成密集状。点、线愈细及愈密,混合的效果愈明显。

其二,色彩并置之所以产生空间混合效果,与视觉距离有关,必须在一定的视觉距离之外才能产生混合效果。距离愈远,效果愈明显(图 1-24)。

②色彩空间混合的特点。

a.色彩丰富,远看色调统一。在不同的视觉距离中,可以看到不同的色彩效果。

b.色彩有颤动感,适合表现光感。

c.如果变化各种混合色的量比,少套色也可以得到多套色的效果。

③色彩混合的规律。

通过色彩混合实验可知,颜色经过相互混合能够产生出不同于原来颜

图 1-24　色彩并置产生空间混合效果

色的新的颜色感觉。颜色混合可以是颜色光的混合,也可以是染料的混合,前者是颜色相加的混合,后者是颜色相减的混合,这两种混合所得结果是不相同的,下面仅介绍颜色光的相加混合。

　　若把彩度最高的光谱色依顺序围成一个圆环,加上紫红色,便构成颜色立体的圆周,称为颜色环。每一个颜色都在圆环内或圆环上占据一个确定位置,彩度最低的白色位于圆心。为了推测两个颜色的混合色的位置,可以把两个颜色看作两个重量,用计算重心的原理来确定这个位置。也就是说,混合色的位置决定于两个颜色成分的比例,而且靠近比重大的颜色。

　　凡混合后产生白色或灰色的两个颜色为互补色,在颜色环直径两端的任何两种颜色都是互补色。

　　若把三原色和每两个原色等量相加,得到的间色按红、橙、黄、绿、蓝、紫的顺序等间距排列成一个圆环,便可得到一个由色彩组成的色环。这六种颜色也是物理学家牛顿对太阳光进行分解所得到的,故又称为牛顿色环。在这个色环上相距 60°以内的各个色彩就被称为调和色,此外的就被称为对比色,相距 180°的两个颜色则为互补色。而互补色等量相加则可得到黑色,若不等量相加则可得到极为丰富的复色。

二、色彩的生理学理论

　　光源发出的光或经物体反射的光到达人眼后,刺激视网膜中的感光细胞,接受了光刺激的感光细胞产生出相应的脉冲信号,经视神经传给大脑,通过大脑的解释、分析和判断而产生视觉,这就是人们看见色彩的过程。可见,人类感受色彩还必须有健康的视觉感受器官——眼睛,这种视觉生理特性是其进行色彩探究必不可少的客观条件。

(一)色彩的感觉器官——眼睛

1. 眼睛的生理构造

眼睛是人类感官中重要的器官,人们读书认字、看图赏画、观看演出、欣赏美景等活动中无不用到眼睛。人的眼睛非常敏感,能辨别不同的颜色、光线,再将这些视觉形象信息转变成神经信号,传送给大脑。现代科学研究资料表明,一个视觉功能正常的人从外界接受的信息,其中80%以上的信息是由视觉器官输入大脑的,所以,研究眼睛的生理构造、功能及其特性是十分必要的。

人的眼睛近似一个球状体,位于眼眶内。正常成年人眼球前后径平均为 24 mm,垂直径平均为 23 mm。最前端突出于眶外 12~14 mm,受眼睑保护。眼球包括眼球壁、眼内腔和内容物(包括房水、晶状体和玻璃体)、神经、血管等组织。从正面看,眼睛包括巩膜(眼白)、瞳孔、虹膜及角膜等几个主要部分。除此之外,眼眶内还有运动眼球的小肌肉以及泪腺等结构。以右眼为例,眼睛的生理构造如图 1-25 所示。

图 1-25　眼睛的生理构造

角膜位于眼球最前端,角膜是平均折射率为 1.336 的透明体,俗称眼白,微向前突出,曲率半径前表面约 7.7 mm,后表面约 6.8 mm,光由这里折射进入眼球而成像。

虹膜位于角膜后面,呈环形围绕瞳孔,也叫彩帘。虹膜内有两种肌肉控制瞳孔的大小,缩孔肌(即环形肌)收缩时瞳孔缩小,放孔肌(即辐射肌)收缩时则瞳孔放大,其作用如同照相机的自动光圈装置,而瞳孔的作用好似光圈。它的大小控制一般是不自觉的,光弱时大,光强时小。

视网膜是眼球壁最里面的一层透明薄膜,贴在脉络膜的内表面。视网膜即为视觉接收器,它本身也是一个复杂的神经中心,眼睛的感觉为视网膜中的视杆细胞和视锥细胞所致。视杆细胞可以感觉黯淡的光,其分辨率比较低,不能分辨物体的颜色;视锥细胞对亮光敏感,而且可以分辨颜色。两种视觉细胞各司其职,一个感受物体的明暗关系,一个感受物体的色彩关系,这样就形成了完整的物体影像。

晶状体位于眼睛正面中央,光线投射进来以后,经过它的折射传给视网膜。所谓近视眼、远视眼、老花眼以及各种色彩、形态的视觉或错觉,大部分都是由于晶状体的伸缩作用所引起。它像一种能自动调节焦距的凸透镜一样。晶状体含黄色素,随年龄的增加而增加,它影响人对色彩的视觉。

玻璃体位于晶状体后面,它把眼球分为前后两房,前房充满透明的水状液体,后房则是浓玻璃体。外来的光线必须按顺序经过角膜、水状液体、晶状体、玻璃体,然后才能到达视网膜。它们均带有色素,且随环境和年龄而变化。

黄斑是视网膜中视觉最敏感的部位,是视杆细胞和视锥细胞最集中、最丰富的地方,位置刚好在通过瞳孔视轴的方向,其颜色为黄色,所以被称为黄斑。如果我们看到的物体非常清楚,是影像刚好投射到黄斑上的原因。

黄斑下面有个区域,虽然神经很集中,但由于没有感光细胞,也就没有感光能力,所以称为盲点。

眼球的各个生理构造部分具有不同的功能,承担着不同的视觉任务,共同形成一个复杂的视觉系统。而人的眼睛可以比作一台相机,晶状体相当于相机的镜头,通过悬韧带的运动可以自动调节光圈,玻璃体相当于暗箱,视网膜相当于底片。当人眼受到光的刺激后,通过晶状体投射到视网膜上,视网膜上视觉细胞的兴奋与抑制反应又通过视神经传递到大脑的视觉中枢,最终产生物像和色彩的感觉。

2. 眼睛的生理功能

(1)视觉的适应。

人们由暗处突然进入明亮处时,或由刺眼的亮处突然进入黑暗处时,人的眼睛均会出现不知所措又稍纵即逝的适应现象,这种现象就称为视觉的适应。它是指人的眼睛具有极为灵活的适应机能,也指眼睛对客观世界的变化产生的特殊适应能力。其中从暗到明的这个视觉适应过程叫明适应,从明到暗的这个视觉适应过程叫暗适应,从普通灯光(带黄橙味光)的房间到日光灯(带蓝白味光)的房间的这个光色视觉适应过程叫做色适应。另外,适应现象中包括光度适应、距离适应、方位适应等。当眼睛看距离近的物体时,眼内的水晶体会自动增厚缩圆,曲度加大,焦距缩短;在看距离远的物体时,水晶体又会自动拉扁,曲度减小,焦距拉长。当眼睛处于光线强烈的状态时,眼内的瞳孔会自动缩小,以减少刺激;当眼睛处于光线柔弱的昏暗状态时,瞳孔又会自然放大,以便收集到更多的光。当目光自由转动时,无论物体处于什么方位,无论是在视中心还是边缘,都会清晰可辨。

　　(2) 视觉的惰性(色感觉恒常)。

　　人们在观察物象时均需进行心理调节,以免被进入眼内光的物理性质所欺骗,以认识物象的真实特性,视觉的这种自然或无意识对物体色知觉始终保持原样不变和"固有"的现象,被称为视觉惰性,也被称为色感觉恒常。色感觉恒常包括大小、明度与颜色恒常等形式。

　　大小恒常是指物体在人眼视网膜映像中的大小在变,但看上去它的大小基本不变,只是距离人们的远近不同而已,眼睛的这种恒常现象称为大小恒常。

　　明度恒常是指当照明条件改变时,人感觉到的物体的相对明度保持不变的知觉特性。如将黑、白两匹布一半置于亮处,一半置于暗处,虽然每匹布的两部分亮度存在差异,人们仍然会将它们感知为一匹黑布或一匹白布,而不会感知为两匹明暗不同的布料,眼睛的这种特性称为明度恒常。

　　颜色恒常是指当照射物体表面的颜色光发生变化时,人们对该物体表面颜色的知觉仍然保持不变的知觉特性。而颜色恒常是指人对物体颜色的知觉与人的知识经验、心理倾向有关,并不是指物体本身颜色的恒定不变,可见色彩感觉的恒常现象是有条件的。

　　(3) 视觉的阈值。

所谓阈值是指两种刺激必须要有一定量的差别,差别未达到定量以上则无法区分异同,这个定量即称为阈值。人的眼睛无法分辨速度过快、面积过小、距离过远与差别过小的物体,诸如飞逝的炮弹、滴水中的微生物、从高空看的地面的人,形色都是难以区分的。正是人眼的这种视觉特性,为色彩的空间混合、网点印刷、影视摄录与杂技表演等提供了生理学层面的理论依据,也为人们在色彩表现中运用夸张与省略、统一与变化、具象与抽象等手法进行艺术创作提供了可用的处理方式。

(二) 色彩的视觉理论

解释色觉现象及其机制的视觉理论主要包括 1807 年由托马斯·杨提出,1860 年由赫尔姆霍茨发展的三色说和赫林 1874 年提出的四色说,这两种学说在当今新的科学成果基础上相互补充,逐步得到了统一。

1. 杨-赫三色学说

根据颜色混合的事实,托马斯·杨于 1807 年首先提出了三原色的假设。在此基础上,1860 年,赫尔姆霍茨又假设在视网膜上有三种神经纤维,每种神经纤维的兴奋引起一种原色的感觉。杨-赫的三色学说认为人眼视网膜的视锥细胞含有红、绿、蓝三种感光色素,当单色光或各种混合色光投射到视网膜上时,三种感光色素的视锥细胞不同程度地受到刺激,经过大脑综合而产生色彩感觉。如当含红色素的视锥细胞兴奋时,其他两种视锥细胞相对处于抑制状态,便产生红色的感觉;当含绿色素的视锥细胞兴奋时,其他两种视锥细胞相对处于抑制状态,便产生绿色的感觉;如果含红色素和绿色素的两种视锥细胞同时兴奋,而含蓝色素的视锥细胞处于抑制状态时,便产生黄色的感觉;三种细胞同时兴奋时,则产生白色的感觉;三种细胞同时抑制则产生黑色的感觉;三种细胞不同程度地受到刺激时,则产生红、橙、黄、绿、青、蓝、紫等色感。如果人眼缺乏某种感光细胞,或某种感光的视锥细胞功能不正常时,就会造成色盲或色弱,只是这个学说认为缺乏 1 种甚至 3 种纤维会造成单色盲或全色盲。

2. 赫林四色学说

赫林的四色学说也被称为对立色彩学说。1874 年,赫林观察到色彩现象总是成对发生关系,因而认定视网膜中有三对视素:白-黑视素、红-绿视素、黄-蓝视素。这三对视素的代谢作用包括建设（同化）和破坏（异化）两种对立的过程，光的刺激破坏白-黑视素，引起神经冲动，产生白色的感觉。无光刺激时，白-黑视素便重新建设起来，所引起的神经冲动产生黑色的感觉。对红-绿视素，红光起破坏作用，绿光起建设作用。对黄-蓝视素，黄光起破坏作用，蓝光起建设作用。因为各种颜色都有一定的明度，即含有白色，所以每一种颜色不仅影响其本身视素的活动，而且影响白-黑视素活动。根据赫林的学说，三对视素对立过程的组合产生各种颜色感觉和各种颜色的混合现象。依据这个学说，负后像的产生是由于颜色刺激停止后，与此颜色有关的对立过程开始活动，因而产生原来颜色的补色。色盲则是由于缺乏一对或两对感受器导致的结果。

现代神经生理学的发现既支持三色说，也支持四色说。支持三色说的机制是视网膜的 3 种锥体细胞，支持四色说的机制是视网膜神经节和外侧膝状核中 4 种起拮抗作用的感色细胞。现在普遍认为色觉过程可分为几个阶段：颜色视觉机制在视网膜感受器水平是三色的，符合杨-赫三色说，而在视网膜感受器以上的视觉传导通路上又是四色的，符合赫林的四色说，最后在大脑皮层的视觉中枢才产生各种色觉。而色彩视觉过程的这种设想也被称为"阶段"学说。

（三）色彩的视错现象

物体是客观存的，但视觉现象并非完全是客观存在的，而在很大程度上是主观的东西在起作用。当人的感觉器官同时受到两种或两种以上因素刺激时，大脑皮层对外界刺激物进行分析、综合发生困难时就会造成错觉。而色彩视错的出现也被称为"心理性机带或视差"。

视错是视觉过程中的一种生理反应，其种类大致可以分为两类。一类是形象视错觉，如面积大小、角度大小、长短、远近、宽窄、高低、分割、位移、对比等；另一类是色彩视错觉，如颜色的对比、色彩的温度、光和色疲劳等。而色彩视知觉中的视错性是由于人的视觉、大脑皮层对外界刺激物的分析发生困难而造成的。人由于生理、心理等原因对客观事物产生了不正确的知觉，而并非客观存在，它是由人视觉器官内部产生的某种效应，诸如诱导关系中兴奋与抑制之间的效应，引起思维推理之间的种种错误而产生。人们的眼睛在看任何一种颜色时,总习惯于同周围其他的颜色相比较。如不同明度、纯度、色相的色同时并置在一起,色与色相连接的边缘色在视觉的感知上会与原色发生明显的差异,这种差异是色彩视错性的反应。

　　色彩的错觉是由于人们的生理构造引起的,错觉的强弱与观察者的距离、色彩的对比、色彩面积的大小等有关。比如在黑色底上同时放上红色与蓝色,会看到红色向前,蓝色向后。另外,把椭圆形绿色块放在较大的方形黄色块上,会发现绿色有向内收缩的感觉;若反过来,把椭圆形黄色放在绿色大方形色块上,黄色便产生膨胀感(图 1-26)。

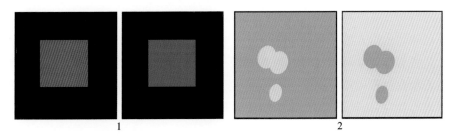

1　　　　　　　　　　　　2

图 1-26　色彩错觉

1.黑色底上同时放上红色与蓝色,会有红色向前、蓝色向后的错觉;

2.把椭圆形绿色块放在方形黄色块上会发现绿色有向内收缩的感觉,若反之椭圆形黄色块便有膨胀的感觉

　　另外,不同色彩并置会各自呈现出对方的补色倾向。如灰色在红、橙、黄、绿、青、蓝、紫等不同底色上呈现补色的感觉。又如同一灰色在黑底上显得亮,在白底上显得暗,在红底上呈现绿色倾向,在绿底上呈现红色倾向(图 1-27)。

图 1-27　不同色彩并置会各自呈现出对方的补色倾向

　　色彩视错是与其对比同时存在的,当两种色彩对比着同时刺激人眼之时,人眼常常会产生一种相互排斥的异象,并使视觉感受到的双方色彩差别更加显著。如在相邻的色彩中,色与色之间相邻的边缘部分就会出现色彩视错的感觉,而这种感觉较之各色的其余部分,色彩的对比则会更加强烈,就如当眼睛长时间地感觉一种色彩后,会产生疲劳感,这时需要用色彩的补色来恢复视觉平衡,这种平衡就形成了色彩的视错现象。由于在色彩的视知觉中具有视错性,故下列色彩视错现象发生。

（1）当任何两种色相不同的色彩并置时,二者都带有对方的补色。

（2）当任何色彩与中性灰色并置时,都会立即将灰色从中性、无彩色的状态改变为一种与该色相适应的补色状态。

（3）当明色与暗色同等大小并置时,明色膨胀感更强。

（4）当两种大小相等的互补色同时放置于一起时,暖色与明色比相同的冷色和暗色给人的感觉大而强。

色彩的连续对比与同时对比都属于色彩心理性视错的范畴,而色彩视错现象在色彩应用中经常遇到,有时可在色彩应用中利用这种视错现象,以取得一种"将错就错"的色彩预期效果。

（四）色彩的生理影响

色彩现象往往与人的生理息息相关,并对人的生理产生影响。由于人眼对色彩明度和彩度的分辨力差,在选择色彩对比时,常以色调对比为主。就引起眼睛疲劳而言,蓝色、紫色最甚,红色、橙色次之,黄绿色、绿色、绿蓝色等色调不易引起视觉疲劳且认读速度快、准确度高。另外色彩对人体其他机能和生理过程也有影响,比如红色色调会使人的各种器官机能兴奋和不稳定,有促使血压升高及脉搏加快的作用;而蓝色色调则会抑制各种器官的兴奋状态,使部分身体机能稳定,起降低血压及减缓脉搏的作用(图1-28)。

法国心理学家弗艾雷在《论动觉》一书中认为:"在彩色灯的照射下,会出现肌肉弹力增加,血液循环加快的现象,其中,红色带来的影响最大,其余依次为橙色、黄色、绿色和蓝色。"另一位心理学家古尔德斯坦通过观察也得出了类似的结论,他在治疗神经病人时发现,因患大脑疾病而丧失了平衡感的人在穿上红色衣服时,会变得头晕目眩,但换上绿色的衣服后,眩晕的症状很快就消失了。经过多次试验,古尔德斯坦得出这样的结论:"波长较长的色彩会引起扩张性的反应,而波长较短的色彩则会引起收缩性的反应,在不同色彩的刺激下,机体或是向外界扩张,或是向内部收缩。"这就从生理学

图 1-28 色彩现象对人的身体机能和生理过程具有影响

的角度对不同色彩给人们生理上带来的影响作出了解释。而有关色彩的冷暖之分,生理学家们也认为"这很可能是由于某些特定波长的光在大脑神经中产生的刺激,在强度和结构上与冷热温度产生的刺激有着同形同构的关系"。可见,许多看似感性的色彩现象其实往往对人的生理产生不同程度的影响。

三、色彩的心理学理论

色彩心理学是近现代色彩学的一个分支,着重研究人的主观色彩感知,如色彩情感、色彩象征、色彩想象等问题。色彩不但与民族色彩传统审美有关,而且与人的个性和情绪等心理有着不可分割的联系。其实人类早在遥远的古代就已经意识到色彩对人的反应与行为的刺激和象征作用。色彩通过视觉刺激人脑,引起人的知觉、情感、记忆、思想、意志、象征等一系列变化,以及人们通过对色彩的经验积累而转变成的色彩心理反应等,都是色彩心理所要探讨的内容。德国生理学家赫林在 19 世纪首创"心理学原色"理论,指出青与黄、红与黄、黑与白是影响人的感觉、情绪和思想的原色。德裔美籍作家、美术和电影理论家、知觉心理学家鲁道夫·阿恩海姆于 1954 年在其著作《艺术与视知觉——视觉形象心理学》中运用格式塔心理学分析视觉艺术的同时,将色彩学的心理研究纳入视觉知觉心理研究的科学系统中,并对"形状和色彩""对色彩的反应""冷暖""色彩的表现性""对色彩的喜好""对和谐的追求"与"色彩混合"等问题做了探究。日本著名的色彩学家小林重顺教授于 1966 年创办色彩与设计研究所,运用色彩图像指标从事色彩心理学方面的研究,并从色彩心理学、商品心理学的角度来探讨现代的市场开发与生活方式,拓宽了色彩学的研究范围和应用领域,也使色彩心理学理论方面的探索走向深入。

(一) 色彩的心理感觉

色彩的心理感觉是在无意识情况下发生的,它源于经验,并根植于人的内心。心理学的实验发现,人们对色彩的心理感觉是因人而异的,日本色彩学家琢田敢针对不同色彩对不同人群进行了深入调查,以了解人们对色彩联想的差异,调查结果显示出不同年龄、不同性别的人群对色彩联想均有区别。归纳来看,色彩心理感觉的这种区别与不同人群的年龄与需求、性格与情绪、性别与偏好、修养与审美以及民族与风俗、地区与环境等因素有关,这些因素影响个人的色彩心理感觉和价值判断。但是个体条件相似的同一种类型人的色彩喜好会比较接近,他们对于色彩的心理感觉存在共通性。因此,对于人们对色彩的心理感觉的了解,既需了解色彩感觉的个体差异,又要善于把握色彩象征性的普遍规律,以把握色彩的心理感觉在应用中的语言表达。而影响人们对色彩心理感觉出现不同价值判断的因素主要包括以下内容。

1. 年龄与需求

根据实验心理学的研究,随着人们年龄上的变化,生理结构也发生变化,对色彩所产生的心理影响与需求也随之有别。有人做过统计,儿童大多喜爱极鲜艳的颜色,如婴儿喜爱红色和黄色,4～9 岁儿童最喜爱红色,9 岁的儿童又喜爱绿色,在 7～15 岁的小学生中,男生的色彩爱好次序是绿、红、青、黄、白、黑,女生的爱好次序是绿、红、白、青、黄、黑。随着年龄的增长,人们的色彩喜好逐渐向复色过渡,向黑色靠近。也就是说,年龄越近成熟,所喜爱色彩越倾向成熟。

2. 性格与情绪

色彩会对情绪造成不同的影响。明亮的色彩会使人们产生乐观的情绪,而黯淡的色彩会让人产生消极的情绪,反之,不同性格的人对色彩的喜好也不尽相同。通常性格开朗的人会喜好明快艳丽或温暖的颜色,沉默的人会偏爱中性色、灰色或冷色,人的性格各异,对色彩的喜好自然会有各种差别。另外,当处于不同情绪支配之下时,人们对色彩的反应也不同。如烦躁时看一些强烈的、刺激的色彩,会加重不安感,也可能产生厌恶感,若换成温和的冷色或许能平静下来,这是色彩对情绪的反作用。为此,在色彩应用中需针对不同性格的人进行色彩的搭配,以获得其内心对色彩的认同感。

3.性别与偏好

人对色彩的偏好是在对色彩有一定程度的认识和理解的基础上逐渐形成的,它既与人的生理发育、性别有关,又与人的生活经历、艺术素养及所处的社会环境相关,其中性别是造成人们对色彩偏好的重要因素。而在变化万千的色彩中,男性更偏爱蓝色系列的色彩,女性更偏爱粉色系列的色彩。究其原因,人们无法给出准确的科学解释。据美国《现代生物学》刊载的研究报告所述,男女的确对颜色有偏好,并且推测这与基因有关,是人的一种本能。研究发现,人对色彩的偏好有性别之分是人类进化的结果,有确凿的历史根源。只是由于多种因素的影响,相同的色彩往往具有完全不同的象征意义,很难通过理性认识总结出具有什么特征的人就一定偏爱什么色彩的规律。况且,男女对色彩的好恶又是相对的,是比较而言的,不是一旦喜欢某几种色彩就完全忌用其他的色彩。

4.修养与审美

色彩修养是客观存在的色彩现象与人们对色彩的主观思维相互作用下的综合体现。具有不同文化修养的人对色彩会确立不同的审美标准。以色彩修养而论,对色彩知识要有基本的了解,同时不同的知识储备和生活见识也会对色彩的审美产生后续的一系列影响。另外,人们的色彩审美标准也随着时代的发展不断变化。比如20世纪60年代初宇宙飞船上天后,世界范围内流行"宇宙服""宇宙色";进入21世纪,随着现代工业的高速发展及城市化进程的加快,人们对环保又有了新的认识,重新向往起自然色。而如今对色彩审美标准的变换频率日趋加快,这也是流行色受到广泛关注的根本原因。

5.民族与风俗

由于各个国家、民族在社会、政治、经济、文化、科学、艺术、宗教信仰以及生活习惯等方面存在差异,不同国家与民族的风俗习惯造成了人们对色彩的不同态度和反应,表现在人们心理上对色彩的理解与喜好也各不相同。

6. 地区与环境

地区与环境的不同对色彩心理也会产生相应的影响,使地区性的色彩习惯与偏爱各不相同。诸如在热带地区,由于光照强烈,所以这个地区的环境显得偏白、偏亮,略显单调,因而在此地的人们对强烈多变的色彩有需求。寒带地区由于气温偏低,所以人们在心理和生理上对温暖都有一种渴求,因而会偏爱柔和的暖色调。调查发现,在人们的生活中,环境和喜好经常会表现出相反的心理要求。比如在农村,由于室内的陈设较为简单朴素,色泽单调,农民一般喜欢装饰鲜艳的色彩。而在城市,由于建筑的色彩十分丰富,人们整天生活在色彩嘈杂的环境之中,因而对色彩多要求柔和、淡雅与统一。意大利色彩学家在欧洲地区曾做过日光测定,结果发现北欧的日光接近于发蓝的日光灯色,而南欧地区的意大利的日光则近于偏黄的灯光色。这样,两地的人民由于长期在有差别的日光色下生活,不知不觉地形成了习惯性的适应方式与爱好。可见长期生活在某一种色彩环境中确实会对人习惯性的色彩观念产生影响。

(二) 色彩的心理特征

色彩作为一种物理现象,本身是没有性格的,但人们却能够感受到不同色彩所具有的不同心理特征,这是因为人们长期生活在色彩世界中,积累了许多视觉经验,一旦这些经验与外来的色彩刺激发生呼应,就会在人的心理上引发某种联想,由此,色彩也就被赋予了共同的情感特征(图 1-29)。

当然,事情本身并非如此简单,因为我们都知道,不同波长的色彩刺激会对人的生理产生不同的影响,而为什么会产生这些影响目前尚无定论,因此,仅仅用联想理论来解释色彩所具有的复杂情感属性是不够的。虽然色彩获得情感属性的原因还不明确,但有一件事实是没有争议的,那就是色彩能够有力地表达情感。无论是有彩色还是无彩色,都有自己的心理特征。任何一种颜色,当它的色相、明度或纯度发生了变化或处于不同的搭配关系中时,其情感特征都会随之发生改变,因此,要想表达出所有颜色的情感特征非常困难,但对一些典型的色彩加以描绘却是可行而有必要的。表 1-1 以

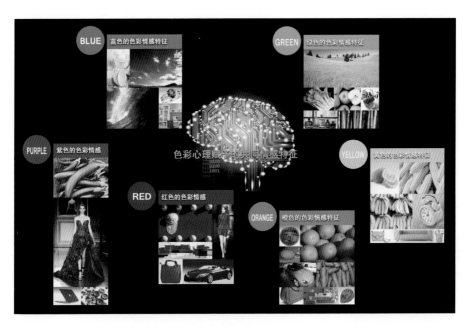

图 1-29 色彩心理赋予的共同情感特征

红、橙、黄、绿、蓝、紫、黑、白、灰这 9 种常见色彩为例，从联想和象征的角度对每种色彩的特点进行了描述，从中可以看出这些颜色具有丰富的情感特征。

表 1-1 色彩的联想与象征意义

色彩	特点	联想	象征
红	最强有力	太阳、火焰、红旗、苹果、辣椒、口红、红花、血等	热情、兴奋、胜利、喜庆、危险、野蛮、革命、战争
橙	最温暖	橘子、橙子、柿子、胡萝卜、灯光、霞光、救生衣、安全帽等	华丽、温暖、快乐、炽热、积极、幸福、满足
黄	明度最高	香蕉、向日葵、柠檬、油菜花、黄金、鸡蛋、菊花等	光明、辉煌、财富、权力、注意、不安、野心
绿	人眼最容易接受	树、山、草、藤蔓、森林、军装等	青春、希望、和平、宁静、理想、成长、安全
蓝	—	天空、大海、湖泊等	博大、沉静、凉爽、忧郁、消极、冷漠、理智、纯净、自由

色彩	特点	联想	象征
紫	明度最低	葡萄、茄子、紫藤、紫甘蓝、花卉等	高贵、神秘、庄重、优雅、嫉妒、病态、压抑、悲哀
黑	吸收全部光线	黑夜、炭、墨、头发、礼服、皮鞋等	明亮、干净、纯洁、朴素、虔诚、神圣、虚无
白	反射全部光线	雪、白纸、兔子、羽毛、白云、砂糖、婚纱、医生等	死亡、恐怖、邪恶、严肃、孤独、沉默
灰	—	鼠、尘、阴天天空、混凝土等	内涵、沉默、谦逊、柔和、细致、平稳、朴素、郁闷等

（三）色彩的心理感受

色彩的心理感受是指色彩带给人们的感觉,虽然色彩引起的复杂感情是因人而异的,但由于人类生理构造和生活环境等方面存在着共性,因此对大多数人来说,无论是单一色或者是几种色的混合色,在色彩的心理方面也存在着共同的感情(图1-30)。

根据实验心理学家的研究,其内容包括以下几点。

1. 冷暖感

一般来说,红色、橙色、黄色常常使人联想到火焰的热度,因此有温暖的感觉;蓝色、蓝绿色、青色常常使人联想到冰雪,因此有寒冷的感觉。因此,凡是带红色、橙色、黄色的色调都带暖感,凡是带蓝色、蓝绿色、青色的色调都带冷感。另外,色彩的冷暖与明度、纯度也有关。高明度的色彩一般具有冷感,低明度的色彩一般具有暖感;高纯度的色彩具有暖感,低纯度的色彩具有冷感;无彩色的白色是冷色,黑色是暖色,灰色为中性。

2. 轻重感

色彩的轻重感主要由明度决定,明度高的色彩感觉轻,明度低的色彩感觉重。白色最轻,黑色最重。低明度基调的配色具有重感,高明度基调的配色具有轻感。

3. 软硬感

色彩的软硬感与明度、纯度都有关。凡是明度较高的含灰色系具有软

图 1-30　色彩的心理感受在空间环境中的表现

1～2.色彩的冷暖感；　3～4.色彩的轻重感；　5～6.色彩的软硬感；

7～8.色彩的强弱感；　9.色彩的体量感；　10.色彩的距离感

感,凡是明度较低的含灰色系具有硬感,色彩纯度越高越具有硬感,纯度越低越具有软感。

4．强弱感

色彩的强弱感与知觉度有关。高纯度色具有强感,低纯度色具有弱感。有彩色系比无彩色系强,而在有彩色系中又以红色为最强。

5．体量感

从体量感的角度来看,色彩可以分为膨胀色与收缩色。同样面积的色彩有的看起来大一些,有些则小些。明度和纯度高的色看起来面积膨胀,而明度和纯度低的色则看起来面积收缩。

6．距离感

在相同距离观察色彩时,色彩又可分为前进色与后退色。而色相对色彩的进退感、伸缩感影响最大,一般暖色具有前进感,冷色具有后退感;明亮色具有前进感,深暗色具有后退感;纯度高的为前进色,纯度低的为后退色。

第三节　色彩学及其学科探究

从色彩学学科发展的趋势来看,与其相关学科的探究范畴主要包括对色彩表示体系、色彩美学层面、色彩民俗特征、色彩的地理学、色彩流行预测及数字色彩系统等领域的拓展,色彩学的本质研究也将得以不断深化。

一、色彩表示体系探究

19 世纪后期至 20 世纪初期,欧美等发达国家在色彩学理论走向科学研究的基础上,尝试在色彩应用推广层面建立颜色表示体系及标准系统。在色彩实践探索中,美国艺术家阿尔伯特·孟塞尔与德国化学家威廉·奥斯特瓦尔德两人分别形成了两种不同的色彩观,并于 1905 年与 1915 年先后推出了以他们两人的名字命名的色彩体系,即孟塞尔色彩表色系统与奥斯特瓦尔德色彩系统。这两个色彩体系成为 20 世纪以来世界上两个最具代表性、最基本、最重要的色彩表示系统。

作为色彩标准与应用中最主要的基础性工作之一,孟塞尔色彩表色系统与奥斯特瓦尔德色彩系统的建立对色彩在各个领域推广运用及实现色彩科学管理更是具有重大的意义。在整个 20 世纪,不少国家均以这样两个色彩系统为基础并致力于对其的完善,或基于这两个色彩系统进一步研究各自国家的标准色体系。此外,世界上不少国家在不同行业中也开发了各自行业通用的实用色谱来表示色彩,并在色彩表示体系建构中取得了探究性的成果。其中,国际照明委员会(CIK)于 1931 年推出了 CIE1931 标准色度学表色系统,日本色彩研究所于 1966 年推出了 PCCS 实用颜色坐标表色系统,瑞典斯堪的纳维亚色彩研究所于 1972 年推出了 NCS 自然色彩表色系统,以及中国国家技术监督局于 1995 年发布的《中国颜色体系》(GB/T 15608—1995)等不同的色彩系统。

进入 21 世纪以来,国际上对于色彩表色系统的探究和应用越来越重视,国际颜色学会(AIC)、国际标准化组织(ISO)及国际照明委员会均曾讨论过颜色标准化的问题,只是由于色彩表色系统具有地域性的特点,如何建构一个能被各国一致公认的标准颜色体系,时至今日尚处于探索之中。

而中国颜色体系的建立是1988年在中科院王大珩院士、中科院心理研究所荆其诚院士的带领下历经近十年的科研探索、精心研制的颜色应用系统。国家技术监督局于1995年6月发布了《中国颜色体系》(GB/T 15608—1995),并从1996年2月开始实施,这也是中华人民共和国颜色体系的第一个国家标准。在该标准发表之前,还发布了《中国颜色体系样册》(GSB A26003—1994)。从2003年起,在《中国颜色体系》(GB/T 15608—1995)国家标准的基础上对该系统又进行了修订,并于2006年9月颁布修订后的《中国颜色体系》(GB/T 15608—2006),2007年2月1日开始实施。其标准样册《中国颜色体系标准样册》(GSB 16-2062—2007)中的实物样品数量也由原来的1500组数据增加到5300组数据,是目前世界上包含数据最丰富的颜色标准。这套标准数值在全色彩空间范围内具有空间连续性、曲面或曲线光滑与闭合特性,因此非常准确地表达了色彩空间的信息内容和中国人对颜色感受的信息。这套标准的实施也使中国的色彩表述和使用从此走向科学化、定量化,直至为中国的色彩管理标准化奠定了坚实的科学基础。依据这套颜色体系,不同行业建立了相关的色卡,从而为具有中国特色的色彩表色系统建立及在相关领域的应用推广起到重要的促进作用。

二、色彩审美层面探究

审美是人类理解世界的一种特殊形式,它是指人与世界(社会和自然)形成的一种无功利的、形象的和情感的关系状态。审美是在理智与情感、主观与客观上认识、理解、感知和评判世界上的存在。就人类的审美观念而言,它主要由审美理想、审美价值及审美趣味所组成,并通过审美创造与审美鉴赏等行为方式,逐步将审美观念客观化,把物化产品审美化、主体化,进而创造出新的审美对象,培养出新的审美情趣。色彩本来只是一个自然现象,只是随着人类活动的介入,其人化的审美特征逐渐才显现出来。若从美学层面看,单一的、孤立的色彩本没有美丑之分,只有把颜色或者颜色组合与具体的主题、物体结合起来后，方可形成具体的审美对象。而色彩审美除具备审美文化的基本特征外，还具有自身独有的特征，如色彩的视觉性、符号性。从表象看，色彩拥有丰富的表情属性，具备细腻的情感素质。从互动看，色彩可能是世界上最能触发人类审美情感的要素之一。现代英国心理学家 R.L.格列高里认为："颜色知觉对我们人类具有极其重要的意义——它是视觉审美的核心，深刻地影响我们的情绪状态。"由此可见，色彩美自产生即受制于人们审美观念及心理感情的影响，这是一个由感觉、知觉、思维、情绪所构成且极为复杂的过程。在千姿百态的色彩世界里，没有不美丽的色彩，只有不和谐的配置。因此，不同的色彩配置能组合出各不相同的色彩风格，诸如华丽贵气、亲和自然、理性冷静、活泼热情、轻快明亮、优美雅致、浪漫温馨、夸张另类等，均给人们带来不同的色彩审美意象。

从色彩审美研究来看，有 Kan Tsukada 1978 年在日本东京出版的《色彩美学》，1986 年琢田敢等所著的《色彩美的创造》，由湖南美术出版社出版。另外，在 20 世纪 80 年代，由上海人民美术出版社出版的瑞士美术理论家和艺术教育家、著名的色彩大师约翰内斯·伊顿所著的《色彩艺术》中，约翰内斯·伊顿为色彩审美层面的研究指出三个方向：其一是印象（视觉上），其二是表现（情感上），其三是结构（象征上）。他还阐明对色彩审美的体验和探究应注重色彩学与审美心理学的结合，以从美学的高度来审视和领悟色彩的魅力。此外，近 20 年来，国内学者郭廉夫和张继华的《色彩美学》、赵勤国的《色彩形式语言》、吴义方等的《色彩文化趣谈》及张康夫的《色彩文化学》等著述也对色彩审美层面的问题进行了深入的探索。

而当前色彩审美层面的研究主要集中在色彩审美与审美主体的关系，色彩审美符号的类型，色彩的审美需求，设色的形式法则，不同时代人们的用色规律、表达特征，不同文化语境中的色彩审美现象、美学趣味与流行趋势，社会思潮对色彩审美态度的影响以及人们在色彩审美的行为心理、价值取向等层面的探索。即从美学的高度来审视和领悟色彩审美的魅力及文化意蕴，以从色彩真、美、善的意境表达中创造出一个多姿多彩的色彩世界。

三、色彩的地理学探究

色彩的地理学探究属于应用地理学的范畴，它是地理学在现代科学技术革命基础上诞生的产物。从应用地理学来看，它于 20 世纪 30 年代首先出现于西方国家，是运用地理学的理论、原则和方法，在基础地理资料的支持下，研究各种与人类社会经济发展有关的问题，且提出解决问题的方法和途径的学科。应用地理学先后与区域学、环境学、生态学、资源学、社会学、经济学、灾害学、旅游学等学科交叉形成新的研究领域，也在不同程度上给色彩学研究带来了重要启示。

作为应用地理学与色彩学结合而出现的一门新兴边缘学科，色彩地理学由法国著名色彩设计大师让·菲力普·郎科罗于 20 世纪 60 年代创建，并在欧美及日本等国家和地区进行实践和推广。从色彩地理学的研究方式看，类似于区域地理学，就是对地球表面分区域进行研究，在选定的地区内调查所有地理要素及其相互间的关系，将该地区的特征与其他地区相区别，研究处在不同地域中的同类事物的差异性。郎科罗教授的设计方法主要分为两个步骤：第一阶段被称作"景观分析"阶段，第二阶段为色彩视觉效果的概括总结。最终目的是确认这个区域的"景观色彩特质"，阐述调查区域内人们的色彩审美心理及其变化规律，其调查大致可概括为选址、调查、取证、归纳、编谱、小结等步骤。郎科罗的色彩地理学理论对城市规划、建筑、环境景观与工业产品等设计领域具有重要的指导作用。20 世纪 60 年代，巴黎规划部门对城市色彩所做的两次规划与调整均应用了其理论及方法，巴黎的米黄色基调也形成于这个时期，法国巴黎的三度空间色彩设计事务所在这个方面也无疑走在世界前列。

色彩地理学的理论与方法对世界不少国家和地区均产生影响，如 20 世纪七八十年代日本的 CPC 机构即其基础上，结合日本城市的地域特点完成了东京的城市环境调查，又对神户、川崎、西条、广岛等城市的景观色彩进行调查，并完成了上述城市环境色彩的设计提案工作。在 20 世纪后期，色彩地理学也被引入城市化建设的中国，不仅逐渐受到相关领域专家和学者的关注，而且在城市风貌维护与特色塑造、旧城历史街区与建筑保护、城市色彩控制与管理、建筑与景观环境设计、乡村整治与旅游开发等层面出现一系列理论探究及设计创作实践成果。只是中国城市、建筑与景观环境等在其建设规模、文化背景及发展速度等诸多方面均与国外有所不同，如何找到符合中国城乡建设需要的环境色彩规划的方法，直至建构出经得起实践应用考验的色彩理论体系尚有待探究与持续努力。

四、色彩的民俗学探究

民俗学作为一门针对风俗习惯、口承文学、传统技艺、生活文化及其思考模式进行研究，阐明其民俗现象在时空中流变意义的学科，具有学科交叉的性质。而色彩感受和审美自从人类有了视觉开始，就融入了人类生活的方方面面，无论哪个民族、哪个时代，均离不开色彩的渲染。色彩作为人类特有的民俗文化现象，在人们的生活中展现出丰富多彩的存在态势。无论是在国内还是在国外，其色彩民俗都是充满活力的文化表现特点。常言说，"一方水土养一方人"，又说，"十里不同俗"。世界这么大，且不论不同国家的色彩文化具有不同的特征，即使是同一个地区、同一个民族的不同分支，其色彩认知也有所不同。随着时空流变，千百年来不同民族、不同国家形成了丰富多彩的色彩民俗文化，并成为人类珍贵的精神财富。

色彩民俗表现特征存在于中国数千年的演进中，一是人们普遍追求自由活泼、热情奔放的色彩基调，以表达对幸福向往的激情，色彩无疑是人们祈福的一种方式，使人们能从心理世界的美满与平衡来补偿在物质世界中的失落，为此，在各种空间与各类物品等用色上均有意追求热闹活泼的氛围。不管是在宗族祠堂、住宅堂屋，还是在民间织锦、刺绣、布偶、面塑、纸扎、节庆装饰以及宗教物象等的艺术创造中，其空间与物品等均是大红、大绿、大黄、大紫等色彩，以形成色彩亮丽、对比鲜明的色彩效果。二是在色彩民俗表现中，人们又自觉遵循民族色彩的文化传统，如在民宅、服饰等的设色方面也多选用青、蓝、绿等清淡冷灰的色调，这是其自觉或不自觉地遵循着封建社会等级制度用色秩序的结果。三是在其他诸如宗教、祭祀活动以及生活中色彩心理的象征性表达等方面，也在一定程度上反映出人们对色彩使用规律的遵循，以与中华民族的色彩基调保持着整体上的一致性。

色彩民俗表现特征在国外是受到保护的文化遗产之一，在其长期发展、传播的进程中，色彩民俗的符号化在一定的区域范围内已经得到广泛认知。如在英国民间团体佩戴的盾牌形的徽章中，有9种色彩被用来作为具有代表性的象征：金色或黄色表示名誉与忠诚，银色或白色表示信仰与纯洁，红色表示勇气与热心，蓝色表示虔敬与诚实，黑色表示悲哀与悔悟，绿色表示青春与希望，紫色象征权威与高位，橙色表示力量与忍耐，红紫色则象征着献身精神。另外，如诞生于中美洲热带丛林中的玛雅人的"玛雅蓝"，澳大利亚土著人身上涂饰的黄、白、红、黑等颜色均有其色彩民俗独有的文化内涵，是色彩民俗学尚需关注及研究的课题之一。

从色彩的民俗学探究看，色彩民俗学于20世纪80年代末在日本已发展成为比较成熟的学科，并涌现出一大批研究成果，如吉冈常雄的《日本的染色》、长崎盛辉的《色·彩饰的日本史》、户井田道三的《色彩与光泽之日本文化》、杉下龙一郎的《色·历史·风土》、小林忠雄的《色彩民俗》等。受日本色彩民俗学的影响，中国学者白庚胜借鉴了宫田登和小林忠雄的研究方法，于2001年4月出版了《色彩与纳西族民俗》一书，其后有杨健吾的《中国民间色彩民俗》等研究著述出版。而色彩的民俗学作为人们生活中必不可少的构成要素，反映出大众的造物思想和情感取向，是其历史传统的文化基因，其理论探究有利于深化对其文化的认知，并具有极为重要的理论意义。

五、色彩流行预测探究

在现代社会生活中，"流行"是一个非常时髦的词汇，诸如流行色彩、流行款式、流行音乐、流行语言等。而色彩的流行则是各种流行潮的先驱和领航者，因为人们生活在一个色彩斑斓的客观世界中，处处充满阳光和色彩，没有阳光就没有色彩，也就没有生命的存在。20世纪60年代，随着欧美一些国家经济的回升，市场商品供应日趋丰富，经贸交流日益活跃，消费者对商品的选择，包括对色彩的选择就有了更多的余地。商界开始把色彩的变化作为刺激消费者以寻觅商机的手段，由此使色彩的流行态势逐渐显露出来，并渗入国际经济贸易中，出现国际性的流行色。

就流行色（fashion colour）而言，作为一个外来语，其中"fashion"的中译是时髦、时尚、风格，"colour"的中译是色彩、颜色。"fashion colour"翻译为"流行的色彩、时髦的色彩"。而流行色的预测是以社会心理变化的表达为依据，细分开来，可以包括社会思潮、经济环境、心理变化、消费动向及优选理论等,均对其产生影响。其预测受到色彩自身存在规律诸如色彩变化走向、色彩组合比例、色彩排列程序等方面的制约。流行色的表达则是通过流行色预测定案来完成的,其内容包括几个方面:一为主题词,即用文字标明色调,并按四个专题文字对流行色表现主题进行诠释定论;二为灵感图,即用彩色图画和文字表明灵感的源泉;三为色卡群,即围绕主色调按冷暖明暗排出多个系列色谱。可见流行色定案并不是指一种色调,而是在色卡群中能纵横搭配的几种或几组色彩。国际上流行色预测的发布始于20世纪60年代,由总部设在法国巴黎的国际流行色委员会每年举行两次例会来讨论各成员国的提案,并制定国际流行色彩的总趋势,于距离销售季节24至18个月提前发布。时至今日,流行色呈现出色彩流行的范围越来越广、越来越快,色彩流行的地域差、时间差越来越小,色彩流行的消费品构成越来越复杂,色彩流行持续的时间越来越短及更替也越来越快的发展趋势。而流行色创作和应用范围也从服装与时尚扩展到日用商品、产品包装、车辆船舶、家具陈设、室内装饰、建筑与城市等领域,并具有空前的商机和引领社会时尚的色彩流行文化现象。

20世纪80年代初,国外先进的色彩科学理论被中国的色彩专家们引入国内,并首次发布了中国本土的流行色彩。在对流行色30多年的摸索、分析与预测过程中,从人类的视觉和情感原理,流行色彩的变化规律,政治、文化、经济、社会情况对流行色变化的影响,流行色预测的基本观点和基本方法等层面进行流行色彩的预测和探究。此外专家还结合中国传统文化和传统色彩对现代生活的重要影响进行流行色彩趋势预测,于1985年推出了以中国传统的"竹叶青色"为代表的蓝绿色调,1986年推出了中国宫廷神秘、明亮的黄色色彩系列,其后还推出了灵感来源于中国西北的"黄土地"色彩系列,灵感来源于古丝绸之路的民俗风情色彩系列,灵感来源于烟雨朦胧、如梦如诗的江南的"水乡古镇"色彩系列。尤其是随着2008年北京奥运会的举办,又一次在世界范围内掀起了"中国红"的色彩流行潮流,使色彩流行预测探究及应用在融入国际流行色趋势的同时紧扣时代,向全世界传播了中华民族的优秀色彩文化底蕴和色彩流行时尚。

六、数字色彩系统探究

随着信息化社会的到来,科学技术的发展使设计学科出现了革命性的变化。20世纪90年代以来,以计算机图形学为基础的数字设计以惊人的速度席卷了包装、印刷、广告、产品、服装、纺织、建筑、景观等几乎所有的设计领域。现代数字技术给设计领域带来的冲击不可估量,它从承载介质、造型手段、传播方式直至设计方法、设计思维等多方面为其造型设计注入新的内涵,也使作为造型设计重要因素的色彩不可避免地被卷入数字化的潮流中。

数字色彩是依赖数字化设备而存在,同时又跟传统的光学色彩、艺术色彩有着内在必然的联系,是色彩学在信息化时代的一种新的表现形式。数字色彩并不是凭空产生的,它是以现代色度学和计算机图形学为基础,采用经典艺用色彩学的色彩分析手法在新的载体上的发展和延伸。而现代色度学的基础是1931年国际照明委员会(法语简称为CIE)在剑桥举行的CIE第八次会议上所确立的"CIE 1931-XYZ系统",CIE标准后来经过用于计算机图形学,派生出今天在计算机上显示的千万种彩色。只是计算机图形学对颜色的探索主要集中在通过红、绿、蓝三色混合而产生的机制上,混色系统CIE的诞生,使色彩研究与色彩实践由单一的减色体系进入加色体系,使数字色彩的发展有了科学的依据。

当然,数字色彩的获取与生产均离不开相关的数字设备,为此,数字设备质量的好坏直接影响到数字色彩和图形的质量。常用的数字设备主要包括计算机、扫描仪、数码照相机和数字摄影机等。而数字色彩系统是由相关的计算机色彩模型及其相关的色彩域、色彩关系和色彩配置方法所构成。数字色彩成像的原理和内部色彩的物理性质决定了它是一种光学色彩,它与传统意义上的色彩系统存在明显的差别但又具有密切的联系,从而使数字色彩形成了显著特点且又自成体系。

20世纪80年代至今,是人类的数字色彩探究阶段,随着数字科技的进步,也促进数字色彩有了长足的发展。尤其是数字色彩展现出的更可靠的色值稳定性、行业统一性,也极大地提高了数字色彩在其产业循环中的运行效率。诸如在传统的纺织色彩中导入数字色彩方法,使其重新焕发出新的生命力;印刷色彩在数字科技冲击下,由单一的四色印刷扩展到六色印刷,并实现了无制版的数码印刷;制造业中对色彩的信息化改造,让色彩配置实现数字化和可控量化;在城市化进程中导入了色彩规划,也使环境色彩的数字化管理与监控成为城市信息化建设的重要组成内容。随着色彩相关产业的发展,数字色彩将呈现出更为多元化的发展态势。

就数字色彩系统建构来看,在色彩媒介层面,其跨媒介的色彩探究将呈现体化。色彩艺术与科学以及其相关技术的深度融合,将是未来数字色彩媒介探究和开发的重点。在色彩表达层面,除了尚需手绘色彩表达的形式之外,绝大部分视觉艺术与设计都采用数字色彩来表达,并对数字色彩成了色彩应用主流后的表达形式进行探究。在色彩方法层面,色彩理论与应用相结合,以适应信息时代色彩科学的发展和文化创意产业的需要为目标进行数字色彩方法层面的探究。

当下,数字色彩系统已使往日单一的颜料绘画、纺织印染、胶版印刷、色料涂料、建筑与工业材料等物质色彩,向数码三维打印、无制版印刷、计算机及网络、移动终端、数字化制造、LED 显示等诸多领域拓展。这些由发射光和数字媒介产生的色彩也已渗透到人们生活、学习、工作及产业等各个层面,数字色彩也从过去色彩应用的边缘走向色彩应用的中心,并逐渐走向规范化和系统化,探索使数字色彩系统能够深入相关产业深层的路径,直至在更加广阔的范围得以开发应用。

第四节　色彩表示系统的建立

色彩表示系统是根据人的视觉特性,把物体表面千变万化的色彩按照各自的特性、规律和秩序进行排列及定量表述色彩序列的立体模型。它也是为了便于人们认识、研究与应用色彩所建立并加以命名的色彩表示系统,对于研究色彩的标准化、科学化、系统化以及实际应用都具有十分重要的作用。

从色彩表示系统建立的特点来看,色彩比较理想的表示方法构建必须具有几个条件。首先,在色彩观测条件确定以后,一种色彩无论在任何情况下都应该是同一色彩。其次,任何色彩与其符号之间应该有着一一对应的关系。最后,就是把所有色彩按照一定规律有秩序地进行组合,使之成为系列。而满足这些条件的色彩表示方法即可称之为表色体系。在各种色彩表示系统中,每种颜色在其系统中都有确定的位置,且可定量地表示出来。为此,色彩表示系统的建立对色彩学的发展具有重大的理论意义和广泛的应用价值。

一、色相环与色立体

在色彩表示系统中,色相环与色立体都是主要的展现形式。

色相环是指把不同色相、高纯度的色彩按红、橙、黄、绿、蓝、紫等差关系首尾连接,形成环列的二维色彩表色形式。一般有 5 种、6 种甚至于 8 种色相为主要色相,若再加上各主要色相的中间色相,就可做成 10 色相、12 色相、24 色相、36 色相或 48 色相等色相环。

色立体是指把不同明度的黑、白、灰按上白、下黑、中间为不同明度的灰等差秩序排列起来,可以构成明度序列。把不同色相的高纯度色彩按红、橙、黄、绿、蓝、紫、紫红等差环列起来构成色相环,即色相序列。把每个色相中不同纯度的色彩,外面为纯色,向内纯度降低,按等差纯度排列起来,可形成各色相的纯度序列。以无彩色黑、白、灰明度序列为中轴,以色相环环列于中轴,以纯色与中轴构成纯度序列,这种把千百个色彩依明度、色相、纯度三种关系组织在一起,借助三维空间形式来构成的一个立体色彩表色形式,即被称为"色立体"(图 1-31)。

图 1-31 色立体的构成结构示意图

二、孟塞尔表色系统

孟塞尔色立体是美国的教育家孟塞尔于 1905 年创立的,它是从心理学的角度根据颜色的视知觉特点制定的色彩表示系统。孟塞尔表色系统发布后,美国光学会对其进行反复测定并几度修订,于 1943 年发表了"修正孟塞尔色彩体系"文件。国际上普遍采用该表色系统作为颜色的分类和标定方法。孟塞尔表色系统是以色彩的三要素为基础,将物体表面色彩以色相(H)、明度(V)、纯度(C)三属性表示,并按一定规律构成圆柱坐标体,即孟塞尔色立体(图 1-32)。在该色立体上,其色相、明度与纯度的构成特点如下所述。

1. 色相

以红(R)、黄(Y)、绿(G)、蓝(B)、紫(P)5 色为基础色相,再加上橙(YR)、黄绿(GY)、蓝绿(BG)、蓝紫(PB)、红紫(RP)5 种中间色相,再将这 10 种基本色相各分 10 个等级,共可获得 100 个不同的色相,形成一个色相环,而每个色相的第 5 号,即 5R、5RY、5Y 等是该色相的代表色相。

2. 明度

将垂直轴的底部定为理想的黑色 0,顶部定为理想的白色 10。中间依次有各种灰色(Ⅳ),称之为无彩色轴,用 0、N_1、N_2……表示。

3. 纯度

纯度是以离开无彩色轴的程度来衡量的,在轴上的纯度定为 0,离轴越远,纯度越高。而孟塞尔色系表的表示记号为 H/V/G,即色相、明度和纯度。

孟塞尔表色系统是基于色彩的三属性并结合人们的色彩视觉心理因素而创立的表色系统,且已被世界公认和接受,也得到了美国试验材料学会和美国国家标准协会的承认并作为色彩规格的标准,相关国家也多选用其色彩术语来制定各自的色彩表示标准。

三、奥斯特瓦尔德表色系统

奥斯特瓦尔德色立体是由德国科学家、色彩学家及诺贝尔奖获得者奥斯特瓦尔德于 1915 年依据德国生理学家赫林的色拮抗学说,采用色相、明度、纯度为三属性,架构了以配色为目的的色彩表示系统(图 1-33)。奥斯特瓦尔德表色系统是将物体表面色彩以黑(B)、白(W)及纯色(C)为三个要素的混合量(B+W+C=1)表示的。它依据四原色学说,在色相环上配置四个

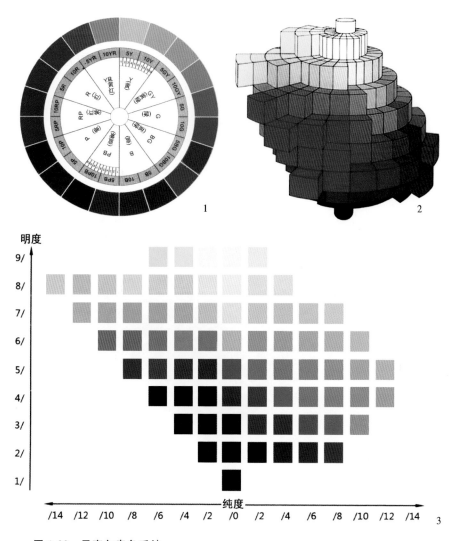

图 1-32 孟塞尔表色系统

1.孟塞尔色相环； 2.孟塞尔色立体； 3.孟塞尔色立体纵切面

原色,即黄和蓝、红和青绿、间色橙和青、紫和黄绿,再细分为 24 个色相,并分别以数字1～24 为代表。奥斯特瓦尔德色立体是以中间垂直轴为无彩色轴,由下而上按对数刻度配置由黑至白。该色立体是由 24 个同色相正三角形所组成,由外周顶点 C 连成纯色环而形成的复圆锥体。奥斯特瓦尔德色彩表

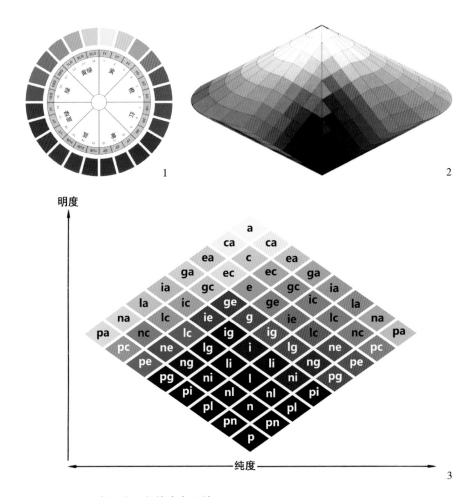

图 1-33　奥斯特瓦尔德表色系统

1.奥斯特瓦尔德色相环；　2.奥斯特瓦尔德色立体；　3.奥斯特瓦尔德色立体纵切面

示系统的表色方法为色相、白量与黑量。

　　与孟塞尔表色系统不同,奥斯特瓦尔德表色系统首先就确定了白色和黑色以及完整的色相位置,为色彩搭配清晰,其色相三角形显示出规律性的变化,作为一种色彩表示方式使用非常方便,只是其等色相三角形的建立对颜色数量的增减具有限制,如果发现了新的、更饱和的颜色,在图上就很难再表现出来。

四、国际照明委员会 CIE 表色系统

国际照明委员会 CIE 表色系统是 1931 年提出的色彩接收表示法。它是在 1924 年制定出 X、Y、Z 三种刺激值的色度学理论基础上，将色刺激以 X、Y、Z 的三个虚色刺激的混合量来表示，故称之为色度坐标。其表色体系是属于混色系的光学表示方法，也是高度机械化的测色方法（图 1-34）。

图 1-34　CIE 表色系统色度图

在 1931CIE 色度图中，x 色度坐标相当于红原色的比例，y 色度坐标相当于绿原色的比例，沿着 x 轴正方向红色越来越纯，绿色则沿 y 轴正方向变得更纯，最纯的蓝色位于靠近坐标原点的位置。中心的白光点 E 的饱和度最低，光源轨迹线上饱和度最高。如果将光谱轨迹上表示不同色光波长点与色度图中心的白光点 E 相连，则可以将色度图划分为各种不同的颜色区域，任一点的位置代表了一种色彩的颜色特征。因此，只要计算出某颜色的色度坐标 $(x、y)$，就可以在色度中明确地定出它的颜色特征。再加上亮度因数 $Y=100p$（$p=$物体表面的亮度/入射光源的亮度$=Y/Y_0$），则该颜色便完全、唯一地确定下来了。

CIE 标准色系是一种心理物理学的标色体系，按照 CIE 标准色度体系进行颜色测量时，首先测量光线的光谱分布（物理量），其次以光谱的三刺激

值（心理量）为媒质，表示出颜色测量值。CIE 表色法是一种高度机械化的测色方法，但由于仪器价格昂贵等原因，目前尚未普遍应用。

五、PCCS（日本色彩研究所）实用颜色坐标表色系统

PCCS 实用颜色坐标表色系统是日本色彩研究所于 1966 年推出的表色系统，它主要是以色彩调和为目的。明度和彩度结合成为色调，PCCS 系统将色彩的三属性关系综合成色相与色调两种观念来构成色彩系列。PCCS 的色立体模型、色彩明度及纯度的表示方法与孟塞尔色彩系统相似，但分割的比例和级数不同。同时，PCCS 的色立体模型还吸收了奥斯特瓦尔德表色系统的一些功能（图 1-35）。

PCCS 实用颜色坐标表色系最大的特点是将明度和纯度综合起来，并用色调来描述。其中无彩色有 5 个色调，即白、浅灰、中灰、暗灰、黑；有彩色则分为鲜色调、加白的明色调、浅色调、淡色调，以及加黑的深色调、暗色调，加灰的纯色调、浅灰调、灰色调、暗灰色调等。表色系统中每一色调包括该区域的全部色相，而同一色调的各色并不在明度上一致。9 个色调以 24 色相为主体，分别以清色系、暗色系、纯色系、浊色系色彩命名。另外，PCCS 的平面展示了每个色相的明度和纯度关系，对配色与色彩设计具有实用价值。

六、NCS（瑞典斯堪的纳维亚色彩研究所）自然色表色系统

NCS 自然色表色系统是瑞典斯堪的纳维亚色彩研究所于 1972 年推出的表色系统，它最早由科学家 Forsius 在 1611 年发表的著作《自然》中提出，直到 20 世纪 20 年代才由瑞典斯堪的纳维亚色彩研究所开始研发，历时 50 多年后，NCS 自然色表色系统才成为瑞典的国家色彩语言系统标准。

NCS 自然色表色系统把 6 种颜色作为纯色或原色，即白、黑、黄、红、蓝、绿。白、黑为非彩色，其他 4 种颜色为彩色。自然色表色系统根据各种颜色与黄、红、蓝、绿 4 种彩色原色的相似程度，以及与白和黑非彩色原色的相似程度，用一个三维的模型来表示各种颜色之间的关系。颜色立体的顶端是白原色，底端是黑原色。立体的中间部位由黄、红、蓝、绿 4 种原色形成一个圆环。在这个立体系统里，每一种颜色都占一个特定的位置，并且和其他颜

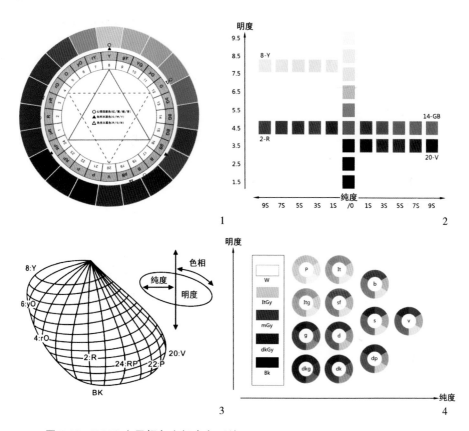

图 1-35 PCCS 实用颜色坐标表色系统

1.PCCS 色相环； 2.PCCS 色立体纵切面； 3.PCCS 色立体； 4.PCCS 色调图

色有准确的对应关系(图 1-36)。

　　NCS 自然色表色系统注重直观视觉对色彩的感受指标,从发布至今每年均公布色差检验报告,是目前色差控制最严格的色卡。NCS 自然色表色系统基于人对色彩的视觉感应,使用 NCS 色彩编号系统,可以不必借助其他语言,就能够准确描述颜色的色相值,进行自由的色彩语言交流。NCS 自然色表色系统目前是世界上享有盛名的色彩语言体系,是欧洲运用最广泛的颜色体系,并逐步在全球范围内被选用。如今,NCS 自然色表色系统已广泛应用于设计、研究、教育、建筑、工业、软件和商贸等领域,并将成为国际通用的色彩语言标准。

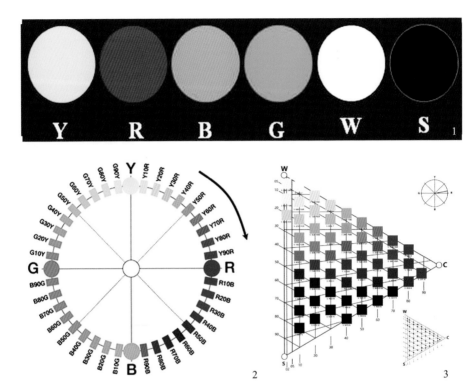

图 1-36　NCS 自然色表色系统

1. NCS 自然色六种基本色；　2. NCS 自然色色相环；　3. NCS 自然色色立体纵切面

七、中国颜色体系(GB/T 15608—2006)

《中国颜色体系》(GB/T 15608—1995)是国家技术监督局于 1995 年 6 月发布的中国第一个颜色体系，并从 1996 年 2 月开始实施。这个色彩体系采用颜色的三属性(色调、明度、纯度)作为颜色空间的三维坐标，并以红、黄、绿、蓝、紫五基色为色调环上的主色。色调环按逆时针方向排列，与 CIE1931 色度图保持一致。标号方法和孟塞尔表色系统相同，为了和孟塞尔表色系统区分开来，通常在色标前加"BG"字样，如 BG 5R4/14(红)、BG 5BG/6(蓝绿)。我国于 2006 年 9 月颁布修订后的《中国颜色体系》(GB/T 15608—2006)，于 2007 年 2 月 1 日开始实施。其标准样册《中国颜色体系标准样册》(GSB 16-2062—2007)中的实物样品数量也由原来的 1500 组数据增加到 5300 组数据,是目前世界上包含数据最丰富的颜色标准(图 1-37)。

图 1-37　中国颜色体系
1.《中国颜色体系标准样册》(GSB 16-2062—2007);
2.《中国建筑色卡国家标准》(GSB 16-1517—2002)

　　国家技术监督局发布的中国颜色体系特点有五:一是以杨-赫三色学说为依据;二是基于中国人眼的心理物理验证实验提出基础色度分级,并对色空间的明度、色调和彩度进行均匀分级;三是编制考虑到了与国内各行业现有的专用色谱的兼容关系;四是在编排原则、标定方法等方面与国际接轨,从而便于国际交流,且方便实用;五是颜色样品的色度测量方法、照明和观察条件均符合国际颜色测量的新趋势和规定。此外,这套标准数值在全色彩空间范围内具有空间连续性、曲面或曲线光滑与闭合特性,因此非常准确地表达了色彩空间的信息内容和中国人对颜色感受的信息。

　　《中国颜色体系标准样册》(GSB 16-2062—2007)的发布使中国颜色体系有了第一个国家标准。中国颜色标准的推出提高了中国颜色标准化工作的科学技术水平,为国民经济各部门的颜色控制、标定和交流提供了科学的颜色定量方法和为颜色对比提供实物依据。同时,以此为基础展开了数字化色彩和数字化流行色彩的探究,并将以中国颜色标准为基础,以颜色体系实物样品数据库为中心,开发出一系列的数字色彩应用技术。随着时间的推移,中国颜色体系将以最快的速度带动我国色彩经济快速、全面地发展,在构建美丽中国的建设中发挥更加积极的作用。

第五节　色彩对比与调和要点

色彩对比与调和均指两个或两个以上的色彩放在一起呈现出来的差别和谐调关系。

一、色彩对比

色彩对比指两个或两个以上的色彩放在一起具有比较明显的差别。对比的最大特征就是在视觉上产生比较作用,使艺术作品的主题更加鲜明活跃。一般情况下,色彩对比的强弱与其在色彩属性上的差距成正比。而对比强烈则易形成鲜明、刺激、跳跃的感觉,并能增强主体的表现力与运动感。

在画面处理上运用色彩对比主要是为了渲染气氛,在画面中追求热烈、跳跃乃至神秘的感受,从而突出某些部分与主体,强调重点与背景的主次关系。而在对比色调的使用中应注意在面积布置上要有主从感,否则就会造成多元对比,使画面产生生硬、呆板与支离破碎的感觉。色彩对比包括以下几种类型。

(一) 色相对比

两种以上色彩组合后,由于色相差别而形成的色彩对比效果称为色相对比。而色彩鲜艳即可充分展示出色彩本质特征的色相,只是不包括色彩中含黑、白、灰或少含黑、白、灰的色彩。色彩对比的强弱程度取决于色相之间在色相环上的距离(角度),距离(角度)越小对比越弱,反之则对比越强。

色相的对比关系(图 1-38)包括以下四种。

1. 同一色相对比

色相之间在色相环上的距离角度为 5°以内的同一色相对比,其色彩在色相上差别极小,所产生的对比效果是最弱的色相对比关系。

2. 邻近色相对比

色相之间在色相环上的距离角度为 5°~45°以内的色相对比,其色彩在

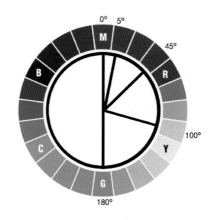

图 1-38 色相的对比关系

色相上差别较弱,所产生的对比效果是较弱的色相对比关系。

3. 互补色相对比

色相之间在色相环上的距离角度为 45°～100°以内的色相对比,其色彩在色相上差别较强,所产生的对比效果是较强的色相对比关系。

4. 相对色相对比

色相之间在色相环上的距离角度为 180°左右的色相对比,其色彩在色相上差别极强,所产生的对比效果是最强的色相对比关系。

(二)明度对比

明度对比指色彩的明暗程度对比,也称色彩的黑白度对比关系。明度对比是色彩构成的最重要因素,色彩的层次与空间关系主要依靠色彩的明度对比来表现。在明度对比的关系中,可以由高明度白色到低明度黑色等距离划分为 11 等份,并将白色定为 1,黑色定为 11,均不算在色阶等差内,则可将其划分为 3 级共 9 种明度基调来进行。其明度差在 2～4 阶段为高明度,明度差在 5～7 阶段为中明度,明度差在 8～10 阶段为低明度。另外,根据明度色阶的等差又可分出以下 3 种基调。

高短调:大面积明度色阶为 3,小面积明度色阶为 2～4 个明度色阶。

低中调:大面积明度色阶为 6,小面积明度色阶为 5～7 个明度色阶。

低短调:大面积明度色阶为 7,小面积明度色阶为 8～9 个明度色阶。

明度对比关系(图 1-39)包括以下 3 个方面。

图 1-39　明度的对比关系

1. 明度弱对比

明度弱对比指明度相差 3 个色阶以内的对比,此对比在明度轴上距离比较近,又称为短调。

2. 明度中对比

明度中对比是指明度相差 3 个色阶以外、5 个色阶以内的对比,又称为中调,中调可具体分为以下 3 种。

高中调:占画面 70% 左右大面积的明度色阶为 2,小面积明度色阶为 5 和 1。

中中调:占画面 70% 左右大面积的明度色阶为 5,小面积明度色阶为 6 和 8 或 6 和 3。

低中调:占画面 70% 左右大面积的明度色阶为 8,小面积明度色阶为 6 和 9。

3. 明度强对比

明度强对比是指明度相差在 5 个色阶以外的对比,又称为长调,可细分为如下 4 种。

高长调：占画面 70% 左右大面积的明度色阶为 2，小面积明度色阶为 9 和 1；

中长调：占画面 70% 左右大面积的明度色阶为 5，小面积明度色阶为 6 和 10 或 6 和 1；

低长调：占画面 70% 左右大面积的明度色阶为 8，小面积明度色阶为 1 和 9；

最长调：占画面 70% 左右大面积的明度色阶为 2，小面积明度色阶为 9；或面积相反，70% 左右大面积的为 9，小面积是 1，或明度色阶 9 和 1 各占一半，为最强对比。

在以明度色彩为主的 9 等份明度基调的画面中，每一等份均为一个独立的画面，从上到下分为高、中、低三个不同的色调区域。在这三个明度色调区域中，从左到右又分为高长、高中、高短，中长、中中、中短，低长、低中、低短。其中每一等份的主导色彩均占画面的 70% 左右，且由此构成色彩的明度对比关系。

（三）纯度对比

纯度对比指由不同纯度的色彩所形成的对比，通俗地讲就是纯色与浊色之间的差别所形成的对比关系。色彩纯度对比通过在任何有彩色中加入无彩色黑、白、灰，均可降低其纯度，此外，混合该色的互补色也可以使其纯度下降。纯度对比规律和明度对比基本相似，以红色为例，从高纯度红色为 1 到低纯度黑色 11 之间分为等距离的 11 等份，这里纯红色 1 和黑色 11 均不算在色阶等差内，故可将其纯度色阶等差分为 9 种纯度基调来进行。其纯度差在 10～8 阶段为低纯度，纯度差在 7～5 阶段为中纯度，纯度差在 4～2 阶段为高纯度。另根据纯度色阶的等差分出纯度对比关系（图 1-40），包括如下 3 种。

1. 纯度弱对比

纯度弱对比指纯度差间隔 3 级以内的对比。

2. 纯度中对比

纯度中对比指纯度差间隔 4～6 级的对比。

3. 纯度强对比

纯度强对比指纯度差间隔 6 级以上的对比。

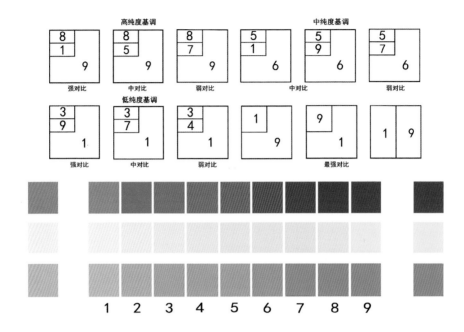

图 1-40　纯度的对比关系

（四）冷暖对比

冷暖对比指将色彩的色性倾向进行比较的色彩对比关系。冷暖本身是人皮肤对外界温度高低的条件感应，色彩的冷暖感主要来自人的生理与心理感受。色彩的冷暖对比又可分为强对比、中对比和弱对比（图 1-41）。

1. 强对比

强对比是指在冷暖对比中色相与色相之间在色轮上为 0°同 100°～180°之间形成的对比，即冷极与暖极、冷色与暖色成对比状时，为冷暖对比中的强对比。色彩的冷暖强对比给人的感觉是醒目、刺激、强烈与火热的。

2. 中对比

中对比是指在冷暖对比中色相与色相之间在色轮上为 0°同 45°～75°之间形成的对比，即暖极同中性微冷色、冷极同中性微暖色成对比状时，为冷暖对比中的中对比。色彩的冷暖中对比给人的感觉是和谐、丰富，既统一又有变化。

图 1-41　冷暖的对比关系

3. 弱对比

弱对比指在冷暖对比中色相与色相之间在色轮上为 0°同 45°左右的角度之间形成的对比,即暖极与暖色、冷极与冷色成对比状时,为冷暖对比中的弱对比。色彩的冷暖弱对比给人以和谐、统一的感觉。

(五) 面积对比

面积对比指色彩与色彩之间在图面中所占面积大小上所产生的对比关系(图 1-42)。在色彩的面积对比中,色彩纯度与面积决定着色彩对比的强弱。

1. 色相相同、面积相同与不同的对比

色彩与色彩之间不但色相与色相之间有差别,而且在面积的大小上也因反差很大产生对比,即面积对比中不同色相的弱对比。

2. 色相不同、面积相同与不同的对比

色彩与色彩面积基本相同时,只有色与色之间的差别。如不同色相的色彩在用色中均以 1∶1 的面积出现在画面中,即可产生不同色相的强对比。

(六) 色彩对比的要点

一是在色彩对比中,需注意两个以上色彩差别的大小决定着其对比的强弱,因此可说差别是对比的关键。如果我们用对比的眼光来看色彩世界,

图 1-42　面积的对比关系

就会发现世界上的色彩是千差万别、丰富多彩的。归纳来看,其色彩对比的关系可分为以明度差别为主的明度对比,以色相差别为主的色相对比,以纯度差别为主的纯度对比,以冷暖差别为主的冷暖对比。以上种种对比都会因为差别大而形成强对比,因差别小而形成弱对比,因差别适中而形成中对比等关系。

二是各个色彩的存在必定具备面积、形状、位置、肌理等构成特征,为此,对比的色彩之间还存在面积的比例关系,位置的远近关系,形状、肌理的异同关系。这四种存在方式及关系的变化对不同性质与不同程度的色彩对比效果均会产生非常明显的和不容忽视的独特影响。

二、色彩调和

将两个或两个以上的色彩放在一起,具有明显的、共同的、相互近似的色素就是色彩调和。其具体表现为色彩的和谐、温柔、高雅的视觉感受,且在各种色彩之间具有同一性。色彩调和可分为以下几种类型。

(一) 同一调和

当两个或两个以上的色彩并置在一起时,形成强烈的色彩对比而产生极不协调的视觉效果,为此在对比的一方或双方加入同一因素以取得色彩调和的方法称之为同一调和。

同一调和主要包括同色相调和、同明度调和、同纯度调和及非彩色调和,其调和的方法如图 1-43 所示。

不同色相的色彩

混入同一白色达到的调和

混入同一黑色达到的调和

混入同一灰色达到的调和

原　色　混入同一原色达到的调和

间　色　混入同一间色达到的调和

相互混合达到的调和

图 1-43　同一调和的调和方法

（1）在互补色的对比双方(或一方)加入白色,使之明度提高,纯度降低,达到调和。

（2）在互补色的对比双方(或一方)加入黑色,使之明度降低,纯度降低,达到调和。

（3）在互补色的对比双方(或一方)加入灰色,使之明度降低,纯度降低,达到调和。

（4）在互补色的对比双方加入同一原色(红、黄、蓝),使对比的双方向加入的原色色相靠拢,形成色调,达到调和。

（5）在互补色的对比双方使一色混入其中的另一色,或双方互混,增加同一性达到调和。注意在互混中要防止过灰及过脏。

（6）在互补色的对比双方用黑、白、灰、金、银或同一色线加以勾勒,使之既相互连贯又相互隔离而达到调和。

（二）对比调和

对比调和就是使强烈对比的色彩双方达到既变化又统一的和谐效果,不依赖要素的一致(加同一因素),而是靠某种组合秩序来实现。对比调和又称秩序调和,其调和的方法有如下两种。

(1)在互补色的对比双方置入相应的对比方色彩的等差、等比的渐变系列,以此结构使对比双方达到调和。

(2)在互补色的对比双方相互置放小面积的对比方色彩,达到调和。

(三)秩序调和

秩序调和是指一组色彩按明度、纯度、色相等分成渐变色阶,组合成依顺序变化的调和方式。以孟塞尔色立体为例(图 1-44),其调和的方法有如下几种。

垂直调和　　　内面水平调和　　　圆周上的调和　　　斜内面的调和

斜横内面的调和　　　螺旋形调和　　　椭圆形调和

图 1-44　以孟塞尔色立体为例的色彩调和方法示意

(1)垂直调和,即色相、纯度不变,只变化明度的调和,效果温和、稳定。

(2)内面水平调和,即从色立体的表面通过中性轴到达对面的水平线上的各色组合。在这条线上,明度不变,只有纯度的变化,色彩单调而缺乏刺激,但如果采用中性轴两边的补色进行调和,效果就会强烈、活泼得多。

(3)圆周上的调和,即明度、纯度不变,只有色相变化的调和。

(4)斜内面的调和,在这类调和中,明度、纯度都会发生变化,可以是同色相之间的,也可以是补色之间的,效果生动而富于变化。

(5)斜横内面的调和,这类调和的特征是明度变化大,色相与纯度仅有微小的变动,属于邻近色相的类似调和。

（6）螺旋形调和,这种方式是在色立体中自由地画出螺旋形,再以一定的间隔或其他规矩抽出包含在此形状中的色相进行配合。采用这种调和需要注意的是,纯度高的颜色其明度要适当降低。

（7）椭圆形调和,采用这种调和方式可以得到许多同纯度的补色,比内面调和扩大了范围。

（四）色彩调和的要点

色彩调和的要点为选定一组邻近色或同类色,通过调整色彩的纯度和明度来调节其色彩的效果,如面积调和法、间隔调和法、纯度调和法、明度调和法等。

一是面积调和法,即将色相对比面积的反差拉大,使画面中的某些色彩面积处于绝对优势,而另一些色彩则在面积上处于从属关系,使画面主次分明。

二是间隔调和法,即在组织色调时,可在色相对比强烈的各高饱和度色之间插入两色的相邻色或黑、白、灰等色彩进行过渡,用以降低对比度,并产生缓冲的色彩效果。

三是纯度调和法,即使高纯度的色显得更鲜艳,低纯度的色显得更雅致。在色相对比的情况下,为使其构成统一的视觉效果,往往在对比之中相互加入对方的色素,以降低对比色的纯度,达到协调的目的。

四是明度调和法,即当色彩的明度对比过于强烈时,可削弱明度对比,以减少色差的方法减弱色彩冲突,增强画面的调和感,构成美与和谐的色彩关系。

三、色彩对比与调和的组配关系

色彩的对比与调和在相关色彩应用中是非常普遍的构成组配关系。没有对比,也就无所谓调和,两者既互相排斥又互相依存,相辅相成,相得益彰。

如果画面色彩对比杂乱,失去调和统一的关系,就会让人在视觉上产生失去稳定的不安定感,使人烦躁不悦;相反,缺乏对比因素的调和,也会使人感到单调乏味,不能发挥色彩的感染力。

对比与调和也称变化与统一,只有在不断的色彩应用实践中反复训练,人们才能提高色彩的对比与调和的应用水平,做到应用自如。

第六节　色彩构成的训练方法

色彩构成是 20 世纪初由德国包豪斯设计学院开设的设计专业基础课程之一,当时设课的目的是使之与传统工艺美术教学内容相区别,以让学生能够通过对色彩的分析与研究产生新的设计思维。随着科学的发展以及对色彩的提取工艺与分析仪器等技术的进步,人们在对色彩现象进行大量定量分析研究的基础上,逐渐形成了色彩学比较完整的学科体系,并应用于现代设计专业基础训练及设计创作生产实践,且成为欧美国家现代设计院校相关设计专业基础训练中的主要学习内容。20 世纪 80 年代初,随着中国改革开放的推行,色彩构成、平面构成与立体构成合称的三大构成等现代设计专业基础训练方式由一批学者从日本等地设计专业引入国内,由南至北、由东向西逐步在国内各类高校相关设计专业基础训练中推广运行,不仅促使国内高校相关设计专业基础教学的改革与发展,并为中国现代设计教育的崛起起到了重要的推动作用(图 1-45)。

图 1-45　平面、色彩、立体"三大构成"专业基础训练内容对中国现代设计教育产生推动作用

一、色彩教学中感性色彩与理性色彩训练的关系

在色彩教学中，对相关设计专业学生进行的色彩训练主要包括感性色彩训练和理性色彩训练两个方面的内容（图 1-46）。

图 1-46　色彩构成教学中的训练内容

1.感性色彩训练练习作业；　2～3.理性色彩训练练习作业

一是感性色彩训练，即从静物写生开始，当积累了一定的色彩感性认识与经验后，再到建筑内外环境中去进行场景写生。在此基础上，还需更进一步采用临摹、记忆默写与归纳整理等方法来提高色彩练习水平。

二是理性色彩训练，即通过对设计色彩学基础与专业理论的学习，经过各种色彩构成的练习实践来增强初学者对各种色彩对比与调和、色彩构图等关系的认识。同时运用建筑与环境色彩采集构成的方法，提高初学者的色彩创造能力。

两者对相关设计专业初学者来说，是进行色彩教学的两个阶段，均源于统一的色彩理论，运用感性与理性色彩训练方式切入相关设计专业初学者的色彩教学，故具有各自的教学要点及训练目的，并相对独立，且各具特色。而要提高相关设计专业初学者色彩表现的水平，还需对其进行色彩基础知

识的教育,并通过感性色彩与理性色彩两个方面的反复练习,达到提高初学者色彩艺术修养的目的。

二、色彩构成内涵及其教学特点

构成是指将两个以上的单元按照一定的原则,组合形成新的单元。而色彩构成是指将两个以上的色彩根据不同的目的性,按照一定的原则重新组合、搭配,构成新的、美的色彩关系。

从色彩教学中感性色彩与理性色彩训练的关系可知,对相关设计专业学生进行感性色彩训练是通过色彩写生来练习的。经过色彩写生练习,学生对色彩的色相、明度、纯度、冷暖等有了感性认识,并在写生实践中逐步提高对色彩的观察分析能力,掌握调配色彩的技能。特别是色彩写生强调画面的色彩基调,即要求初学者处理好各描绘物体的固有色在光源色和环境色的影响作用下的对比协调关系。另外,相关设计专业学生在色彩写生中利用色彩对形象进行塑造,训练学生对色彩形象思维能力及色彩塑型技法的掌握,并使之能够从具象写生色彩迈向抽象设计色彩,直至完成色彩教学从感性到理性,再到设计应用循序渐进的转变。

而色彩构成的教学特点具有理论性,即从人们对色彩的知觉和心理效果出发,用科学的方法把复杂的色彩现象还原成基本的要素,利用色彩空间、量与质的可变幻性,按照一定的色彩规律去组合各构成要素间的相互关系,设计出新的、理想的色彩效果。另外,教学还具有实践性,运用色彩的色相、明度、纯度的渐变、对比、调和、空间并置以及色彩对人的生理、心理感知联想来完成新的色彩构成。其所呈现的已不是客观物象的再现,而是主观理想化的带有逻辑抽象的色彩组合,给人以新的色彩美感。

三、色彩构成训练的任务与内容

对相关设计专业学生进行理性色彩训练的任务与内容主要包括以下几项。

(一) 色彩基础练习

色彩基础练习的主要内容包括让初学者从 24 色相环的制作开始,从单色到复色进行训练。其后在孟塞尔色立体上选择任一色相作色彩混合方面的反复练习(图 1-47)。

图 1-47　24 色相环与孟塞尔色立体练习作业

(二) 色彩推移练习

色彩推移练习主要包括色彩的明度推移、色相推移、纯度推移与补色相混推移等训练内容(图 1-48)。

图 1-48　色彩推移方面的练习作业

1.明度推移；　2.色相推移；　3.纯度推移；　4.明度推移；　5.色相推移；　6.纯度推移

（三）色彩对比练习

色彩对比练习主要包括色彩的明度对比、色相对比、纯度对比、面积对比与冷暖对比等方面的练习（图 1-49）。

图 1-49　色彩对比方面的练习作业

1.明度对比；　2.色相对比；　3.纯度对比；　4.面积对比；　5.冷暖对比

（四）色彩调和练习

从色相关系上来看，主要有无彩色系的调和、无彩色与有彩色调和、同色相调和、邻近色相调和、类似色相调和、中差色相调和、对比色相调和与补色相调和等练习；从明度关系上来看，主要有同一明度调和、邻近明度调和、类似明度调和与对比明度调和等练习；从纯度关系上来看，主要有同一纯度调和、邻近纯度调和、类似纯度调和与对比纯度调和等练习（图 1-50）。

图 1-50 色彩调和方面的练习作业

1～3.色相调和系列； 4～6.明度调和系列； 7～9.纯度调和系列

（五）色彩构图练习

色彩构图练习的训练内容主要有色彩的均衡、呼应、主从、层次、点缀、衬托与渐变等色彩构图方面的练习（图 1-51）。

（六）色彩采集构成练习

色彩采集构成练习对相关设计专业学生来说，练习的要求较前面的练习有很大提高，其目的主要在于进一步开发初学者对色彩的认识、分析与设

图 1-51　色彩构图方面的练习作业

计方面的能力,在教学中则将每个阶段的训练分为四个部分来进行,即色彩采集对象的认识与分析、色彩的繁化、简化及色彩的采集构成设计。而其选择的采集对象可作为自然色彩、传统艺术、音乐与文学作品的抽象色彩启示,也可选择一些优秀的绘画、摄影作品,尤其是含有建筑环境内容的作品来作为具体的采集对象进行训练,其练习效果对相关设计专业学生来讲则会更为明显、有效(图 1-52、图 1-53)。

　　作为提高相关设计专业学生对理性色彩的认识与表现的能力的练习,色彩构成训练的内容与形式还有很多,其最终目的还在于通过对相关设计专业学生的色彩构成教学,使其逐步走向相对清晰、理性的色彩认知,从而达到对色彩语言更深入的了解和掌控,为未来的相关专业设计学习作好铺垫。

　　如今,随着数字化时代的到来,色彩构成教学训练内容与形式将又一次面对再次改革,这是数字色彩系统具有更加科学和完善的教育形式,它将促使色彩构成课程在教学理念、授课内容、表达方式等方面发生新的转型。同

图 1-52 色彩采集构成练习作业（采集对象——秋天的风景）

时,数字色彩构成课程在相关设计专业的导入不仅能够开拓色彩设计基础教学的领域,使相关设计专业的学生能够接触到数字化背景下前沿的色彩理论,将经典色彩、CIE 色彩和计算机色彩等理论融为一体,对色彩理论知识的掌握更为全面。同时,利用计算机硬件和软件方面的优势,还可改变过去色彩构成课程中依赖颜料表达的训练方式,更加重视色彩的创意与应用训练,表现的手法也更为丰富及形式多样。

当然,数字色彩系统导入色彩构成课程还处于探索阶段,其改革的目标

图 1-53　色彩采集构成练习作业（采集对象——酒店泳池环境）

是根据时代的发展将色彩构成课程教学推向更高层面，直至实现信息时代色彩学教学的发展要求。而如何将数字色彩系统与色彩构成课程教学紧密结合，创造适应信息化社会发展的色彩语言，全面提高学生的色彩应用水平与创新能力，以培养出能适应社会经济和文明高度发展所需求的具有较高审美技能的色彩设计人才，是色彩设计教学改革未来尚需努力的目标。

第二章　城市景观及其工程景观的营造

　　"景观"一词最早出现在希伯来文的《圣经·旧约》中,用于对耶路撒冷总体美景(包括所罗门寺庙、城堡、宫殿在内)的描述,这个概念也许与此书的犹太文化背景有关。"景观"在英文中为"landscape",在德语中为"landschaft",法语为"paysage",在中文文献中最早何时出现景观一词目前尚无人给出确切的考证。但无论是在国外还是在国内,景观都是作为视觉美学意义上的一个概念,即与汉语中的"风景""景致""景色"同义或近义。只是不同学科的专家有不同解读,其中地理学家把景观作为一个科学名词,定义为一种地表景象,或是综合自然地理区,或是一种类型单位的通称,如城市景观、森林景观等(辞海,1995);艺术家把景观作为表现与再现的对象,等同于风景;建筑师则把景观作为建筑物的配景或背景;生态学家把景观定义为生态系统或生态系统的系统(Naveh,1984;Forman,1995);旅游学家把景观当作资源。中华人民共和国原劳动和社会保障部对景观的定义:"景观是指土地及土地上的空间和物体所构成的综合体。它是复杂的自然过程和人类活动在大地上的烙印。"而从美学的角度来看,景观就不只是物质空间的外显表现,还具有深刻的文化和美学意蕴。

　　城市是自然界中人类密度较高的聚集地,是人类社会政治、经济活动的载体,也是人类最伟大的创造。城市景观作为人类聚居空间各种活动留存的印迹,也是景观系统中重要的组成部分。人们生活在城市空间之中,无时无刻不在感受着城市景观对人们产生的影响(图 2-1)。不管是喜欢还是不喜欢,人们总是通过视觉、听觉、嗅觉等去感受它,凭自己的意识去对景观信息进行再加工,直至每个人形成对城市景观的总体印象,而对城市景观的认识尚需要从城市建设层面来进行。

图 2-1　城市景观对生活在其间的人们产生影响

1. 意大利威尼斯圣马可广场的城市景观；　2. 美国底特律河沿岸的城市景观；

3. 中国湖北武汉具有城市标识作用的黄鹤楼景观；　4. 中国浙江南浔古镇的水乡城镇景观

第一节　城市景观解读及基本特点

一、城市景观内涵及认知

城市景观（urban landscape）一词最早出现于 *The Architectural Review* 1944 年第 1 期的一篇题为 "Exterior Furnishing or Sharawaggi：The Art of Making Urban Landscape" 的文章中，此后，英国的戈登·卡伦在 1961 年出版的《城镇景观》一书中也使用了较为相近的 "townscape" 一词，标志着开始将城市景观置于艺术美学的视野之中，分析其艺术的物质表现形态。

城市景观是城市中的物质形态环境和人文精神环境经过人的主观感

知,融入人的思想和情感之后所获得的审美形象。这种审美形象由人所创造,凝结了对人类文明的知觉体验,寄托了人类的生存理想,承载了人类的情感记忆,又反过来以具体可感的大地存在方式鼓舞并升华人的灵魂,延续历史、传承文化,成为一个城市永恒不变的象征和文化记忆,成为人在大地上诗意的存在方式。城市景观的构成包括自然、人文、社会等诸多要素,其中自然景观要素主要是指自然风景,如地形地貌、古树名木、山石河流、湖泊海洋等。人工景观要素主要有建构筑物、文物古迹、道路广场、风景园林、设施小品等。社会景观要素主要有空间场所的为人际交流、社会距离、公众参与、无障碍环境营造等设计的景观,以凸显城市景观设计对社会的影响。这些景观要素为创造高质量的城市空间环境提供了大量的素材,但是要形成独具特色的城市景观,就必须对各种景观要素进行系统组织,并且结合风水学使其形成完整和谐的景观体系及有序的空间形态。

对城市景观的认知则需从其系统角度来展开,而城市景观系统是指对影响城市总体形象的关键因素及城市开放空间的结构系统所进行的统筹与总体安排。其系统由城市空间中多种形式构成,诸如标志景观、道路景观、边界景观、区域景观与节点景观系统等内容(图 2-2)。

1. 标志景观

标志景观是指在城市空间中具有唯一特征、能代表城市独特形象的景观。城市标志景观可使人们对这个城市产生清晰的认知,并对城市知名度的传播有重大意义。如巴西里约热内卢州科科瓦多山顶的基督像、美国纽约哈德逊河口的自由女神像、英国伦敦横跨泰晤士河的伦敦塔桥、澳大利亚的悉尼歌剧院、北京的天安门、武汉的黄鹤楼等,均属于具有城市标志特征的景观。

2. 道路景观

道路景观是指人们在道路中移动时获得的对城市认知的景观。道路不仅是景观的连接通道,也是景观之间联系的视觉通道。如法国巴黎的香榭丽舍大道、俄罗斯圣彼得堡的涅夫斯基大道、意大利米兰的蒙特拿破仑街、北京的长安街、上海的南京路、广东深圳的深南大道等,均为著名的道路景观工程。

图 2-2 城市景观系统的构成要素

1.巴西里约热内卢州科科瓦多山顶的基督像； 2.中国广东深圳的深南大道；

3.美国旧金山城郊间的边界景观； 4.中国四川成都宽窄巷子街区；

5.意大利米兰市中心森皮奥内公园旁的凯旋门

3．边界景观

边界景观是指能让人们在特定时空尺度下，感知出地域差异带来的异质景观心理印象的景观。城市边界景观包括外部边界、水体边界、植物边界、建筑边界、硬质边界、道路边界与生态因子边界等类型。如美国旧金山城郊间的边界景观、巴西首都巴西利亚城区与帕拉诺阿湖间的水体边界景观、中国福建厦门与筼筜外湖间的边界景观等，均为城市边界景观工程。

4．区域景观

区域景观是指在城市不同区域范围内以单元形式组成的景观空间。如城市行政区域、历史风貌区域、文化区域、滨水区域与商业街区等类型。如在澳大利亚首都堪培拉行政中心区域建立的澳大利亚国会大厦、高等法院和众多其他政府部门与外交机关，这里也是许多全国性社会和文化机构的所在地。另外还有中国四川成都的宽窄巷子，这里原为清朝八旗兵驻地，是北方胡同文化的代表，经过改造，如今成为展现老成都生活及文化的区域景观,也是成都的一张文化名片,让人魂牵梦萦。

5. 节点景观

节点景观是指在城市中的重要地块或交叉路口,或河道方向转弯处等非线型空间形成的景观。在城市的出入口或城市人流聚集的核心点往往出现节点空间,包括城市空间中的广场、公园、道路交叉路口与中心花坛等能使人群活动的集散地,这就是城市中散布的"节点"。如位于意大利米兰市中心森皮奥内公园旁的凯旋门,中国重庆市位于渝中区民族路、民权路、邹容路交会的十字路口处的解放碑等,均为城市节点景观工程。

二、城市景观的构成类型

城市景观的构成类型可从不同的角度对其进行划分。

(一) 从城市美学的视角对其进行划分

从城市美学的视角进行划分,可将城市景观分为城市自然景观与人文景观等(图 2-3)。

图 2-3 从城市美学的视角对城市景观进行划分

1~2.城市自然景观; 3~5.城市人文景观

1. 城市自然景观

城市自然景观指一个城市的地理环境与自然风貌,包括地形、土壤、气候、植被、水源、交通位置等,这些对于生命的产生和形成以及人类的活动都具有至关重要的影响,也直接决定着城市的景观风貌。

2. 城市人文景观

城市是人类文化的产物,也是区域文化集中的代表,城市人文景观是反映城市文化的载体,具有深厚的文化内涵和广泛的文化意境。城市人文景观包括物质性人文景观和精神性人文景观两部分。物质性人文景观是指城市中所有的空间和物质实体外观,诸如住宅、写字楼、歌剧院、电影院、学校、医院、教堂等建筑物,以及道路、桥梁、公园、交通工具和城市绿化带等;精神性人文景观是指城市中非物质形态的精神内涵,诸如市民丰富多彩的文化节庆、民俗风俗活动等。

(二)从城市景观功能需要的角度进行划分

从城市景观的功能需要进行划分,可将城市景观分为城市居住区景观、城市行政区景观、城市商业区景观、城市文教区景观、城市高新技术园区景观、城市历史类景观、城市交通类景观、城市游憩类景观及城市工业类景观等(图2-4)。

1. 城市居住区景观

居住区是位于城市中、在空间上相对独立的各种类型、规模的生活用地的统称。它是构成城市环境的重要组成部分,一般由住宅建筑、公共建筑、道路交通设施和公共绿地四大系统构成,其面积往往占城市用地的30%以上,其居住区景观环境质量的优劣对城市景观具有直接影响。城市居住区景观构成的要素可分为两类:一种是物质的构成,即人、建筑、水体、道路、庭院、设施、小品等实体要素;另一种是精神文化构成,环境历史、文脉、特色等。不同个体由于心理特征的差异,对外部空间的需求也不相同,构成景观要素的差异,这对于人们在户外活动时的心理感受有着重要影响。

2. 城市行政区景观

行政区是政府和城市行政中心所在地,城市行政区景观是空间建设中最易控制、最快、最易出效果的地方,其形式有景观式、综合式与生活式行政

图 2-4　从城市景观的功能需要角度进行划分

中心区之分。其中景观式行政中心区往往是国家级行政中心区,代表着国家的政治文化形象,具有很强的纪念性、象征性和观赏性,常形成著名的旅游景观胜地。综合式行政中心区在功能上则具有城市综合职能,在空间形态上除在行政核心区局部采用大空间、大尺度的中心对称布局外,其他区域均采用适宜的较小尺度空间、连续的城市界面,以最活跃、最富弹性的线形街道渗透和串接各类型的城市活动空间,构成丰富的人性化市民活动环境,以吸引大量的客流,此类行政区景观兼具象征性与生活性的属性特征。生活式行政中心区多存在于历史悠久的小城市,城市行政中心区往往随着城市的发展而逐步形成,行政建筑与景观空间散落其间,与中心区其他功能建筑空间交融混合,形成亲切宜人的生活化城市中心场所,其景观具有尺度亲和、空间灵活、生动有趣、功能复合多元的特征。

3. 城市商业区景观

城市商业区景观是指商业建筑或以商业功能为主的建筑单体以及群体的外部空间景观,主要包括各类商业建筑单体外环境、商业综合体、商业街区、商业园区等景观。这类景观功能一般较为综合,通常以商业功能为主,另外辅以休闲、游憩、餐饮、娱乐等功能。现代城市中集商务办公、旅游、会展、购物、娱乐等多种功能于一体的商务区也可纳入这一范畴,其中央商务区(CBD)更是以丰富的内涵、强劲的活力带动城市及更大区域的经济发展,景观也更具城市标志性特色,现代城市中商务区的空间形态更是成为影响城市景观整体风貌的重要因素。

4. 城市文教区景观

文教区是指城市文化与教育建筑和设施的布置区域,其中文化建筑和设施是指由各级政府及社会力量等建设并向公众开放,用于人们开展各种文化娱乐活动,具有公益性质的公共建筑形式。文化建筑和设施具有规模大小不同,内容繁简各异的特点,它们都是进行文化娱乐活动的物质基础和载体。城市文教区景观往往是一个国家或者地区城乡经济发展水平、社会文明程度的重要标志。从文化建筑和设施构成类型来看,主要有图书馆、博物馆(纪念馆)、美术馆、文化馆(站)、剧场(音乐厅、歌舞厅、影院)与文化艺术中心等,景观多具有文化艺术个性特点。而教育建筑和设施主要包括高等学校、中小学校与幼儿园以及各种培训中心和补习学校。因教学要求和规模的不同,各种教育建筑和设施的景观建筑从总体布局到单体建筑与环境设计均有很大差别,其景观设计具有育人性、人文性、生态性与阶段性等发展特征。

5. 城市高新技术园区景观

高新技术园区是指国家在一些知识密集、技术密集的大中城市和沿海地区建立的发展高新技术的产业开发区,是以实现软、硬环境的局部优化,最大限度地把科技成果转化为现实生产力而建立起来的集中区域。城市高新技术园区景观设计营造的特征如下:一是其高新技术建筑平面空间布局趋向大进深、多开间、组合型与集群化;二是建筑外部形象设计更具创造性,出现变异、新颖的造型;三是内外空间环境设计趋于人性化,并注重其公共空间场所特质的塑造;四是将环境可持续设计理念引入科学实验建筑及内外环境设计,以体现设计的先进性及时代特征。

6. 城市历史类景观

城市历史类景观是指人类生存痕迹在人类生活的地理区域范围内的集中体现,在某一特定阶段,为了迎合人类的心理需求,而"附加在自然景观上的人类活动形态"。城市历史景观的主要表现形式有城市中的历史与传统建筑、历史与传统风貌街区、纪念建筑与雕塑、名人故居、宗教建筑与陵墓空间以及市井民俗等特色城市景观所传递出的场所精神。

7. 城市交通类景观

城市交通类景观指城市对外交通的各种现代交通公共空间、城市内部道桥系统及交通类公共服务设施所构成的景观。对外交通的各种现代交通公共空间主要包括铁路客运站、公路客运站、航空港、水运客运站、城市交通综合体等。城市内部的道桥系统主要包括具有观赏意义的城市道路,如城市景观大道、历史风貌古街与公园园路等,具有商业意义的城市道路如城市商业步行街与金融商贸街等,具有生活意义的城市街道如传统住区街巷与现代住区街道等。城市桥梁主要包括跨越江河湖海及各种障碍而建的交通桥梁,提高城市空间中交通通行效益而建的桥梁(高架桥、立交桥与人行天桥等)与满足市民游览、休闲所需而建的各式桥梁(廊道桥、各式景观桥等)。交通类公共服务设施包括地铁与轻轨车站、渡口与隧道、各类公交车站与交通服务设施等。交通类景观是展现城市景观最集中和重要的载体,在一定程度上成为表现城市文化特色的媒介,并直接影响着城市景观的整体效果。

8. 城市游憩类景观

城市游憩类景观主要是指由各种公园、游憩休闲林带、居住区绿地、交通绿地、附属绿地、生产防护绿地以及位于市内或城郊的风景游览区、旅游娱乐区、水面与道路广场、运动与疗养场地等城市游憩系统构成的景观,是城市空间中生态、活力、休闲与安居等精神在景观营造中的具体展现。

9. 城市工业类景观

城市工业类景观泛指那些与工业生产相关的空间场所,主要包括曾经和现在工业生产用地和与工业生产相关的交通、运输、仓储用地等地段的景观营造,诸如废弃的工厂、铁路站场、码头、工业废料倾倒场等。这些工业遗产如同一部大型而直观、全面而生动的史书,记载着整个工业时代城市发展的印记,对其进行景观环境更新设计时,最关键的就是需解决遗留废弃物的保留、改造、再利用问题,以展现其价值。而城市现代工业类景观是指供人们从事工业生产的建筑物及构筑物,以及现代工业类景观场地等,它们是展现现代工业生产过程、工厂风貌、工人劳动生活场景的重要场所,这些工业类景观对开展工业旅游活动具有现实价值。

此外,城市空间中还有其他各类景观,这里不再一一列举。

(三)从城市景观空间形态的角度进行划分

从城市景观的空间形态进行划分,可将城市景观分为城市点状景观、城市线状景观与城市面状景观等(图 2-5)。

图 2-5　从城市景观的空间形态进行划分

1. 城市点状景观

城市点状景观即相对城市整体环境而言,以点状形式出现的景观。其特点是景观空间的二维尺度较小且比例较为接近,如城市空间中的亭台楼阁、公交站点与街头绿地景观等。

2. 城市线状景观

城市线状景观即以线状形式出现的景观,主要包括城市交通干道、步行街道及沿水岸呈线性延展的滨水休闲绿地景观等。

3. 城市面状景观

城市面状景观即以面状形式出现的景观,主要包括城市空间中较丰富的功能空间景观类型,如城市公园、居住区景观、行政区景观、高新技术园区景观、中央商务区景观等。

三、城市景观的基本特点

城市景观受到其构成类型及各要素之间复杂关系的影响,其基本特征归纳来看主要表现在以下几个方面。

一是城市景观的功能性。进行城市景观的营造,其目的就是给居住在城市中的人们提供活动场所和公共空间,满足人们生活、工作、游憩与交通等活动的需要。城市景观不仅是为"观",更应满足城市的功能要求。1933年,国际现代建筑协会拟订的《雅典宪章》中提出了城市的居住、工作、游憩和交通四大功能。围绕这四大功能产生了丰富的城市景观,如生活方面有各种居住区、商业、教育和医疗环境景观等,工作方面有办公、科研、工业和农业景观等,游憩方面有康乐场所、公园绿地和广场景观等,交通方面又有道桥系统、公共交通和服务设施景观等。即使城市空间中一些精神意义非常丰富和强烈的景观,在一定精神内涵背后,也还是隐藏着功能因素。比如宗教建筑、纪念场所与园林景观等,在作为精神崇拜和审美对象的背后,还具有供祭祀与供奉、凭眺与休憩等实际功能特性。

二是城市景观的审美性。人类一直在追求理想的聚居环境,城市景观是人类聚居环境发展的巅峰。城市景观在满足基本的功能需求之后,还呈现出丰富的审美特性,并在实践过程中与功能性构成不可分离的整体。城市景观通过尺度、比例、色彩、装饰等一系列形式美学法则以及巧妙的空间布局和有机组合,展现出生动活泼的空间形象,反映出人类的情感与理想。同时,城市景观作为人类文明的积淀,还将人类历史文化演进的成果呈现在城市空间之中,使城市景观通过审美特性来彰显城市的魅力和文化意蕴。

三是城市景观的自然性。城市景观不仅在形式上表达自然,且寻求与自然的平衡更是城市景观设计的一个重要准则,城市景观不仅要创造美的形象,还应赋予环境以生命。人们需要自然,这既是生理上的也是心理上的需要。生命个体需要自然的空间,需要以自然去抵御过度人工化的环境,抵御烟雾和噪声,需要通过自然的纽带再度与大地相联系,是自然的土地给人们提供了营养和可持续发展的基础。人们千方百计地想把与自然结合的理想寄托在创造的城市人工环境之中,以此抵御人与自然日益分离的状态。与自然共生是人类最基本的需要,城市景观设计的目标之一就是要改进人与自然的关系,提高人类的精神品位。如此,有效的自然加上丰富多彩的文化就会给城市带来人性化的景观,人类也就实现了"梦想的天堂",因此,自然性显然是城市景观努力追寻的目标。

四是城市景观的文化性。城市景观不仅是按一定的科学、美学规律构筑起来的物质空间实体,还是人类文化的创造物,是人类精神对自然的加工,是人类社会组织制度、价值观念、思维方式的载体。其文化性是指城市景观具有某种独特的文化特征,它是城市在长期的建设实践中形成的特有风貌。诸如从明朗典雅的希腊神庙所彰显的民主精神,到梦幻神秘的哥特式教堂所宣扬的神性至尊,或是庭院深深的四合院所反映的宗法礼制,清幽淡雅的中国园林所蕴含的闲情逸致,无一不是社会及人生在大地空间之上的文化展现,是理念世界在空间环境中的现实体现。而城市景观将个体之间不同的文化与地域特点直接反映在城市整体景观风貌上,也正是这种文化与地域特性,使之营造出的城市景观呈现出变化万千的景观效果,直至展现出城市景观上的文化差异。

五是城市景观的层次性。城市景观的层次性指其景观应具有不同的等级,通常分为宏观(重要景观)、中观(次要景观)和微观(一般景观)等三个层次。就城市中的景观层次而言,城市重要景观均为城市地标性景观,多位于城市的核心区域,它是公众共同瞻仰的视觉形象,由于其精神内涵而成为公众心目中共有的特定形象,它的影响范围辐射整个城市乃至更大的区域。城市中的次要景观包括道路、边界与区域景观等,其影响范围在城市中的某一个区域或次分区内。而城市中的一般景观即重要景观和次要景观之外的景观,其影响范围只限于某一个小区或更小的地带。而层次性也是感知城市景现有序性效果的特性之一。

六是城市景观的识别性。城市景观的识别性指人们对城市景观的感知特性。在城市空间中,人们对景观的识别是具有选择性的,不同文化和社会背景的人群具有不同的审美观、价值观,不同景观客体要素不一定对每个人都是有意义的,这是因为不同的人对景观有不同的感知意象。另外,在城市中的人们对景观的识别方式也不尽相同。由于采用了不同的识别方式,人们对景观的感知也会有所差异。诸如步行观景与乘车观景对景观感知的结果是不一样的,在高楼上鸟瞰城市与在地平面上观察城市的感受也是不一样的。因此,城市景观的识别性是城市景观营造中尚需考量的设计基本特征,具有提高景观设计可识别性的效果。

第二节 工程景观及其内涵

所谓工程,是指将自然科学的理论应用到具体工农业生产部门中形成的各学科的总称。人们改造客观自然界的活动都是为了人类的生存和社会的需要,就需要运用工程的手段和方法,按照人们的用途与要求,使自然界的物质和能源的特性能够通过各种结构、机器、产品、系统和过程以最短的时间和最少的人力、物力做出高效、可靠且对人类有用的物质成果。

在现代社会中,"工程"一词有广义和狭义之分。就广义的工程概念而言,工程是由一群人为达到某种目的在一个较长时间周期内进行协作活动的过程。这种广义的理解强调众多主体参与的社会性,如"希望工程""扶贫工程""富民工程""菜篮子工程"等。就狭义的工程概念而言,工程是"以某组设想的目标为依据,应用有关的科学知识和技术手段,通过有组织的一群人将某个(或某些)现有实体(自然的或人造的)转化为具有预期使用价值的人造产品的过程"。狭义的工程概念不仅强调多主体参与的社会性,而且主要指针对物质对象的、与生产实践密切联系、运用一定的知识和技术才能实现的人类活动,如"化学工程""载人航天工程"等。

而"景观"是一个美学概念,即环境空间的审美通过景观来体现。虽然景观表现为客观存在的景物,即自然物或人造物,却因为实现了人们所寄托的审美理想而成为主客观统一的产物,这点从"景观"的英文"landscape"一词就隐约显示了。然而在汉语"景观"一词中,却是很鲜明的有"景"、有"观","景"为客观,"观"为主观,二者统一则为景观。工程景观即将工程做成景观,工程景观营造涉及的工程类型主要包括土木建筑工程、市政工程、交通工程、水利工程、电力工程、通信工程、矿山工程、环境工程、海洋工程、航天工程、军事工程、化学工程、遗传工程、系统工程、生物工程等。工程景观概念的提出是对景观所在风景园林学科内涵与视野的拓展,也是工程学科在当代面对所处环境空间审美层面中的必然选择。就人类进行工程建设活动而言,一是工程活动本身具有社会性,它是工程共同体通过实践将工程设计和知识应用于自然的过程;二是工程活动是为了造福人类,使人们更好地生活;三是工程实践作为特定知识在自然界中的运用方式,具有与现代科学实验相似的探索特性。

基于这样的认知,我们认为从工程活动造福人类、谋求更好的生活的层面来看,工程景观及其营造的目的在于弱化城乡环境空间中以往各类工程建设所带来的负面影响,提升工程建设与广大城乡环境空间中人的亲和性(图 2-6)。随着现代工程学科与风景园林学科联系得越来越密切,对各类工程中的景观营造更需提到一个前所未有的高度来认识。

图 2-6　工程景观及其营造
1.广东深圳滨海大道建设中的道路工程景观;
2.湖北武汉东湖清和桥观景平台的建设增加了人与空间的亲和性和观景性

第三节　工程景观及其范畴

从工程景观营造方面来看,它无疑凝聚了当代人类的智慧与力量,既能为人类带来长远的经济利益,又能带来社会和生态效益。工程景观的特点主要表现在几个层面:一是营造目的符合特定社会工程建设的需要,具有很强的时代性;二是工程规模宏伟,建设周期长久,投资资金巨大;三是工程科技总水平高,具有持续的影响力和长远的吸引力。而工程景观营造的范畴主要是指狭义工程概念中的土木、建筑与市政工程、交通工程、水电工程、矿山工程、环境工程、海洋工程、军事工程等与景观规划设计的有机结合,属工程学科与风景园林学科的交叉。

一、就土木建筑与市政工程而言

土木建筑与市政工程作为一门为人类生活、生产、防护等活动建造各类设施与场所的工程学科,涵盖了地上、地下、水上、水下等各范畴内的房屋、道路、桥梁、机场、港口、管线(通信、供电、供气、供热、给水、排水)、防洪围护、垃圾废物处理等工程范围内的设施与场所内的建筑物、构筑物、工程物的建设,涉及国民经济中各行各业的活动与发展,故被称为基础建设。基础建设具有综合性、社会性与实践性等营造特点,且力求在技术、经济和建造艺术上达到统一,以满足工程建造经济、实用与审美等方面的需要。

从土木建筑与市政工程审美层面的要求来看,主要包括土木建筑与市政工程的景观营造,国内部分案例如图 2-7 所示,国外部分案例如图 2-8 所示。

从国内外城市中的土木建筑与市政工程代表之作可以看出,这些工程不仅满足了人们所处城市空间中的各种功能需要,不少工程还与城市审美需要结合,成为所在城市具有标识特色的土木、建筑与市政工程景观营造成果及城市游览景点。

二、就交通工程而言

交通工程是国民经济和社会发展的一个重要组成部分,也是保证社会经济活动得以正常进行和发展的基础工程。交通工程主要是指从事客、货运输等行业的工程,分为铁路、公路、水路、航空、管道等方式。交通工程不仅具有较强的使用功能,其工程多规模宏大、气势雄伟、造型别致,成为城市乃至国土之上独具形象特色和标志性的工程景观。国内部分案例如图 2-9所示,国外部分案例如图 2-10 所示。

交通工程作为人类在大地上的建设,对自然环境产生的影响无疑是多方面的,出于对生态的围护、人文景观的展现,尽力将交通工程建设带来的

图 2-7　国内具有景观意义的土木建筑工程项目

1～4.北京天安门广场、国家大剧院、中央电视台新楼与奥运场馆鸟巢；

5～6.上海环球金融中心与世博会中国馆；　7.西安钟楼；

8～9.武汉江汉关与长江大桥；　10～12.广州白天鹅宾馆、新电视塔与琶洲会展中心

环境破坏降到最低点，并且还力求创造出新的景观，显然是交通工程与景观艺术营造将要面临与值得探索的建设任务。

三、就水电工程而言

水电工程是水利、电力工程的合称。其中水利工程是指用于控制和调

图 2-8　国外具有景观意义的土木建筑等工程项目

1～3.美国纽约联合国总部大厦、洛克菲勒中心与中央公园；

4～6.英国伦敦白金汉宫、议会大厦与金丝雀码头；　7.澳大利亚悉尼塔；

8～9.巴西里约热内卢尼泰罗伊大桥与大西洋大道；

10～11.埃及尼罗河西岸开罗新城内的开罗塔与阿布丁宫博物馆；

12.新加坡的滨海湾金沙酒店与空中花园

配自然界的地表水和地下水，为达到除害兴利目的而修建的工程。兴建水利工程能控制水流，防止洪涝灾害，并进行水量的调节和分配，以满足人民生活和生产对水资源的需要。水利工程需要修建坝、堤、溢洪道、水闸、进水口、渠道、渡槽、筏道、鱼道等不同类型的水工建筑物，以实现蓄水、提水、调

图 2-9 国内具有景观意义的交通工程项目

1. "世界屋脊"上的青藏铁路工程； 2. 已建成的"四横四纵"高铁路网工程；

3. 已建成的"五纵七横"高速公路路网工程； 4. 长江航运与武汉阳逻港内河港口工程；

5. 海上航运与上海洋山港港口工程； 6. 广州新白云机场航空港；

7. "西气东送"管道工程； 8. 上海磁悬浮列车示范线路；

9. 浙江海盐至慈溪间的杭州湾跨海大桥

水、发电、航运、灌溉、养殖、供水及利用地下水源的目的。而电力工程是指与电能生产、输送、分配有关的工程，电能的使用已渗透到国民经济和人民生活的一切领域，成为工业、农业、交通运输以及国防的主要动力形式和人们家庭生活中不可缺少的能源，在照明、电热、电化学和通信等方面得到了广泛的应用。

从水利工程来看，尤以水利枢纽和水电站为主（图 2-11）。这些工程不仅为人类社会的发展做出重要贡献，并且也成为人类发展历史上具有文化价值、规模宏大的工程景观及世界自然与文化复合遗产，这些工程均为人类历史上的伟大工程。

图 2-10　国外具有景观意义的交通工程项目

1.俄罗斯的西伯利亚大铁路工程；　2.法国 TGV 高铁工程；

3.美国加利福尼亚州太平洋海岸公路；　4.法国东南部的阿尔卑斯公路；

5.欧洲多瑙河水运工程；　6.日本横滨的海港港口工程；　7.美国旧金山航空港站工程；

8.美国成品油输送管线工程；　9.瑞士圣哥达隧道工程；　10.美国旧金山金门大桥工程；

11.英国横跨亨伯尔河的桥梁工程；　12.塞尔维亚泽蒙-博尔察大桥工程

　　从电力工程来看,国内外部分案例如图 2-12 所示。在水电工程中,进入 21 世纪后,发达国家已逐渐把景观营造列为其工程设计内容之一予以考虑。

　　水电工程多建于自然的山水大地之中,利用工程依托环境的优势,结合水电工程建设,可使功能单一的水电工程向多功能的环境景观水电工程设

图 2-11　具有景观意义的水利工程项目

1.中国的京杭大运河工程；　2.中国吐鲁番地区的坎儿井；

3.中国长江上建成的荆江分洪工程；　4.中国葛洲坝水利枢纽工程；

5.中国宜昌三峡工程；　6.中国黄河上的李家峡水电站工程；

7.中国黄河上的小浪底水库；　8.中国汉江上的丹江口水库；

9.中国的南水北调中线工程；　10.西班牙塞戈维亚高架引水桥工程；

11.太平洋和大西洋间的巴拿马运河工程；　12.美国的胡佛水坝工程；

13.埃及尼罗河上建成的阿斯旺水电站；

14.巴西和巴拉圭两国间拉普拉塔-巴拉那河上的伊泰普大坝工程；

15.俄罗斯西伯利亚叶尼塞河上建成的萨扬-舒申斯克水电站工程

图2-12　具有景观意义的电力工程项目

1.中国北京太阳宫燃气热电冷联供工程；　2.中国台湾台中电厂；

3.中国宁夏灵武发电站二期工程；　4.中国天津IGCC示范电站工程；

5.中国广东深圳大亚湾核电站；　6.中国浙江秦山核电站；

7.中国上海东海海上风电项目；　8.中国青海格尔木太阳能公园；

9.中国昌吉准东至安徽宣城长3324 km的±1100 kV特高压直流输电工程；

10.俄罗斯苏尔古特发电厂；　11.斯里兰卡普特拉姆发电站；　12.法国格拉弗林核电站；

13.美国加利福尼亚州风力发电场；　14.德国梅隆的太阳能公园；

15.俄罗斯长497 km埃基巴斯图兹-科克切塔夫的1000 kV特高压交流输变电工程

计转化,形成集水电工程与观光、游览于一体的水电观光景区,这显然也是水电工程在未来建设中将要面对的崭新课题和发展契机。

四、就矿山工程而言

矿山工程指以矿产资源为基础进行矿山资源开采作业的工程。矿产资源是经过地质成矿作用而成且天然赋存于地壳内部或地表,埋藏于地下或出露于地表,呈固态、液态或气态的,并具有开发利用价值的矿物或有用元素的集合体。矿产资源属于非可再生资源,目前已知的矿产有 4 类共 168种,按其特点和用途可分为能源、金属、非金属与水气矿产。对于矿产资源的开发,各国均强调合理利用,以优化资源配置,实现最优耗竭,而保护矿区生态环境,防止矿山寿命终结时沦为荒芜的不毛之地,则是矿山开采工程中尚需面对的重要责任。

随着生态恢复及景观重塑理念在矿山开发废弃地利用中的引入,矿山工程景观恢复、改良、重建也有不少成功之作。国内外部分案例如图 2-13 所示,诸如浙江绍兴东湖公园即为自汉代起在此凿山取石修筑越城的采石场,经千年鬼斧神凿,遂成悬崖峭壁,其遗址于 19 世纪末经过百年的人工装扮,成为一处巧夺天工的山水大盆景,绍兴东湖也可谓之最早的矿山工程景观。

矿山开采与工业废弃地运用景观生态学思想,通过科学合理的设计,对原有场地的景观特质进行挖掘,并塑造成独特的矿山工程景观,直至展现出其开发利用的自然生态修复功效及独特的文化与美学价值。

五、就环境工程而言

环境工程是在人类同环境污染作斗争、保护和改善生存环境的过程中形成的,主要包括给排水工程、大气污染与水污染防治工程、固体废物的处理和利用、环境污染综合整治、环境系统工程等方面的内容(图 2-14)。

从给排水工程来看,在给水方面,中国早在公元前 2300 年前后就创造了凿井技术,后为了保护水源建立了持刀守卫水井的制度,2014 年发现位于河南登封市告成镇附近东周时期的供水管网是国内目前发现最早的排水工

图 2-13　具有景观意义的矿山工程项目

1.中国浙江绍兴利用汉代采石场所建的东湖公园；

2.中国河北唐山利用采煤塌陷区所建的南湖公园；

3.中国湖北黄石利用铁矿石大峡谷所建的国家矿山公园；

4.中国上海利用辰山采石坑所建的植物园矿坑花园；

5.法国巴黎利用废弃采石场改建的比特绍蒙绿色公园；

6.美国西雅图用废弃地所建的煤气厂公园；

7.英国利用煤矿钢铁区所建的爱堡河谷公园；

8.澳大利亚悉尼利用废弃采石厂建成的奥运公园；

9.南非约翰内斯堡用金矿旧址所建的"黄金矿城"；

10.美国宾夕法尼亚州伯利恒钢铁厂城市娱乐区

图 2-14 具有景观意义的环境工程项目

1.法国巴黎建于 19 世纪中叶的城市下水管网；

2.中国 2010 年上海世博会的雨水利用示范工程；

3.澳大利亚墨尔本建成的爱丁堡雨水花园； 4.中国北京高碑店污水处理厂；

5.中国四川成都府河边所建的环境教育场地——活水公园； 6.中国上海老港垃圾填埋场；

7.中国广东广州李坑垃圾焚烧发电厂；

8.西班牙巴塞罗那市威尔登·琼恩垃圾填埋场景观重建工程；

9.中国湖北武汉利用垃圾填埋场所建的园博园；

10.意大利米兰高速公路两侧所设隔声屏障；

11～12.中国湖北武汉在贯穿城市的铁路线路及快速道路两旁设置绿化植物隔离防噪声墙来实现减噪

程,可知在明朝以前就已开始采用明矾净水。公元 1 世纪及 2 世纪在罗马近郊所建的克劳狄引水道和法国南部尼姆斯城附近所建高架引水道,为罗马时期的城市供水设备。英国从 19 世纪初开始用砂滤法净化自来水,并在 19 世纪末采用漂白粉对水进行消毒。在排水方面,中国在公元前 2000 多年就用陶土管修建了地下排水道,江西赣州福寿沟则有宋朝修建的城市下水道。古代罗马大约在公元前 6 世纪开始修建地下排水道。法国巴黎下水道修建于 19 世纪中叶,经过百余年来的不断完善,其下水管长度已达 2450 km,下水道的污水流到远处的污水处理厂,污水处理达标后才能排到河里。日本东京的地下排水系统的标准是"五至十年一遇",最大的下水道直径在 12 m 左右,这一系统始建于 1992 年,2006 年竣工后堪称世界上最先进的下水道排水系统。在雨水排放方面,有英国伦敦于 2000 年建成的世纪圆顶雨水示范工程,2010 年建成的上海世博会雨水利用示范工程,2012 年澳大利亚墨尔本建成的爱丁堡雨水花园。

从大气污染与水污染防治工程来看,在大气污染方面,为消除工业生产造成的粉尘污染,美国于 1885 年发明了离心除尘器。进入 20 世纪,除尘、空气调节、燃烧装置改造、工业气体净化等工程技术逐渐得到推广应用。在污水处理方面,英国在 19 世纪中叶开始建设污水处理厂,从 20 世纪初就开始采用活性污泥法处理污水。中国属于发展中国家,煤炭是最主要的能源,因此由燃煤和工业排放的固定污染源较多,是大气污染的主要原因之一。从 20 世纪 70 年代末至 90 年代末,采用消除煤烟、工业点源治理及属地管理方式来整治。近年来随着雾霾的加重,国家采用联动手段从多个层面建设大气污染防治工程设施对大气污染予以治理。水污染防治工程在国内始建于 20 世纪 70 年代,到 2009 年,我国已建城镇污水处理厂 1215 座,处理能力达到每日 9052 万立方米。具有代表性的工程有 1999 年底完成二期工程的北京高碑店污水处理厂,2008 年 12 月建成的广州龙归污水处理厂,另外在 2017 年 9 月,国内一次性建成的规模最大的武汉北湖污水处理厂土建工程正式开工。其间,四川成都在府河边于 1997 年建成了世界上第一座城市综合性环境教育公园——活水公园。

从固体废物处理方面来看,中国、印度等亚洲国家自古以来就有利用粪便和垃圾堆肥的处置方法。我国现代固体废物处理工程建设始于 20 世纪 80 年代中期,其后相继建成了浙江杭州天子岭垃圾填埋场、北京阿苏卫与安定等垃圾填埋场、上海老港填埋场和江镇堆场、广东佛山市五峰山卫生填埋场。河南开封市的垃圾填埋场建于 2011 年,总容量为 11.9 万立方米。上海江桥生活垃圾焚烧厂是国内早期的大型现代化垃圾焚烧厂,2005 年 11 月,其二期工程投入运行。广州李坑垃圾焚烧厂是国内第一个也是唯一一个采用中温次高压参数的焚烧发电厂,2005 年 10 月试运行,平均日处理生活垃圾 1040 吨,日处理 2000 吨垃圾的李坑二期项目也已经开工建设。

在公元前 3000 年至公元前 1000 年,古希腊开始对城市垃圾采用覆土埋入大坑的处理方法。英国巴斯城的现址就比在古罗马时期的原址高出 4~7 m,即在废墟上重建的。进入 20 世纪,随着消费水平迅速提高,固体废物排出量急剧增加,成为严重的环境问题。20 世纪 70 年代以来,美、英、德、法与日本等国由于废物放置场地紧张,提出了"资源循环"的概念,并不断采取新措施和新技术来处理和利用固体废物,使其从消极处置转向积极利用,实现废物的再资源化。在固体废物处理工程与景观结合方面,2010 年西班牙巴塞罗那市的威尔登·琼恩垃圾填埋场景观重建工程与 2015 年武汉利用江汉区及硚口区长丰地块和东西湖区金口垃圾填埋场地块建设的园博园,均为成功探索之作。

从噪声控制工程来看,国内外均在传统建筑中利用对墙壁和门窗位置的安排来处理隔声问题。从 20 世纪 50 年代起,逐步建立起噪声控制的基础理论,并针对噪声源、噪声的传播路径及接收者这三者,在其间做隔离或防护措施。诸如意大利米兰结合城市景观营造与防止噪声的需要,沿高速公路等交通设施设置隔声屏障(屏障建筑)对噪声予以控制。湖北武汉市在贯穿城市的铁路线路及快速道路两旁设置绿化植物隔离防噪声墙来实现减噪目的,并力求达到景观营造的目标。

六、就海洋工程而言

海洋工程是指以开发、利用、保护、恢复海洋资源为目的的工程,可分为海岸工程、近海工程和深海工程,但三者又有所重叠。其工程包括围海、填海、建闸、筑堤、筑坝、人工鱼礁、海上养殖、码头和航道开挖、疏浚、冲吹填岛、海洋建构筑物、盐田、海水淡化及综合利用、潮汐发电等海洋能源开发、海洋娱乐、运动及景观开发等内容(图 2-15)。

图 2-15　具有景观意义的海洋工程项目

1.荷兰著名的拦海大堤工程； 2.日本神户的人工岛填海工程；

3.中国上海洋山深水港区四期工程； 4.沙特阿拉伯海水淡化工厂；

5.阿联酋的杰贝尔阿里海水淡化厂； 6.美国佛罗里达的基拉戈海滩；

7.马尔代夫著名的度假天堂岛； 8.澳大利亚的度假胜地黄金海岸；

9.中国海南三亚的天涯海角风景区

　　从围海造田工程来看,著名的海洋工程有荷兰从 13 世纪以来通过围海造田修建的总长达 2400 km 的拦海大堤,1986 年规模宏大的"三角洲工程"竣工,所建造的 4 座大坝总长 16 km,把 4 个深入陆地的海湾变成了湖泊。该工程使荷兰西南部地区摆脱了水患的困扰,改善了鹿特丹至比利时安特卫普的交通,促进了该地区乃至全荷兰的经济发展。

　　从填海造地工程来看,日本神户人工岛填海工程始于 1972 年,用 15 年时间建造了一座总面积为 5.8 km² 的人工岛,并建有一座高 297 m 的世界第一吊桥,将人工岛与神户市区连接起来。如今岛上居民有 2 万人,各种设施齐全,有国际饭店、旅馆、商店、博物馆、岛内游泳场、医院、学校及 3 个公园,还有休假娱乐场和 6000 套住宅。神户人工岛是当时世界上最大的一座人造海上城市,享有"二十一世纪的海上城市"之称。中国澳门由于山多平地少,除了历史上先后把城市的范围扩展至关闸,囊括青洲、氹仔、路环后,又扩展至横琴岛、对面山,并于 1863 年进行第一次填海工程。至 2011 年,澳门半岛的面积在填海工程下已超过 9.3 km²,澳门总面积不断扩大。2005 年 5 月建成的上海芦潮港至浙江崎岖列岛小城子山全长 32.5 km 的东海大桥,是中国第一座外海跨海大桥。2017 年建成的上海国际航运中心洋山深水港区四期工程,使洋山深水港成为全球最大的智能集装箱码头。

从海水淡化工程来看,世界上第一个陆基海水脱盐厂于 1560 年在突尼斯的一个海岛上建成。1872 年,智利研发出了世界首台太阳能海水淡化装置,日产 2 万立方米淡水。1898 年,俄罗斯建成了首座基于多效蒸发原理的海水淡化工厂,日产淡水达 1230 m³。沙特政府为了解决严重的水资源短缺问题,投入巨资建起了 25 座大型海水淡化工厂,实现了 5.25×10^6 m³/d 的海水淡化产能,总产水量约占世界海水淡化总量的 25.9%,产能位居世界第一。海湾地区规模较大的海水淡化工程还有阿联酋的杰贝尔阿里海水淡化厂。国内有 1981 年在西沙群岛建成的第一个日产 200 吨的电渗析海水淡化站;1997 年国内第一套 500 m³/d 反渗透海水淡化装置在浙江嵊山建成投产;至 2010 年底,国内已建成海水淡化装置 70 多套,达到日产能逾 60 万吨的产业规模。

从海洋娱乐、运动及景观开发方面来看,国外有美国佛罗里达的基拉戈海滩、夏威夷帕利沙滩与威基基海滩,还有马尔代夫著名的度假海岛——天堂岛与太阳岛,澳大利亚的假日游乐胜地黄金海岸,法国西起土伦,经尼斯、戛纳和摩纳哥东到法国与意大利边境的蓝色海岸,泰国安达曼海上的"珍珠"普吉岛、芭堤雅的沙滩等。国内的有辽宁大连老虎滩海洋公园与圣亚海洋世界,河北秦皇岛北戴河海滨浴场,山东青岛栈桥、奥帆中心与金沙滩,福建漳州滨海火山国家地质公园,海南三亚的亚龙湾国家旅游度假区与天涯海角风景区等。

七、就军事工程而言

军事工程是指以追求军事效益、达成军事目的为导向,满足国防安全需要所建设的、指向明确的相关工程。工程按用途可分为阵地、战略和战区指挥所及通信枢纽、交通与渡河保障、爆破、伪装、给水、军港、机场、武器试验场、军事训练、后勤和基地仓库、输油管线、营房及从属于以上的各种军事障碍构筑工程等。军事工程伴随着战争的出现而出现,又随着战争的发展而发展起来。古代军事工程主要依靠人力和简单的手工作业来完成(图 2-16),诸如中国古代在北方辽阔土地上建设的万里长城防御工程,是世界上修建时间最长、工程量最大的一项古代防御工程。其始建于西周,延续不断修筑了 2000 多年。另外还有便于防守作战的古代城池遗址,迄今已发现有近 60 座。此外,每建设一座城市,都建有城墙、城楼、堞楼、敌台、硬楼、软楼、马面、瓮城、望火楼、鼓楼以及军粮城、战城等,均为防御性的军事工程。

国外始建于公元前 580 年的雅典卫城,位于雅典市中心的卫城山丘上,当初卫城就是用于防范外敌入侵的要塞。城堡为欧洲的军事工程,木质的简易城堡出现于 9 世纪,至 11 世纪以后发展为石质建造。11 世纪至 14 世纪是欧洲城堡建设的高峰期,当时的贵族为了争夺土地、粮食、牲畜、人口而不断爆发战争,密集的战争导致修建的城堡越来越多、越来越大,以守卫自己的领地。

国内近现代军事工程如图 2-17 所示。

只是随着战争形式的发展,其中已有一些落后的军事工程被弃用,更多宏伟的军事工程则被开发成为爱国主义教育基地或旅游胜地,诸如中国的长城,各类城门、关隘、栈道与乡村土围子等,另如广东东莞的虎门炮台等还被建成爱国主义教育基地。国外的城堡与要塞也多被开辟为观光景点、高级饭店、博物馆与公园等。而新建的现代军事工程如海南文昌卫星发射中心则与航天科普和科技展示、航天主题娱乐、发射场参观、实时观看火箭发射等活动结合,建设为航天主题公园。南海南沙群岛的海岛与机场建设,也

图 2-16 具有景观意义的军事工程项目（一）

1. 中国北方辽阔土地上建设的万里长城防御工程；

2. 中国南方古代兵家必争之地荆州城城门及其坚城城墙；

3. 公元前 580 年防御外敌所建要塞雅典卫城； 4. 英格兰的城堡利兹堡；

5. 俄罗斯莫斯科的克里姆林宫； 6. 意大利著名的西尔米奥奈要塞；

7. 法国著名的凡尔登要塞； 8. 法国东部具有防御功能的马其诺防线

与未来海洋旅游开发结合，和平时期可用于造福社会，所有这些使得军事工程景观营建也成为亟待探索的设计领域。

此外，随着工程景观理论研究及实践探索的深入，工程景观还将引入通信、化学、生物、医用、农业等工程领域，使相关工程本身的功能得以更好地体现，并能从景观美学层面实现城市工程景观特色营造的目标。

图 2-17　具有景观意义的军事工程项目(二)

1~2.建于清代的广东东莞的虎门炮台与新会的崖门炮台；

3.抗日战争爆发后建于安徽彭泽马当的马当要塞；

4.20 世纪 50 年代末建于甘肃酒泉的卫星发射中心；

5.20 世纪 60 至 70 年代建于湖北咸宁的"131"工程；　6.南海上的填海筑岛及机场建设；

7.2014 年底交付使用的海南文昌卫星发射中心

第四节　城市工程景观特色营造

当今的城市可谓已进入一个科技高度发达的时代,这个时代科技成为

117

人们在城市生活中的主宰,科技给人们带来了巨大的物质利益。但是毋庸置疑,科技也给人类生活特别是精神生活带来某种局限。尤其是在城市空间中各种工程建设从物质方面给人们带来高度理性化与技术化的同时,也让人们失去了诸多精神方面的乐趣,其中就包括对城市中相关工程的审美与景观特色营造。工程科技与审美的对立以前所未有的态势呈现于城市空间之中,长此以往显然不利于城市的进步与发展。在此背景下,对城市空间中各种工程建设的科技与审美的协调,无疑就成为工程景观特色营造中尚需探索的课题。

一、对城市景观特色的认识

城市景观特色是指在特定城市景观审美时空范围中最能代表城市空间的特色景观。城市景观特色可从两个层面来阐释:一是"城市景观的审美时空范围",所强调的"特色"是基于审美系统的时空关系,其范畴包括审美主体、审美客体以及主体对客体的能动关系;二是有"最能够代表所在城市空间的特色景观",即指具有可供识别的城市个性特点。显然城市景观特色是一定时空领域内城市景观作为人们的审美对象相对于其他城市所体现出的不同审美特征。这种审美特征不在其他城市与地区重复出现,故在该城市的形态、形象和形式等方面具有不可替代的特性,且各个城市景观形态各异,诸如山城重庆、南粤广州、西湖杭州、楚天武汉在城市景观方面均各具特色(图 2-18)。

城市不仅因山水形胜而具景观特色,而且由于不同城市空间不同的社会生活形成了各自的特点。所以每到一个城市,我们会感受到不一样的城市性格,如庄严而稳重的北京、智慧与包容的上海、精致而温柔的杭州、成熟与内敛的南京……然而,在当今中国的很多城市,却充满了"千城一面"的城市形象。大到城市风貌、建筑与景观,小至环境小品,形式上照搬照抄,地方特色逐渐丧失,城市性格也逐渐埋没了。

俗话说,"性格决定命运",不同性格的人演绎不同的人生。对一座城市而言,对城市景观特色的营造便成了关注城市空间未来发展的窗口。城市景观特色是一个国家、一个民族和一个地区在特定的历史时期和特定的地

图 2-18　城市景观特色

区的反映,它体现于当地人民的社会生活、精神生活以及当地习俗与情趣之中。城市景观特色的营造应该与所在城市的性格和精神相符,如果有心创造城市的特色,就不应出现城市景观"千城一面"的局面。城市性格的多样性从逻辑上决定了其景观应该是各具特色的,城市的性格与其景观特色的营造之间存在着一脉相承的因果关系。而这种一脉相承的关系需要从设计的逻辑性、价值取向及形式语言三个方面来实现。

　　特色是城市景观的魅力所在,许多城市的景观往往因特色鲜明、别具一格而名扬天下。从古到今,从中国到外国,每个城市都有各自发展的轨迹,都有自己特立独行的个性特征。呈现出来的城市景观特色有历史的、传统的,也有新兴的、现代的。诸如巴黎是法国的首都和最大的城市,也是法国的政治、经济、文化、商业中心,在全球与纽约、伦敦和东京并列为四大国际大都市,素有"浪漫之都""时尚之都""世界花都"之美称。巴黎自中世纪以来,其城市建设一直保留着过去的印记,甚至是历史最悠久的某些街道的布局也保留着统一的风格。作为古城保护的楷模,巴黎既是文化环境的典范,也是生态文明的样板。在城市景观特色营造中,不管是城市整体风貌,还是空间环境细节,均可从中体会到巴黎这座城市对于美与精致的追求。又如中国浙江杭州是一座历史文化名城,也是以风景秀美著称于世的城市。"上有天堂,下有苏杭",近年来的新型经济发展也别开生面,可以说,杭州这座城市值得向世人展示的美好实在太多。从美丽的西湖到闻名于世的钱塘江与京杭大运河,还有那些数也数不清的小河汊静静地流淌并缠绕在杭州人的衣食住行之间,让世人了解到杭州的温婉与精致。基于杭州留给人们的苏杭"水墨印象",杭州以"生活品质之城"的主题来营造城市的景观特色,并展现其城市面向未来的追求。正是由于城市具有多样性格,即"是复杂物的统一",对其城市景观特色的营建更应于细微之处见神韵,以唤起人们对城市景观特色的记忆,并延伸至城市的精神与性格(图 2-19)。

二、城市工程景观特色的构成要素

城市景观特色是在城市发展中尊重地域文化、历史与自然,追求人类生存最根本利益的基础上形成的。城市作为一个开放的复杂系统,其景观特色的构成要素主要包括自然景观、人工景观和人文景观三个方面的内容。

1. 自然景观要素

自然景观要素是城市景观设计的物质基础,包括地形地貌、动植物、水体、气候条件等,只是在城市空间中自然景观要素不可避免地会受到不同程度的人工改造,但其自然景观要素仍然是构筑城市生态环境必不可少的物质保障。

2. 人工景观要素

人工景观要素是构成城市景观的基本单元,包括建筑、铺装、景观小品、

图 2-19　特色是城市景观的魅力所在

1～2.法国巴黎素有"浪漫之都""时尚之都""世界花都"之美称的城市景观意象；

3～4.留给人们"水墨印象"的中国浙江杭州，以"生活品质之城"的主题来营造城市的景观
特色

服务设施等，与自然景观要素一样，它们都是属于物质层面的，人们可以通过眼、耳、鼻、舌等感觉器官感知到它们的"客观实在性"，并且它们都具有一定的具体表现形态，都是依赖于人的参与、改变或创造而形成的。

3.人文景观要素

人文景观要素是城市空间中展现出的各种文化现象，涵盖了文化、艺术、历史、社会等诸多方面的内容。归纳起来，人文景观要素主要包括历史古迹、古典园林、宗教文化、民俗风情、文学与艺术、城镇与产业观光等。城市是人类文化的产物，其人文景观要素为反映城市文化的一个最好的载体，它呈现出不同城市的个性与特色，并具有各个城市深厚的文化内涵，它可使置身其中的人们感受到浓郁的文化气息和强烈的文化意蕴。

这些有形或者无形的要素随着城市的进化与发展，呈现出无穷尽的城市景观组合方式，是城市景观特色的具体组成部分，也是城市空间中最突

出,最具代表性,最能使人们引起历史联想、留住城市记忆的文化载体。城市空间中的工程景观特色营造也使然,对相关工程所处环境文化内涵的挖掘,是延续和塑造城市景观特色的目的所在。

三、城市工程景观特色的营造方法

"特色是生活的反映,特色是地域的分野,特色是文化的积淀,特色是民族的凝结。"城市工程景观特色的建构应找准定位,这是因为城市文化从根本上决定了城市的辐射力和吸引力。在当代与未来的城市竞争中,只有找准城市文化特色的定位,城市空间文化特色建构才会越鲜明,城市的影响力也越大(图 2-20)。而对城市工程景观特色的营造,可从以下多种方法入手。

图 2-20　城市景观特色的建构

1.意大利威尼斯因水而生的"水城"文化及特色景观;

2.中国云南大理独有的白族文化及特色景观

一是注重城市工程景观的文化特色挖掘。城市文化特色的建构要立足城市工程景观的文化特色基础与内涵进行挖掘,以确定迥异于其他城市工程景观的文化特色建构,并对城市地域特色文化进行批判性思考,将符合时代潮流、引领城市发展的文化基因作为传承的基点,挖掘出最能表达所在城市文化特色的工程景观要素。

二是优化城市工程景观的自然生态环境。打造"诗意地栖居"这样一个理想的城市空间需将自然协调、生态优先与环境友好的战略贯穿城市工程景观营造的始终,尽力维护城市的原生态自然环境,协调人与城市地形地貌、动植物、水体、气候条件等的关系,优化城市主导风向的氧源森林及绿色通廊的建设,使之成为工程景观特色营造的自然生态环境保障。

三是丰富城市工程景观功能与汇集活力。随着城市工程景观功能与形态多样化方向的发展取向,工程景观不仅为城市空间带来居住、办公、生产、商业、学习、交通多种功能便利,可以借助工程景观特色的营造丰富城市空间的功能,还能通过城市人群、活动、事件与故事的汇聚形成其场所的活力,这也是城市工程景观特色营造的魅力所在。

四是强化城市工程景观整体关系的重塑。在城市空间中,构成城市工程景观的要素众多,包括土木建筑、市政与交通工程等,如何将其纳入城市空间整体系统予以重塑,并从宏观、中观和微观上把握好空间与工程景观的关系,在定性、定位、定量、定形上实现城市工程景观特色营造的既定目标。

五是倡导城市工程景观场所与细部处理。由于人们对城市空间场所的体验多从具有城市空间特色的细部之中感知,城市工程景观场所也不例外,对市民的人性关怀应体现在细微之处。诸如城市空间中各类公共服务设施与环境小品的巧妙设置,就有助于推动城市工程景观中人性场所空间的建构,营造出具有文化特色建构的城市空间细部来。

六是用造型语言营造城市工程景观特色。营造城市工程景观的造型语言主要包括形态、色彩、材质与光影等,结合所处城市的空间功能、形象定位、风貌特色与文化建构等因素,从影响城市工程景观特色形成的空间功能布局、建构筑物形态、环境色彩配置、界面场地用材、夜景照明效果、公共艺术及设施配置等层面呈现出城市工程景观的个性与造型特色。

七是提升城市工程景观的文化厚度与品位。文化体现着国家和民族的品格,既是凝聚人心的精神纽带,也是关系民生的幸福指标。在城市工程景观特色建构中应该把追求城市特有的文化内涵与优质生活作为表达的目标,以传递出城市的历史文化和人文特色信息,形成对所在城市的归属感与认同感。而这种情感与亲和力的体现,也是实现城市空间中工程景观文化特色营造的至高境界。

第三章　城市景观及环境色彩的设计

　　城市作为人类物质文明与精神文明的载体和创造基地,往往是一个国家或地区人口密集、工商业发达,集政治、文化、科技、艺术、经济、交通等功能于一体的聚集活动中心。从发展历史久远的城市演变进程来看,色彩不仅伴随着城市的产生而出现,并与之共同发展,它直接反映了城市的历史文脉、地域特征和整体文化风貌。同时,色彩作为城市中最为活跃的因素之一,其绚丽的色彩以各种形式的载体存在于城市空间中,不仅带着自然界的光泽,更折射出不同的城市景观表象与文化内涵,直至成为城市历史发展演进中的必然选择。

　　在城市空间环境中,可谓构成其实质的任何景物都不能脱离色彩而存在,环境色彩是城市空间中引人注目、独具个性特色的城市景观构成要素。在构成城市个性特色的诸多要素中,色彩要素无疑凭借"第一视觉"的特性而成为城市景观塑造中最主要的表现形式(图 3-1)。环境色彩还可在某种程度上直接反映出所在城市市民的文化素质水平和精神风貌,并展现城市对更高文明程度与生活品质的追求。因此,就城市空间而言,其规划与设计既是城市美学在具体时空中的体现,也是改善城市空间环境、提高城市景观品质的一种有效途径。对城市空间中环境色彩规划与设计的探索,在于以严谨的学术视野、科学方法和艺术探求的精神去发现城市色彩的综合价值,寻找不同城市的色彩特质,为城市景观个性营造具有美学意义的城市色彩环境,以实现美丽中国建设中色彩景观塑造的梦想和价值呈现。

图 3-1　城市环境色彩是其景观塑造最主要的表现形式

第一节　环境色彩认知及其基本特征

现代城市的环境色彩设计是在高科技发展的形势下,以现代色彩学运用于现代城市环境设计而产生的一门新的色彩研究学科。由于色彩对生活在城市环境中的人们具有特殊的影响和作用,因此在今天各个国家的城市环境建设中,城市的环境色彩问题已经引起了主管城市建设的各级部门、科研机构及规划设计单位的高度重视与普遍关心。

中国自古以来就是一个注重色彩的民族,纵览灿烂的中国古代城市建设及构成城市的各种建筑的历史资料,我们可以毫不夸张地说,中国从来都是以色彩丰富、设色大胆、用色鲜明、对比强烈而立于世界城市与建筑文化之林,并形成了一套完整的系统。而且在不同的历史发展时期、不同地域与不同民族的城市环境中,均有各自独特的环境色彩所构成的城市景观,由此可见城市的环境色彩在传统的城市个性与特色塑造中均起到了至关重要的作用。随着我国城市化进程的飞速发展,与城市环境质量密切相关的城市景观个性的创造问题也就摆在了我们的城市规划设计师、建筑师、艺术家及管理部门工作人员的面前,并且成为相关专家及主管机构尚需探究与亟待解决的问题。

"环境色彩"是一个新的色彩用语,产生于 20 世纪 60 年代,对它的重视与研究是基于飞速发展的世界性城市化进程而提出来的。随着改善城市生活环境问题的提出,人们萌发了对城市环境行为问题的研究,从研究中发现,在环境的视觉设计中,"形"和"色"是构成与影响城市景观环境效果的两个极为重要的因素。同时我们知道,"形"即形体,"色"即色彩。从大量的视觉测试实验中可知:色彩是人们视觉感官的第一因素,色彩的这种特殊性质对城市景观个性的创造具有重要的意义,城市环境色彩设计概念也正是在这种研究的基础上提出的。

一、环境色彩内涵与作用

1. 环境色彩的内涵

环境色彩作为一个新兴的探究领域,主要是指针对空间实体环境中通过人的视觉所反映出来的所有色彩要素以及由各种色彩要素共同形成于空间实体环境中具有整体风貌效果的色彩的总称。从广义上讲,环境色彩的内涵十分广泛,不但包含空间实体环境中的自然要素(地理环境、气候条件、植被生物、水体土壤)与人工要素(建构筑物、道路桥梁、服务设施、公共艺术),还包括空间实体环境中的人文要素(风土人情、地域文化、宗教信仰、审美习俗)等的色彩现象,并从视觉美学与环境文化两个层面展现环境色彩的意义。视觉美学层面主要通过空间实体环境中的自然、人工等要素来呈现环境色彩的意义;环境文化层面主要通过空间实体环境中的人文要素、社会生活的方方面面来呈现环境色彩的气质及特质。两者相辅相成,共同展现空间实体环境色彩的表现意蕴。显然,环境色彩呈现于人们的生活之中,并对人们的生活产生相应的影响。

与色彩学在相关领域应用的比较来看,空间实体中的环境色彩应用最

为复杂,其范围可以涉及整个人类赖以生存的地球的环境保护与治理以及
生态平衡、稀有动物及自然风景与资源的保护、河湖水源的净化和防止沙漠
化等领域;从微观上来说,一间居室的布置设计,也是空间环境设计的对象。
从空间实体环境的类型来看,环境色彩应用主要包括国土与区域规划、城镇
规划、建构筑物、景园绿地、工程景观、服务设施、公共艺术、室内空间与展示
陈设等空间实体的环境色彩规划与设计应用。因此,在理论、实证和应用等
各个层面对环境色彩进行探究,均应有色彩学家与更多跨界专家学者共同
参与,使环境色彩在规模宏大的空间实体环境规划与设计中得以推广应用,
为未来的城镇与大地环境增色添彩(图 3-2)。

图 3-2　空间实体中的环境色彩探究

1. 意大利米兰城市街道呈现出的环境色彩景观效果;
2. 中国甘肃张掖丹霞地貌展现出的大地环境色彩印象

2. 环境色彩的作用

人们生活在充满色彩的空间环境之中,色彩对人们生活的影响可谓是
无处不在。其蕴含的潜在价值随着环境色彩相关理论研究与实践的进展还
会进一步凸显。而归纳来看,空间实体环境色彩主要具有物理、心理、生理、
识别、调节及文化等方面的作用(图 3-3)。

一是环境色彩的物理作用。由于物体总是处于一定空间环境之中,故
物体色彩的色相、冷暖、远近、大小和轻重感,不仅是物体本身对光的吸收与
反射作用的结果,而且也是物体之间相互作用关系及空间环境影响所造成
的结果。这种关系必然影响着人们的视觉感知,使物体的大小、形状等在感
知中发生变化,这种变化若用物理单位来表示,即称为色彩的物理作用。诸

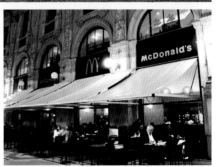

图 3-3　空间实体中环境色彩的作用

如空间实体环境色彩给人们带来的温度感、体量感与距离感等视觉上的感受，如新加坡的城市道路就是利用环境色彩来表现空间上的距离感的案例，即环境色彩的物理作用在空间实体环境规划与设计实践中的具体显现。

二是环境色彩的心理作用。空间实体环境色彩的心理作用主要表现在两个方面，即悦目性与情感性。它们可以给人以美感，能影响人们的情趣，引起联想，乃至具有象征作用。其中，悦目性主要表现在不同年龄、性别、民族、职业的人对于色彩悦目性的挑选不相同：一般年轻人喜爱悦目色，中老年人相反；女性喜用悦目色，男性次之等。而情感性主要表现在色彩能给人们以联想，并且随着人们的年龄、性别、文化程度、社会经历、美学修养的不同，对色彩所引起的联想也是各不相同的。如位于浙江杭州西子湖畔的法拉利精品店，其店内环境满眼炫目的红色早已让人血脉贲张，那迎面扑来的热情将进入店内空间的顾客瞬间带入激情澎湃的赛车现场，将环境色彩的心理作用发挥到极致。

三是环境色彩的生理作用。空间实体环境色彩的生理作用主要在于对视觉本身的影响。人眼对光线的明暗有一个适应的过程，这个过程被称为视觉的适应性。而视觉器官对颜色也有一个适应的过程，这种由于颜色的刺激所引起的视觉变化则称为色适应。色适应的原理经常被用于建筑内外环境色彩设计中，一般做法是把器物色彩的补色作为背景色，以消除视觉干扰，减少视觉疲劳，使视觉器官从背景色中得到平衡和休息。如在医院外科手术室中使用淡绿、淡青的色彩，就是为了消除医生长时间注视血液的红色而产生的疲劳所采用的改善办法。另外色彩的生理作用还表现为对人的脉搏、心率、血压等均具有明显的影响。故许多科学家研究的结果都认为，在内外空间环境中正确地运用环境色彩将有利于人们的健康。

四是环境色彩的识别作用。色彩常常被人们用来表现个性、特点、身份、地位以及领域，这是由色彩的本质所决定的。而环境色彩的识别作用类似于记号与标志，其目的在于视觉传达。成功的环境色彩设计能很好地表现出空间实体环境的功能、个性和特色，并便于人们的识别、发现。例如举世闻名的澳大利亚悉尼歌剧院，其洁白的建筑外观色彩和优美的建筑造型在蓝天碧水的映衬下，似一组乘风破浪的帆影。在那个特定的环境里，没有其他任何形式的设计手法可以取代白色帆影带给人们这样的悦目感受及识别效果，悉尼歌剧院的这组建筑如今已经成为城市的标志，人们只要一见到其图片就能想到悉尼和澳大利亚，其环境色彩的识别作用显而易见。

五是环境色彩的调节作用。色彩调节是根据视觉残像和补色的规律，对空间实体环境的色彩进行调节，以满足其使用者的生理需要和心理需要。色彩调节具有振奋精神、消除疲劳、提高效率及治疗疾病的功效。环境色彩在建筑内外空间环境设计中的作用主要表现在对空间与光线两个方面的调节上，所用手法可综合前面提到的各种办法。其调节的目的就在于能使人们在内外空间环境中获得安全、舒适与美的享受，从而有效地利用光照，使人易于看清，并减轻眼睛的疲劳，提高人们的注意力。在建筑外部空间设计中，环境色彩在交通安全方面起调节作用由来已久。如在城市道路路面环境色彩应用中，在事故多发地段采用彩色路面，以与灰黑色路面有所区别，并起到提示司机注意的目的。此外，环境色彩还有助于形成和谐的空间氛围，通过色彩调节能够让空间实体环境中自然色彩与人工色彩协调及彼此融合，从而产生空间环境整体和谐的效果。

六是环境色彩的文化作用。空间实体环境色彩的文化作用体现在很多层面，大到城市空间环境，小到建筑室内环境，其环境色彩都发挥出令人难以置信的巨大文化潜能，失去文化价值的城市空间环境色彩会令城市形象单调乏味、缺少魅力，进而影响城市的经济发展和文明进程。而不考虑建筑内外环境色彩会使其空间索然无味。现代社会生活环境的快节奏变化及传媒、资讯的飞速发展，导致当代色彩环境复杂多变，在色彩文化的演变中，只有扎根于丰富的传统色彩，才能培育出健康、丰富多样并具备时代特征的色彩文化。如美国连锁快餐机构麦当劳的建筑内外环境色彩结合不同国家和地区的文化背景使用不同的色彩形象，产生的环境色彩功效也具有其独特的文化作用。意大利米兰的麦当劳建筑内外环境色彩基调稳重，大面积采用中性的黑、灰等色，饱和度较高的色彩作为点缀而小面积使用，整体色调与米兰城市环境色彩协调，且符合当地人的审美喜好；中国城市中的麦当劳建筑内外环境色彩基调则偏暖，色彩明度与纯度较高，从而传达出喜庆、热闹的环境色彩意象，给人以亲近的就餐环境氛围。

二、影响环境色彩的因素

从空间实体中环境色彩的规划设计及推广应用来看，对空间实体中环境色彩产生影响的因素包括自然环境和人文环境等内容。

1. 自然环境因素

自然环境因素是指地球表层的各种自然要素，这是影响空间实体中环境形成的基本因素。不同的地理环境造就了地域空间的环境差异,人类一切的社会活动都是改造、适应自然环境的必然结果。自然环境因素对空间实体中环境色彩的客观影响主要表现在地形与地貌、气候与日照、植被与水体及地方性建材等方面(图3-4)。

图3-4 影响环境色彩的自然因素

1~2.地形与地貌; 3~4.气候与日照; 5~6.植被与水体; 7~8.地方性建材

(1)地形与地貌。

地形与地貌是指地势高低起伏变化所形成的地表形态,有高原、山地、平原、丘陵、盆地五大基本地形地貌形态之分。

地形地貌是空间实体环境形成的基础。在《荀子·强国篇》中便有"其固塞险,形势便,山林川谷美,天材之利多,是形胜也"之说。自然地形从整体上影响着空间实体环境的形态风貌,如高原环境的广袤无垠、山地环境的复杂多变、平原环境的一碧千里、丘陵环境的起伏连绵、盆地环境的周高中低等,不同的地形地貌呈现出不同的环境风貌与特色。另外,地形地貌对自然环境色彩也产生影响,以中国不同地域的土壤物质结构为例,东北和内蒙古地区的土壤多呈黑色、栗色;山东、河北等地的土壤基本呈浅棕色;云南、江西、湖南、贵州等地区大多为红色;西北黄土高原上则全部为黄色的土壤等。

地形地貌因素对区域性的材料特征和色谱构成也有影响,并自然而然地使空间实体环境色彩具有明确的地域特点,同时也在空间实体环境与地质状况间建立起联系紧密的视觉感官印象。

（2）气候与日照。

　　气候与日照不仅决定了一个地区的自然景观，并且也是决定空间实体环境色彩的重要因素之一。其中气候作为大气物理特征呈现出的长期平均状态具有稳定性，时间跨度为月、季、年、数年到数百年以上，且以冷、暖、干、湿这些特征来衡量，通常由某一时期的平均值和离差值表现。由于不同地区不同地理纬度、地域与季节等的差别，其气候条件是千差万别的。气候对人们的主观感受和由此而产生的心理反应具有直接影响，如地理纬度上的热带、温带与寒带带给人们的是不同的心理感受，也使人们对环境色彩的选择偏好有所不同。在高温炎热地区，为了减少高温对人所产生的影响，空间环境色彩多以浅色或白色调为主，给人以宁静的心理感觉；寒冷地区则反之，多使用深色调的暖色。再如潮湿与干旱的地区，由于气候条件中的湿度不同，同样会影响到地域色彩的选取倾向。气候湿润地区的空气湿度大、透明度差，影像看起来较模糊，色彩多以明快、醒目的鲜明色为主，如橙色、中黄、淡黄等色彩，以避免灰蒙蒙的天气给人精神上带来压抑感和沉闷感；干旱地区空气干燥、植被稀少，大风和沙尘暴较多，色彩多采用灰色或低明度的暖色调，如中国黄土高原地区空间环境中建筑色彩多采用灰、黄等与环境色相近的低明度色调。

　　日照时间作为一天当中有太阳光照射的时间，随纬度和季节而变化，并和云量、云的厚度以及地形有关。日照对空间实体中的环境色彩也具有影响，美国的 Faber Brirren 和 Harry Walker Henpner 提出了日照时间和色彩喜好关系的理论。在日照时间较长的地区，人们喜好暖色调或鲜艳的颜色。如赤道周边地区的人们几乎都对鲜艳的色彩情有独钟，其建筑外观多为红、粉红、黄、白色等鲜艳的颜色，内部空间多为绿色、青绿色等冷色系的颜色。四季普照明媚阳光的希腊爱琴海空气清新，环境色彩简洁明快，民宅多为浅黄的立面和棕红色的坡顶，清真寺则多为白色的墙面和蓝色的穹顶，形成独特的地中海式环境色彩景观。在日照时间少、雨季长的地区，建筑及环境多使用冷色和灰色系颜色。如中国江南水乡雨季较长，总是处于烟雨朦胧之中，其建筑多以大片白色粉墙为基调，配以黑灰色青瓦、褐色或原木色梁柱、门窗及灰色地砖，由此形成明快且素雅的环境色彩景观效果。

（3）植被与水体。

植被与水体均存在于空间实体环境之中，并对环境色彩具有影响。从空间实体环境中的植被来看，植被是指地球表面某一地区所覆盖的植物群落。依植物群落类型划分，可分为草甸植被、森林植被等。从全球范围来划分，可区分为海洋植被和陆地植被两类。由于植被赖以生存的土地（或水域）媒介的差异，植物群落变化最明显的为气候温度变化为植物生长带来的梯度变化。自海平面到高山，随着高度变化温度递减，植物生长亦随之形成清晰独特的垂直植被景观，基本上可自土黄、蓝绿、墨绿、灰绿再到灰依次变化，亦使植被环境色彩出现变化。

从空间实体环境中的水体来看，它是江、河、湖、海、地下水、冰川等的总称，也是被水覆盖地段的自然综合体。水体不仅包括水，还包括水中溶解物质、悬浮物、底泥、水生生物等。水体呈现出不同的颜色是因为自然水体中含有各种物质造成的。如含有大量泥沙的黄河水呈土黄色，含有大量蓝藻的湖水呈蓝绿色，含有大量血红裸藻的湖水呈铁锈色。而植被与水体呈现出来的环境色彩现象，也成为一种"生态色彩"发生质变的指标，两者亦相互影响。

（4）地方性建材。

地域建筑与环境色彩形成的最重要原因即使用了地方性建材，采用了传统工艺及施工方法。而地方性建材一般是指从原有的自然环境和技术条件下获取的建材，不同地区有着不同的自然地理与技术条件，且加工工艺水平也各不相同，因此各个地区提供的建筑材料也有所不同。从本质上讲，使用地方性建材、采用传统工艺及施工方法是形成地域建筑与环境色彩的根本原因。如法国圣康坦和苏瓦松相距仅 60 km，由于两城建筑用材均以当地材料为主，因而两城的建筑与环境色彩大相径庭。其中圣康坦市使用当地烧制的红砖建造房屋，城市环境呈现出红色主调；苏瓦松市使用当地的石灰石为主材建造房屋，城市环境呈现出灰褐色主调。因此，以土、石作为营建材料的两座城市，建筑与环境色彩在城市基调方面也就表现出强烈的地域性特色。中国福建永定土楼外墙的土黄色彩既显朴实，也给人很久远的印象。贵州镇宁黄果树镇滑石哨布依族村山寨多为石板房，整个村寨都由浅灰青白的石料构筑,在阳光下银光闪烁,月色中凝霜盖雪,其建筑与环境呈现出独特的地方性建材色彩。

2. 人文环境因素

人文环境因素是指在人类活动演变中的人文要素,它也是影响空间实体中环境形成的基本因素。伴随着社会的发展与进步,人类改造自然能力的增强,自然环境因素对空间实体环境色彩的影响逐渐减弱,而人文环境因素对不同地域空间的影响作用逐渐加强。人文因素所包括的因素很多,诸如社会制度、风尚习俗、民族宗教、营造技术等(图 3-5)。

图 3-5　影响环境色彩的人文因素

1~2.社会制度;　3~4.风尚习俗;　5~6.民族宗教;　7~8.营造技术

(1)社会制度。

社会制度是为了满足人类基本的社会需要,在各个社会中具有普遍性,在某一历史时期里具有稳定性的社会规范体系,是人类社会活动的规范体系。它是由一组相关的社会规范构成的,也是相对持久的社会关系的定型化。如在中国古代社会,随着人类发展进程中封建制度的形成,无论在建筑营造、服饰用色等方面都有等级化的规定,并赋予色彩一定的文化和社会含义,色彩也被逐渐赋予了等级观念。周代把统治阶层分为五个等级:天子,诸侯,卿,大夫,士。根据等级,人们的所有行为包括衣食住行都要遵守制度规范,不同等级的建筑所采用的色彩也不同。在儒家经典之一的《春秋谷梁传》中就有"楹,天子丹(朱红色),诸侯黝垩(黑白色),大夫苍(青色),士黈"的描述,这说明在当时楹柱上涂何种颜色已同等级制度联系起来,空间环境中的建筑色彩成为"明贵贱、辨等级"的一种标志。又如皇家建筑为黄瓦、红墙与白色台基,用色鲜明、强烈,以象征至高无上的皇权;而民居建筑色彩多为材料本色,北方多灰色基调,南方则为粉墙黛瓦,即从一个侧面反映出环境色彩的变迁与社会制度关系密切,同时也呈现出中国传统建筑与环境色彩独特的审美观念及文化意蕴。

（2）风尚习俗。

风尚习俗也简称风俗,它是指人类社会长期相沿积久而成的风尚与习俗。所谓"百里不同风,千里不同俗",即恰当反映了风俗因地而异的特点。世界上不同地域和民族的风尚习俗存在着明显的文化差异,形式各异的风尚习俗使得不同地域的人们对色彩的喜好也各不相同,且在建筑与环境色彩的使用上呈现出不同的色彩景观效果。比如英国伦敦和南非的布隆方丹,其空间环境除了有气候和用材等层面的差异外,地区与风俗上的不同使两地在建筑与环境色彩使用上差别很大。居于北半球岛国的英国人绅士、古板、严谨,居于南半球内陆的南非人奔放、外向、自由,这样的差别均反映在他们对于色彩的喜好上,并形成了两地建筑与环境色彩使用上的地域特色。

而美国洛杉矶与日本大阪从地理位置上看是基本处于同一纬度的城市,两城均为现代工商城市,也都有很长的建城历史。其中在美国洛杉矶沿海地区,印第安人在此已居住数千年,建城则始于1542年第一批到达这里的欧洲人,其后的大量移民使之成为一个文化多元的国际性城市。日本大阪历史悠久,在森之宫附近发现的遗迹证明大阪自绳文时代中期就开始有人居住。由于两个城市的风俗不同,现在美国洛杉矶沿海地区浓绿的树丛映衬着红色砖墙与明亮的橘黄色屋顶房屋,而日本大阪心斋桥附近树丛的掩映下呈现的灰色屋顶与深色漆木配白纸窗房屋,在环境色彩上展现出不同的风貌,可见风尚习俗对不同城市环境色彩地域特色产生的影响是巨大的。

（3）民族宗教。

民族宗教是指民族成员所共同信奉的宗教。其中民族是指在文化、语言、历史与其他人群在客观上有所区分的一群人所形成的一个有共同心理素质的稳定共同体。宗教是人类社会发展到一定历史阶段出现的一种文化现象,属于社会特殊意识形态。民族宗教是由氏族-部落宗教(又称原始宗教)发展而来的,从民族宗教的本质上可知其与人类文化发展具有不可分割的联系。各个民族的发展与宗教也部分紧密相连,并且由它们所渗透出来的宗教和民族文化直接影响着一个地区的整体文化内涵,而这些文化内涵又会直接反映在空间实体中,且对环境色彩的表达产生影响。比如汉族喜爱红、黄两色,反映在建筑上表现为留存至今的重要宫殿、庙宇等建筑物多是红墙黄瓦;而伊斯兰教追求的是一种洁净、纯粹的信仰,人们所见清真寺建筑与环境色彩也多由绿、蓝、白、金等构成。

又如藏族,宗教是其精神的支撑。在佛教传入西藏前,西藏信仰本地的苯教,崇尚黑色。在佛教传入后,佛教与苯教融合形成藏传佛教,佛教所崇尚的黄色、红色开始融入本地原有的黑色与白色中,形成了西藏佛教所尊崇的白、红褐、绿、蓝、金等色。藏式建筑中大面积使用的白色及红色,门窗洞口常用的黑色,分别代表了佛教世界中的三层——天上、地上、地下。白色为吉祥的象征,为温和与善良的体现,并总和吉祥如意联系在一起。在高原强烈的日照下,白色异常夺目耀眼,洁白的建筑与蔚蓝的天空形成色彩明朗、和谐的强烈效果。白色的用法较为普遍,无论是宫殿、寺庙还是民居都可以使用,而红色的用法则相对严格,具有特定的宗教文化内涵。红色主要使用在寺庙的个别殿堂和外墙上,大面积洁白的建筑群体烘托出深红的殿堂,给人一种感官上和精神上的强烈刺激,产生一种自然而然的崇拜心情。黑色为驱邪之用,主要用在建筑和外界联系的门窗上,以防外邪入侵。藏族宗教建筑多用金色屋顶、黑色的门窗套,加上局部艳丽色彩图案的点缀。另外,藏族宗教寺院外墙多以黄色和红色为主,民居建筑主要为白色外墙和自然材质的本色,最终形成西藏建筑与环境色彩独特的地域风貌。显然,民族宗教的特殊文化内涵也是影响空间实体中建筑与环境色彩的重要因素。

(4)营造技术。

"营造"一词最早是一个建筑学的概念,指的是古代建筑的施工建设,其后专指建造、构造、编造以及建筑工程及器械制作等事宜。营造技术是指随着自然环境的变化而变化的建筑工程技术,主要表现为对环境的适应和由此产生的相应的技术手段。由于各地的自然气候千差万别,自然资源、地貌特征各不相同,因此为适应地域环境而形成的营造技术种类繁多。诸如中国传统建筑多采取以木构为主,辅以砖瓦围合的建筑形式。为了减少建筑木构件与外界环境的接触并保护木料,出现了建筑油饰技术。最初的油漆是以天然的桐油和大漆为原材料,随着生产技术的提升和原料的丰富,各种矿物颜料开始出现,使合成有色油漆成为可能,木构建筑色彩更富变化。此外,砖瓦制造技术在宋代以前水平较低,不能量产,只是用于宫殿建筑。宋代以后制砖技术得到飞速发展,砖瓦开始在城市建设中得到广泛使用。由于烧制技术的成熟和地域环境的特性,砖瓦以青灰色为主,从而形成不同的城市环境色彩基调。

随着现代建筑营造技术在用材、工艺与施工技艺等层面的巨大进步,城市中营建了造型各异、构造多样、工艺复杂的现代建筑,加上现代建筑表皮用材、涂饰工艺与光照技艺等的发展,城市空间中的建筑与环境色彩更是呈现出五光十色的时尚效果。国内如北京的国家大剧院、上海的环球金融中心与广州琶洲会展中心,国外如英国伦敦的千年穹、阿联酋迪拜的迪拜大厦与美国芝加哥的螺旋塔等,均在现代建筑营造技术发展的基础上,展现出面向未来的建筑与环境色彩的崭新面貌。

综上所述,影响环境色彩的因素还包括环境色彩文化、环境空间尺度、环境景观特点与环境空间体验等,这些因素均是在进行空间实体环境色彩深化研究时,需要结合色彩认知关系的相关维度予以挖掘的,以把握空间实体环境色彩规划与场所设计要点,创造出不断更新、变化的环境色彩时尚视觉效果。

三、环境色彩的基本特性

空间实体中环境色彩的营造应对环境色彩的基本特征予以把握,并从其文化背景和感性认知的层面去认识和读解。就空间实体中环境色彩的基本特性而言,主要包括空间性、文化性、差异性、持久性及公共性等特征(图 3-6)。

1. 环境色彩的空间性

环境色彩即空间中的色彩,其空间性无疑是最基本的特性。在空间实

图 3-6　环境色彩的基本特性

1～2.空间性；　3～4.文化性；　5～6.差异性；　7～8.持久性；　9～10.公共性

体环境中唯有解决了色彩与空间的关系,将色彩的作用与空间结合起来认知,其色彩在空间实体环境中才能发挥更大的作用。一是无论是城市还是乡村、建筑外观还是室内设计等都离不开空间,而空间也离不开色彩;二是色彩可以在某种程度上限定空间,即空间的边界除了位置的属性外,还有形、色、质的特征。色彩的相貌不同,人们感知到的空间也不同,这种不同反映在空间的体量、尺度、形状、比例、分隔等多个方面。

　　首先,建筑内外空间都有体量和尺度,或高大、宏伟,或压抑、沉闷。法国现代建筑大师勒·柯布西耶认为用色彩可以"强化某些体量,削弱某些体量",如他设计的位于法国东部浮日山区的朗香教堂,以及马赛公寓建筑造型与内外空间中,即利用环境色彩的空间特性成功营造了建筑造型的体量和尺度。

　　其次,色彩还可以改变空间的形状、比例,并用来强化与分隔空间。如在荷兰最古老的乌德勒支大学,其教学建筑内部的休息空间运用色彩突出顶部来进行空间分隔。另在法国巴黎蓬皮杜中心图书馆,部分用高彩度的橙红色处理休息室界面,强化与低彩度图书馆部分的区别。

最后,从城市建筑环境整体角度来看,色彩在整体空间序列组织层面所起的作用更大。如位于北京城中轴线上的紫禁城,其环境色彩应用色相对比手法,烘托出抑扬顿挫、高潮迭起的空间序列。其中天安门、午门、太和殿是三大高潮,黄色瓦顶与蓝色天空、蓝绿彩画与朱红门窗、白色台基与深灰色地面形成强烈对比,从而使高潮空间产生巍峨崇高、凌驾一切的色彩震撼魅力。这些主体建筑的内部空间继续沿用同样的色彩处理手法,宫殿内部天花和梁枋多采用蓝绿彩画,门窗施以朱红并以大量金色装饰,用浓墨重彩的方式营造出庄重华贵的气氛。可见环境色彩的空间性往往会令色彩的布局与组合显得个性凸显。

2. 环境色彩的文化性

所谓文化性是指一系列共有的概念、价值观和行为准则,以及个人行为能力为集体所接受的共同标准,文化的基础是象征。环境色彩的产生首先是文化的积累造成的,诸如中国古代北方城市中的灰砖青瓦建筑色彩,古代南方城市中的粉墙黛瓦建筑色彩,欧洲地中海沿岸城市建筑的白色基调,阿尔卑斯山脉周边传统老城中黄灰色和青灰色石块建筑的色彩基调等,均由中外不同环境色彩文化的长期沉淀而形成。

另外,不同国家、社会、传统都会赋予色彩不同的象征意义,暗示某种抽象的精神含义。如印度泰姬·玛哈尔陵建筑的白色象征纯洁、神圣;伊斯兰建筑外观的绿色象征生命永恒;美国波士顿约翰·汉考克大厦的蓝色玻璃幕墙象征高科技时代的来临;中国北京紫禁城金碧辉煌的建筑群及黄色琉璃屋顶在古代象征封建社会至高无上的皇权;而北京天安门城楼的红色外墙作为新中国政治中心的象征。这些具有历史文化价值的建筑与环境色彩往往比一般城市具有更突出的特征。

3. 环境色彩的差异性

由于色彩载体的差异性,环境色彩有自然色和人工色之分。其中自然色由土地、山脉、水体、天空、植被等物体的色彩组成。人工色则由人类活动创造的建构筑物、工程景观、公共设施等物体的色彩组成。由于城市是人工环境面积最大的场所,因此环境色彩组成具有独特的表现性质。另外,现代城市在体积、高度、密度上都超过了以往的城市,因而城市周边地区受环境色彩的影响很大,并且由于色彩面积大小的差异,会使人产生不同的心理感受,因此环境色彩的差异性也是至关重要的考虑因素。

4. 环境色彩的持久性

由于色彩载体的持久性不同,环境色彩也可以分为固定色、临时色和流行色等。其中固定性环境色彩指能够相对持久保留的色彩,如建构筑物、常绿树木、标识设施等的色彩都是可以保留比较长时间的,不少历史文化名城的环境色彩均具有文化遗产保护的持久性需要。而临时色往往是指短时间可以更换的载体色彩,如城市广告、标牌、灯饰、橱窗、窗台摆设等。流行色则是由于人们所形成的时尚色彩风尚,如服饰、车辆、陈设物品等的色彩都是流行的。对城市与乡村、建筑内外空间等环境色彩而言,环境色彩的持久与稳定等是环境色彩呈现的重要特征。

5. 环境色彩的公共性

环境色彩是空间实体共性营造的基础,生活在空间实体环境中的人们共同承受着环境色彩带给人们的各类视觉感受。如上海世博会中国馆所用的"中国红"以及道路交通标识中所用的色彩,均具有环境色彩的公共性。可见,在进行环境色彩景观规划设计与控制管理等工作时,需要综合考虑人们对于环境色彩的认同感,处理好环境色彩的公共性。同时,随着人们生活水平的不断提高,人们对环境色彩景观品质的要求也在不断地提高,让公众参与到环境色彩景观的规划、设计和管理工作中来,也是公共性在环境色彩营造中的特色体现。

第二节 城市环境色彩规划设计的发展及实践

城市作为人类文明的载体,其面貌是区域的地域、文化、民族等特征最直接、显性的反映。而环境色彩是城市空间中最活跃的因素之一,城市空间中的任何景物都不能脱离色彩而存在。若从城市空间营造的宏观层面来看,在古今中外城市发展的历程中,也不乏成功的环境色彩之作,如意大利具有悠久历史的文化名城威尼斯,法国的世界文化之都巴黎,日本古代文化发祥地之一的奈良,加拿大的最宜居城市多伦多,新西兰第一大城市奥克兰,邻近两洋的南非名城开普敦,中国以色彩丰富、对比强烈而著称的北京等,其城市环境色彩在展现城市风貌特征的同时,也彰显出所处城市空间的文化品质(图 3-7)。

图 3-7　城市环境色彩彰显城市空间的文化品质
1.意大利威尼斯的城市环境色彩;　2.法国巴黎的城市环境色彩;
3.日本奈良的城市环境色彩;　4.加拿大多伦多的城市环境色彩;
5.新西兰奥克兰的城市环境色彩;　6.南非开普敦的城市环境色彩

一、城市环境色彩的意义及规划设计目的

城市环境色彩作为一个内涵丰富、外延广阔的概念,主要是指城市空间实体要素通过人的视觉感知反映出来的相对整体的色彩面貌。就城市环境色彩而言,它不仅包括城市空间中建构筑物、市政工程、植被水体及土壤山石等的色彩,也包括城市空间中人的服饰、服务设施、公共艺术及街头装饰物品等的色彩。由于色彩具有第一视觉特性,人们对色彩的关注远远超过物体的形态,色彩还是城市空间中最突出、夺目的景观元素。绚丽多姿的城市环境色彩可使城市空间更具魅力,诸如不管是中国碧海蓝天、绿树红瓦的滨海城市青岛的环境色彩,还是法国巴黎新城拉德芳斯以金属、玻璃幕墙与

钢筋混凝土等用材构成的现代城市环境色彩,以及迪拜建设中拥有科幻特色的未来之城的环境色彩等,其城市环境色彩均以独具的视觉特点印象展现出城市的文化品位、人文魅力和地域风情。由此可见,对城市环境色彩特质的挖掘,目的在于营造具有个性与特色的城市色彩风貌(图3-8)。

图3-8 城市环境色彩可展现出城市空间的文化品位、人文魅力和地域风情

1.中国青岛的城市环境色彩; 2.法国巴黎新城拉德芳斯的城市环境色彩;

3.迪拜的城市环境色彩

进行城市环境色彩规划设计即在城市空间中以色彩为载体来诠释城市文化,彰显城市精神,表现城市个性,展现城市特质,这既是城市环境色彩规划的终极追求,也是城市环境色彩设计的理想目标。

二、国外城市环境色彩规划设计实践与探索

从现代意义上的城市环境色彩规划设计来看,最早进行这项工作的城市当推意大利的都灵市。19世纪初至19世纪50年代,都灵市政府在当地建筑师协会的建议下对城市的环境色彩进行了规划与设计,并于1845年由建筑师协会向公众发表了都灵市城市环境色彩图谱。图谱中的色彩都被编号,且以此为参考对城市空间中的房屋重新粉饰。意大利都灵市的环境色彩规划注重城市建筑与街道、广场风格的统一,部分主要道路和广场的环境色彩设计非常细致,虽然当时对城市环境的色彩调查缺少一定的客观性和科学性,但从某种意义上讲,都灵市的城市环境色彩规划设计工作掀开了城市环境色彩调查与评价探究的序幕,也让都灵市这座工业城市以"都灵黄"树立起城市独有"色彩"的品牌形象(图3-9)。

在20世纪40年代,葡萄牙首都里斯本市政当局也为该城制定出了城市

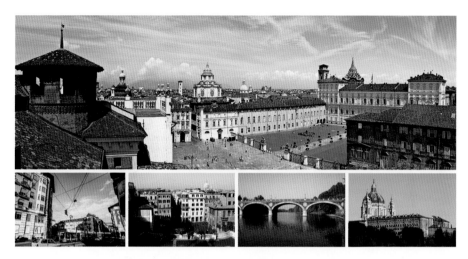

图 3-9　意大利都灵市的城市环境色彩规划设计

环境色彩方案。欧洲许多城市在第二次世界大战后的重建中提出了城市保护理念，由此对城市环境色彩规划设计工作也产生了推动作用。尤其是从20世纪50年代起，人们厌倦了城市千篇一律的灰色调，利用重建对城市环境色彩进行了规划设计，如波兰的华沙、英国的考文垂、乌克兰的基辅、匈牙利的布达佩斯、意大利的米兰、德国的柏林等，重建后的环境色彩均得到相应的改观，其城市环境色彩规划与设计也引起城市主管机构的关注（图 3-10）。

　　20世纪60年代，法国著名色彩设计大师让·菲力普·郎科罗针对工业社会提出了保护色彩自然环境和人文环境的问题，并率先提出了"色彩地理学"的概念。郎科罗认为，一个地区或城市的建筑色彩会因为其在地球上所处的地理位置的不同而大相径庭，这既包括了自然地理条件的因素，也包括了不同文化所造成的影响，即自然地理和人文地理两方面的因素共同决定了一个地区或城市的建筑色彩。对于城市来说，其城市景观特质和环境色彩就是资源，具有其他城市不可替代的价值。为此，郎科罗对整个法国乃至世界上百余个城市的环境色彩展开过调查，并创造出一整套以实地调研与分析为主的方法，为城市环境色彩规划、设计与管理提出了一套全新的思路与方法。郎科罗领导的法国巴黎三度空间色彩设计事务所在城市环境色彩

图 3-10　城市保护理念下的欧洲环境色彩的规划设计

1.波兰华沙的城市环境色彩；　2.英国考文垂的城市环境色彩；

3.乌克兰基辅的城市环境色彩；　4.匈牙利布达佩斯的城市环境色彩；

5.意大利米兰的城市环境色彩；　6.德国柏林的城市环境色彩

方面走在世界前列，该事务所不仅完成了法国主要城市的色彩调查，并在全法国展开了这项调查工作，以便从整体上对法国进行国土环境的色彩规划，其中许多研究工作具有实验性和开创性，如现在被广泛赞誉的巴黎米黄色基调就是其突出成果之一。同时郎科罗的色彩理论也得到学术界的广泛认同，对世界各地色彩研究机构的探索工作具有深远影响（图 3-11）。

　　20 世纪 70 年代，东京市政府邀请郎科罗教授作为项目负责人，委托日本色彩研究中心对东京进行了城市环境色彩的调研，其目的主要是解决传统景观与现代景观之间的融合问题，调研总结出了《东京色彩调研报告》，并经过不断完善与修改，制定了世界上首部具有现代意义的城市色彩规划——《东京城市色彩规划》。1972 年，日本京都以保护古都风貌为出发点，以本地古建筑群色彩为基调，颁布了对城市建筑的颜色所作的限制性规定；位于九州地区东南部的宫崎县也建立与自然协调的城市环境色彩标准；神户市也于 1978 年颁布了《城市景观法规》，并对城市环境色彩的运用进行了规定。日本色彩规划中心是日本乃至亚洲地区当时针对城市环境色彩进行研究的机构，主要工作就是为日本的城市管理部门研究制定城市建筑色彩实施法令。该中心的工作方法在很大程度上借鉴了郎科罗的方法，但在实

图 3-11 法国巴黎受到赞誉的城市环境米黄色基调

地色彩采样中使用了电子彩色分光测量仪器,从而为该地区未来进行城市环境与建筑色彩规划设计提供了更加精确的数据库,也使其规划设计成果表现得更为准确。如日本建设省分别于 1981 年和 1992 年推出的《城市规划的基本规划》和《城市空间的色彩规划》法案,即由该中心专家委员会批准后才能生效及实施(图 3-12)。

　　20 世纪 80 年代,英国的色彩设计师米切尔·兰卡斯特应邀为英国伦敦泰晤士河两岸进行了环境色彩规划设计。该项工作通过将整个流域的环境色彩与景观有机结合,以此强调河流流域固有的连续性,规划设计将泰晤士河分为不同区段,各个区段提出不同的环境色彩规划设计方案,这使泰晤士河两岸缺乏整体性的现状有了很大的改变。从 1981 年起,色彩专家哥瑞特·斯麦迪尔教授对挪威朗伊尔城也进行了环境色彩规划设计,经过前后近 20 年的努力逐渐实施完成,其环境色彩效果不仅为该城带来良好的景观,还使这座原本接近衰败的工业小城由此一跃成为挪威著名的旅游城市,也

图 3-12　日本 CPC 机构完成的城市环境色彩设计成果

1.京都市的古都风貌保护及环境色彩；　2.宫崎县建立与自然协调的环境色彩；

3.神户市的城市环境色彩

为城市创造了显著的经济效益(图 3-13)。

图 3-13　20 世纪 80 年代完成的城市环境色彩规划与设计成果

1.英国伦敦泰晤士河两岸的环境色彩景观效果；　2.挪威朗伊尔城的环境色彩景观效果

20 世纪 90 年代,德国波茨坦地区委托瑞士色彩学专家维尔纳·施皮尔曼教授进行城市环境色彩规划设计,其环境色彩方案将城市主调色定位为沉稳的氧化红色系和赫黄色系,城市辅调色为灰色系和白色,蓝色系则充当了点缀色,这种色彩规划理念实施后得到多数市民和观光游客的认可。

日本色彩设计家吉田慎吾于 1994 年主持了立川市法瑞特区城市更新项

目,并为该地区的发展计划所需提出了适宜的城市景观实施方案。另外,吉田慎吾还指导了该方案的实施与建筑设计,在实际施工中将该地区建筑材料悬挂在建筑外立面上与相邻建筑进行比较,以确保色彩方案得到有效落实。1995年,由大阪市役所计画局联合日本色彩技术研究所共同主持了大阪市色彩规划项目,在对大阪市现状色彩进行全面调研的基础上,最终确立以同一和类似调和的色彩搭配方案为基本原则,以色调强弱产生变化的城市色彩规划方案,此外,还针对大阪市的各种城市功能区域制定不同的色彩规划方案,并对建筑物提出推荐色谱和禁用色谱,最后完成了《大阪市色彩景观计划手册》的制定,为城市的环境色彩管理提供了有效依据(图3-14)。

图3-14　20世纪90年代完成的城市环境色彩规划与设计成果

1.德国波茨坦的城市环境色彩景观效果;　2.日本大阪市的城市环境色彩景观效果

　　进入21世纪,日本政府于2004年通过了《景观法》为其城市营造护航,日本国土交通省在近年还出台了《建设美丽国土政策大纲》,并制定出19项跟进措施,展现出日本的景观管理理念和发展动向。日本要求在完成城市规划与建筑设计的最后一个环节进行色彩的专项规划设计,即使是城市住区规划,也要求必须完成新建住区成套的环境色彩规划设计,且提交主管部门通过后方可实施;印度拉贾斯坦邦的行政中心斋浦尔于2010年针对新旧城区城市环境与建筑色彩,在专门颁布的《斋浦尔地区建筑规范》中要求通过对大型公共建筑逐项推行,以实现对城市环境与建筑色彩进行设计和管理控制,从而延续莫卧儿王朝以来印度斋浦尔城独特的城市风貌。地处南美洲的阿根廷近期在邻近布宜诺斯艾利斯的博卡社区历史文化遗产保护中，通过实地调研、分析研究，以寻找出博卡历史文化遗产区域的色彩和其他特征，从而在环境与建筑色彩层面实现对重大历史文化遗产的保护。

韩国为了规划及控制城市高层公寓建筑的色彩，也于近期通过实地调研对现有高层住宅的外观色彩形象进行提炼，筛选出 208 个标准色并通过计算机色彩模拟建立的评估场景进行分析与评估，以找出一套城市高层公寓建筑最佳的色彩搭配系及色彩规划指南，用以指导高层公寓建筑的色彩设计，以保证高层公寓外观最低限度的色彩协调。如今，世界上许多发达国家的城市都设有城市环境色彩专门研究机构，已经制订和推出适合不同城市环境的色彩法规及形式多样的城市环境色彩规划设计方法（图 3-15）。

图 3-15　21 世纪以来完成的城市环境色彩规划与设计成果
1. 印度拉斋普尔的城市环境色彩景观效果；
2. 韩国首尔的城市高层公寓环境色彩景观效果；
3. 阿根廷布宜诺斯艾利斯博卡社区的城市环境色彩景观效果

三、我国城市环境色彩规划设计实践与探索

我国对城市环境色彩规划设计的理论探究与实践，是在引入环境色彩相关理论的基础上展开的。我国台湾学者从 20 世纪 80 年代初便要求在城市规划与建筑设计的最后一个环节作出环境色彩的专项规划与设计，以便与城市的整体环境色彩相协调，并在此基础上力争塑造出富有个性的城市景观环境。

我国于 20 世纪 80 年代中期引入城市环境色彩的相关理论和规划设计方法，目前从互联网上所查到最早发表的有关介绍国外城市环境色彩的论文是发表在《城市》1995 年第 2 期的《试论现代城市的环境色彩设计》一文。该文从城市环境色彩设计产生的背景，城市环境色彩是城市景观个性化创

造的重要因素以及城市环境色彩设计的调查、设计和管理方法多个层面对现代城市环境色彩设计予以解析与推介。其实笔者从 1985 年 6 月进入原武汉城市建设学院,即从学院图书馆外文阅览室看到日本色彩设计家吉田慎吾所著的《環境色彩デザイン——調査から設計まで》原版图书,该书于1984 年由日本美术出版社出版(图 3-16),由此使笔者有机会成为较早接触"环境色彩"这个方面的学者之一。笔者依据本书及相关外文原版刊物,结合任教的风景园林系教学和工程设计实践需要,以敏锐的视角于 1989 年完成《现代城市景观个性创造的重要因素——城市的环境色彩设计》一文的撰写,该文入选 1989 年中国流行色协会学术交流会并获优秀学术论文奖,后以《城市景观与环境色彩设计》为题发表在中国流行色协会会刊《流行色》1992年第 2 期。只是当时对现代城市环境与建筑色彩的研究不受学界与业行重视,直到 20 世纪 90 年代以后,随着一批批海外学成归来的学者的著书、撰文等推介,国内对现代城市环境与建筑色彩的研究才逐渐活跃起来,并有一系

图 3-16 《環境色彩デザイン——調査から設計まで》

列环境色彩理论层面的探究成果呈现于学界与业界。这些成果从不同角度对城市环境色彩规划设计予以解读,对其后的城市环境色彩规划设计实践工作具有重要的参考意义。

而伴随着中国城市化进程的快速发展,环境色彩作为城镇空间特色塑造中的一环。从20世纪90年代以来,不少城市的城市规划、建筑与环境艺术设计师们在进行城市环境规划设计的过程中,尝试将环境色彩设计纳入城市、建筑、景观与室内等环境中予以考虑(图3-17)。如于1997年6月建成的黑龙江哈尔滨中央大街是国内第一条改造而成的商业步行街。而哈尔滨确定的城市环境色彩主色调为米黄色和白色,这样的环境色彩关系从整治一新的哈尔滨中央大街即可看出,只见街道两旁的建筑均以浅黄色、浅灰色为主调,以体现古朴、淡雅、明快、温暖的城市地域色彩环境特征。所有沿街的暖黄色调为主的建筑保持色相不变,对色调不协调的偏冷、偏重的建筑一律重新刷色。沿街建筑色彩较重或过纯的,本着恢复原貌的宗旨,也改深色为浅色,并用淡雅的色彩增强沿街建筑的古朴特色,通过这样的调整,既突出了中央大街原有的天际轮廓线,也消除了破坏街道天际线的各类尖顶上不协调的环境色彩,又强化了中央大街的历史文化内涵和活泼的建筑特色。上海浦东是20世纪90年代后发展起来的城市新区,以海派风格著称的上海城市建设,在浦东新区环境色彩方面也结合发展的需要,将国外许多最新的设计手法用于浦东新区城市建设实践中,如黄浦江边浦东新区建筑群所展现出的城市环境色彩设计效果就表现出其特有的城市个性风格。1999年,为纪念中华人民共和国成立50周年,北京市对北京天安门广场及长安街两侧新旧建筑群外观进行城市环境色彩综合整治,使北京这一具有国家形象特色的中心区域环境色彩显得更加庄重、恢宏、大气与和谐,展现出北京以"复合灰"色系作为城市环境色彩基调的组配关系。

进入21世纪,中国已进行及正在进行的环境色彩规划设计实践的城市越来越多,有诉求的城镇更是规模巨大。从城市环境色彩规划设计实践探索来看,可将其分为以下几个层面予以归纳。

1. 在城市历史风貌及其旧城文化保护区维护层面

将环境色彩规划设计导入城市历史风貌及其旧城文化保护区维护层面

图 3-17　中国城市化进程中城镇环境色彩特色塑造

1. 黑龙江哈尔滨中央大街的米黄和白色展现出城市的环境色彩特色风貌；

2. 上海浦东新区建筑群展现出的海派城市环境色彩设计效果

的环境色彩规划设计在延续城市历史文脉及维护城市文化风貌方面发挥出重要的作用(图 3-18)。

图 3-18　城市历史风貌及其旧城文化保护区维护层面的环境色彩保护规划

1. 江苏苏州古城街景城市色彩规划效果；

2. 贵州荔波县城风貌规划及旧城区环境色彩保护规划效果；

3. 北京什刹海历史文化保护区传统色彩风貌保护规划

2. 在城市景观特色规划及空间形象设计重塑层面

环境色彩规划设计引入城市景观特色规划及空间形象设计重塑层面的环境色彩规划设计作为专项规划与设计内容，在不同地域城市景观特色重塑及提升城市空间形象品位方面具有推广应用价值(图 3-19)。

3. 在城市开发新区整体规划及环境设计创新层面

步入 21 世纪以来，我国在城市开发新区整体规划及环境色彩规划设计方面取得一系列具有探索性的成果，环境色彩已经成为城市开发新区整体规划及环境设计创新的亮点，以及城市空间表现的新标志、新目标及城市文

图 3-19　城市景观特色规划及空间形象设计重塑层面的环境色彩保护规划

1.福建厦门市城市色彩规划效果；　2.浙江嘉兴市城市环境色彩规划效果；

3.新疆维吾尔自治区阿勒泰城市环境色彩保护规划效果；

4.山东青岛市城市环境色彩规划效果；　5.甘肃嘉峪关市城市色彩规划效果；

6.云南昆明市"昆明故城"环境色彩规划效果

化表述的新内容等,城市规划与设计由此进入环境色彩时代(图 3-20)。

4. 在城市标志建筑造型及内外环境空间营造层面

环境色彩规划设计在城市标志建筑造型及内外环境空间营造中所起的作用包括主体构形、同步构形、辅助构形与功能构形等。

在城市具有标志性建筑的造型及内外环境空间营造中加强对环境色彩语言的运用,不仅展现出建筑造型的个性与特色,也为城市环境色彩景观营造范围的拓展提供设计实践探索方面的参照案例及表达的路径(图 3-21)。

5. 在色彩表示系统建构及传统建筑色彩调研层面

国家相关部门与科研院所从 20 世纪 80 年代后期起,已逐步推进与完成了环境色彩方面一系列具有价值的基础工作。诸如从 1988 年起,由中国科学院王大珩、荆其诚两位院士挂帅带领的团队,历经近十年的探索完成了颜色应用系统的建构,并通过中国色彩标准化技术委员会的鉴定。国家技术监督局于 1995 年 6 月发布中国颜色体系的第一个国家标准《中国颜色体系》(GB/T 15608—1995)。与此同时,由中国建筑科学研究院物理所牵头完成

图 3-20 城市开发新区整体规划及环境设计创新层面的环境色彩保护规划

图 3-21　城市标志建筑造型及内外环境空间营造层面的环境色彩保护规划

1.广东深圳市民中心色彩景观；　2.江苏南京南站色彩景观；

3.湖北武汉新能源研究院色彩景观

了"建筑色彩体系和建筑色卡"研究，从而为中国建筑色彩确立了标准并为其应用提供了基础。另由中国建筑科学研究院物理所、国家文物局等 6 个单位联合，对中国古典建筑的色彩标准进行研究，并建立了中国古典建筑色彩数据库，为中国古建筑的保护与修复等工作的展开提供了可查的建筑色彩依据。

1991—1993 年，在北京自然科学基金会的资助下，北京建筑设计研究院对中国传统建筑装饰、环境、色彩进行了专题研究，调研涉及北京、西藏、广西、皖南、海南、新疆维吾尔自治区 6 个地区，其成果填补了中国在传统建筑色彩研究领域的空白。

2004 年，由中国流行色协会组织国内色彩专家开展的历时近一年而完成的《中国城市居民色彩取向调查报告》，是国内首次就色彩对城市居民进行较为系统和完整的调查分析和研究，该报告从城市、建筑、环境与公共设施色彩等方面对城市居民色彩取向进行调研和分析,且成为中国的色彩研究从定性向定量转变的标志(图 3-22)。其后推出的年度调查报告在调查城市的数量和样本上都有所扩展,还增加了调查内容及专家评述等,真正实现了中国色彩研究的"让数据说话"。

图 3-22　城市色彩表示系统及传统建筑色彩调研层面的应用系统建构

1. 中国古典建筑的色彩标准图谱;
2. 中国流行色协会组织完成的《中国城市居民色彩取向调查报告》

　　进入 21 世纪以来,由于城市环境风貌特色营造所需,城市环境色彩规划设计受到城市各级政府与主管部门的重视,先后有一系列的城市环境色彩规划设计项目完成且在不同城市得以应用。在这些面广量大的环境色彩规划设计中,国内相关高校、城市规划及建筑设计研究院所、环境色彩专门设计机构、各级城市政府与管理部门等成为城市环境色彩规划设计实践工作的推动者及参与者,对中国城市环境色彩的规划设计实践工作的开展起到重要的促进作用。只是处于自主、探索阶段的城市环境色彩规划设计实践工作在城市环境建设及风貌特色营建等层面必须上升到一定高度去认识,以使不同城市的文化价值、空间场所精神及景观个性特色在环境色彩规划设计中能更好地体现。

第三节　城市景观营造中的环境色彩设计方法

　　城市景观个性与特色的营造是现代城市空间环境设计需要考虑的主要

问题之一。现代城市空间环境设计研究的重点是三度空间环境与人的活动关系。城市空间的个性与特色营造是一个城市内在素质的外部表象。从广义来说，它与人类文明的进程有着密切联系，从狭义来看，人们最初感受到的城市形象即是这个城市的景观和空间。那么城市景观个性与特色的营造，其设计依据是什么呢？根据环境行为研究的理论可知，愉悦的城市景观环境主要由两个要素组成，即实质设施上的视觉美感的满足和场所特性上心智认同的归属。

环境色彩设计作为城市景观系统构成中的重要因素，正是围绕城市空间实体环境来展开的，环境色彩恰恰具有视觉美感上最易辨认和理解的识别作用，从而能够达到城市空间场所特质上的心智认同。就城市景观营造与环境色彩设计两者的关系而言，一是环境色彩设计是城市景观大系统中的有机组成部分，环境色彩设计在城市景观营造中被视为一个特殊的子系统，应避免使环境色彩与城市空间结构分离认知的趋向发生。二是需要科学定位城市景观营造中环境色彩的设计定位，凸显其环境色彩设计在城市景观系统中的重要作用，既要关注城市空间中建成区对环境色彩设计的影响，更需强调城市空间中自然地理因素、人文环境背景对其环境色彩设计造成的影响。三是在探究城市景观个性与特色营造策略时，应弄清环境色彩设计与城市空间形态的结构关联，不仅关注城市空间中的主导色彩，还需按照城市空间的功能结构提出各个功能分区的环境色彩策略，并且通过对城市空间实体及细部环境色彩的控制，来展现城市景观营造中环境色彩设计的特征，直至为城市主管部门及相关机构制定城市环境色彩管理规则，防止环境色彩设计不当给城市空间带来视觉污染，并提供行之有效的科学依据。

一、城市环境色彩设计的相关工作

从目前城市空间中环境色彩规划设计实践来看，城市环境色彩设计不同层面的相关工作步骤主要包括调查、设计及管理。

（一）在城市环境色彩调查层面

从各个国家成功的城市环境色彩规划设计实践经验可知，城市景观的环境色彩设计方法主要应该立足于从调查了解城市环境色彩的现状资料着手，即首先弄清城市色彩的地理环境、风土人情和文化特征。由于城市所处的地域不同，城市景观的形成也各有区别，一般来说，城市环境包括建筑物所呈现出来的色彩都富有地方性，并带有民族文化的印记，因此了解色彩相关的风土民俗以及这个城市的历史、文化和未来的发展前景是构筑城市景观个性特色不可忽视的因素。

目前，国际上对于城市环境色彩的调查基本借用了法国巴黎三度空间色彩设计事务所的色彩设计大师让·菲力普·郎科罗和日本 CPC 机构共同确立的方法，并结合国内不同城市的具体情况展开工作（图 3-23）。

图 3-23　国际上在城市环境色彩调研方面运用的调查方法

具体地说，可将其步骤分为调查基本计划的确立与调查对象的确定，对调查对象进行拍摄与色彩采集（预备调查），测定对象色彩分布状况与进行对象色彩的整理，调查使用色标的制作，在调查现场利用色标测定色彩，并将调查情况予以记录（实际调查），将现场记录的色标和现场所拍照片进行对照，制作调查色彩表格，将所测色标计算成孟塞尔色彩数位，并制作出色度图等六个方面的内容。其具体工作依据上述内容获得调查对象的现场测试资料，再加上对建筑材料的材质、所用色彩的面积比率及地方发展方向、

157

市民意象等因素进行综合分析后,即可提出所处城市的环境色彩设计计划。

(二)在城市环境色彩设计层面

城市环境的色彩设计是在调查、分析、提案的基础上进行的,除按色彩设计的原则进行设计外,还需结合城市的特点及个性等要素进行综合考虑,并密切注意把握现代色彩设计思维方式的转变,以便掌握设计的最新动向。此外,设计中还必须考虑环境色彩的设计意念、思考方法、配置形式及现场测定,只有完成了这些工作,城市环境色彩设计才能做得相对全面。设计时还必须事先落实以下内容:在设计提案中,将使用多少种颜色和多大的面积才有色彩变化,同一种颜色将重复多少次。所有这些都与城市环境的造型处理、大小尺寸、表面品质密切相关。色彩的组配应以协调为原则,同一色彩或同一色调要形成一致性,同一色系及相近色调则要形成相关性,不同色系及互补色彩还要形成和谐对比关系。

在完成城市环境色彩设计后,设计的图面工作暂告一个段落,接下来要做设计色彩的现场测试。常见的作法是将提出的几套色彩设计方案所做的色标放入基地现场,在现场光线下,以基地为背景,从不同角度拍摄照片,从中选择最佳方案,然后制定出正式的设计定案。另外,城市的环境色彩设计还可以通过周密的设计计划达到理想的效果,但要最终实现设计的目标,还取决于建筑材料和色料的挑选。因此可以说,只有当我国的建筑材料及建筑装饰材料产业发展到一个较高的水准,富有特色及个性的城市环境色彩才可能最终实现。

(三)在城市环境色彩管理层面

要创造和谐的城市环境色彩,对城市环境色彩进行管理是必需的。现代城市在视觉感受方面出现混乱的原因,除了其他的污染源外,杂乱无章的城市色彩也是原因之一。所以在现代城市中,必须按照一定的规章管理、控制城市色彩,以防视觉污染泛滥成灾。同时还必须使城市的环境色彩能与城市的整体风格协调,让城市色彩的和谐感和秩序感能够成功地展示出来。在城市的交通管制、公共空间及特殊行业等领域,还需对城市中的标志性建筑物、公共设施、广告招牌、商业橱窗、城市照明、装饰灯光进行统一管理,而且要求主管部门带头实施。只有这样,才能够创造出愉悦的城市环境色彩。

此外增强这方面的宣传教育,提高广大市民色彩文化欣赏的水平,引导市民参与管理,使创造良好的城市环境色彩成为一项意义深远的社会工程,这才是解决城市环境问题的根本所在。

二、城市环境色彩的调研方法

对城市环境色彩现状调研是进行城市环境色彩分析评价的基础性工作,目的是要认知城市环境色彩的现状与特质。而城市环境色彩调研工作对所在城市环境色彩现状的分析评价及后期规划控制的科学性具有直接影响,切不可等闲视之。

我们知道,影响一个城市环境色彩的构成因素既复杂又多样,在现状调查过程中,一方面应将各种因素全面纳入考察范围,另一方面,现状调查应具有可操作性,这是实现良好有效的城市环境色彩规划控制及景观特色营造的关键。城市环境色彩现状调查的范围包括城市空间中以建构筑物与工程等为主要对象的硬质景观,也包括城市空间中以绿化植物与水体等为主要对象的软质景观,还包括城市空间相关区域中的自然和人文等间接环境色彩现状。

(一) 现状数据的采集

对城市环境色彩现状的调研也就是对城市环境色彩现状中相关数据的采集。目前国内进行城市环境色彩规划设计的实践,对城市空间中环境色彩的现状调研,即通过现场拍照、归类整理等方式来采集城市环境色彩信息,建立城市环境色彩资料库(图3-24)。

从城市环境色彩现状相关数据的采集与获取来看,其调研的范畴主要包括显性和隐性两个层面。其中显性层面是指能够直观形象解读的城市色彩现况,包括对城市概况、自然地理及历史人文信息等背景信息的收集;隐性层面是指需要通过间接的语言方式分析出来的城市环境色彩取向,包括城市空间中相关环境色彩的成因与相关信息的获取。

1. 对城市概况、自然地理及人文信息等背景信息的收集

城市色彩现况是城市空间中由不同层次因素构成的复合系统,主要从城市概况、自然地理及人文信息等方面进行背景信息的收集。

图 3-24　城市环境色彩现状的调研

1～4.环境色彩现状数据的采集；　5.城市环境色彩资料库的建立

城市概况包括城市的区位（地理、文化、与周边城市的关系）、性质、规模、演变、定位、未来发展的取向等内容。

自然地理包括城市的气候条件（气温、降水、湿度、云量和日照，以及大气污染状况）、独有的地理地貌、水体与植被等特征。这是城市环境色彩规划设计的必要条件。

人文信息包括城市的社会制度、风尚习俗、民族宗教、营造技术等。对人文信息要素的挖掘，在一定程度上反映出对城市环境色彩及风貌特征的认识水平。

2. 对城市空间中相关环境色彩的成因与相关信息的获取

城市环境色彩取向也是现状调研的基本内容，目标在于对城市空间中相关环境色彩成因与相关信息的获取，调研的内容主要通过对所在城市文献研究及人群调查两方面来获取。

所在城市文献研究涉及的文献资料包括所在城市的地方志、建设志、地域文化研究成果，城市博物馆、规划馆、档案馆等地的文献和图像资料，以及历史遗留建筑与街区可供考证的城市空间实景等内容。文献研究的目的在于让参与所在城市环境色彩的设计师加深对城市历史特色、发展脉络、社会意识等可能对城市环境色彩产生影响的相关因素有一个的客观认知。

所在城市人群调查是对所在城市不同层次居民与外来人群等的调查，主要包括人们对城市环境色彩的关注程度、色彩观念、传统习俗、审美意趣及未来趋向等内容,进而发现所在城市环境色彩存在的问题,从城市人群调查层面找到环境色彩规划设计的目标和方向。

城市环境色彩现状的调研主要包括以下三个层面的信息,如表 3-1 所示。

(1) 城市空间及周边环境中自然色彩信息收集,如地貌、土壤、天空、水体与植被等色彩信息的获取。

(2) 城市空间中具有历史及传统价值的人工环境色彩信息的收集,如城市历史街区、传统建筑物和构筑物、工程景观、留存的文化遗迹及相关物品等。

(3) 城市空间中现代人工环境色彩信息收集,如城市空间中的建构筑物、工程景观、服务设施、公共艺术与交通工具等。

表 3-1　城市环境色彩现状数据采集工作的内容

调查数据采集的基本内容		调查数据采集的具体内容	数据采集信息获取方式
城市基本信息	城市基本信息	区位、性质、规模、定位等	文献查阅
	自然地理信息	气候(气温、降水、湿度、云量和日照)、地理条件等	文献查阅
	人文历史信息	社会制度、风尚习俗、民族宗教与营造技术等	文献查阅与实景考证
城市环境色彩现状信息	自然环境色彩信息	地貌、土壤、天空、水体与植被等	记录环境色彩数据
	传统人工环境色彩信息	城市历史街区、传统建构筑物、工程景观、留存的文化遗迹及相关物品等	现存实景:精确测定色彩数据
			遗址记载:通过文献查阅推测
	现代人工环境色彩信息	建构筑物、工程景观、服务设施、公共艺术与交通工具等	精确测定与记录环境色彩数据

日本柯尼卡美能达 CS-200 亮度计采用光谱分布（类似于用于校正仪器的光源的光谱分布）测量光源，并使用与肉眼灵敏度相符的光谱灵敏度特性曲线（等色函数）进行计算。通过使用这种方法可以避免滤波器的不匹配，从而获得更加准确的测量结果。柯尼卡美能达 CS-200 亮度计主要应用于 LED 和其他小型光源的色度和亮度测量，钨丝灯和荧光灯的色度和亮度测量，新上漆的墙壁和其他无法触摸的表面的色彩测量，复杂形状和其他由于卫生原因而无法触摸的物体的表面色彩测量，包括铁路信号、道路信号和航空信号在内的信号照明的色度和亮度测量等。

2. 分光测量仪

分光测量仪是将性能优良、使用方便的测色计以轻便小巧的方式推向市场的测量产品。它可以模拟多种光源，在任何位置都可以进行测量。并能测量每个颜色点（10 nm 或者 20 nm 波长间隔）的"反射率曲线"。分光测量仪机身便带有具备照明功能的探视镜，使用户能快速精确地将仪器放置在对象上进行定位。

目前用于城市环境与建筑的分光测量仪为日本柯尼卡美能达分光亮度测量仪（CM-2600d），它自带 11 种光源模式，不受自然光影响，采用接触式的测量方式，测试结果较为准确，但无法测量不可触及的建筑部位。测量仪可设定测量被测物表面包含、不包含或同时具有反光因素三种模式，因而可以测量表面反射系数较大的建筑材料，如抛光石材、金属板、玻璃等。其测量结果的表述有 20 种模式选项，包括孟塞尔数值模式。分光测色仪 CM-2500c 在携带方便、精确度高的 CM-2600d/2500d 上增加 45/0 光学系统，操作性、精确度及易用性比 CM-2600d/2500d 系列更好。新型号具备建议使用或标准规定需使用 45/0 光学系统的各种应用的所有硬件及软件功能。其应用范围包括建筑材料、汽车内饰、固态喷涂、卷材涂料、高可见度衣物、印刷及包装等领域。

3. 建筑色卡

色卡是自然界存在的颜色在某种材质上的体现，用于色彩选择、比对、沟通，是色彩实现在一定范围内统一标准的工具。色卡携带方便，使用灵活，具体方法是通过目视观察比对城市环境与建构筑物以及其他被测量对象的色彩,挑选色卡中相同或最近似的颜色,然后根据色卡上标注的数值确定被测对象的色彩数据。

国际上一般使用的有 Pantone 色卡、德国 RAL 色卡、瑞典 NCS 色卡与日本 DIC 色卡。国内目前采用的是由中国建筑科学研究院编制的建筑色彩标准体系《中国建筑色卡》(GSB 16—1517—2002)国家标样,它主要供建筑领域使用,有 1026 种颜色可供专业人员选择。这种建筑色卡的颜色标注系统与孟塞尔系相同,都使用色相、明度和彩度进行编码。此外,该建筑色卡配有相应的电子数据库,数据库中包括 CIE 色度图、LAB/LCH、HSL/HSB、色样以及常见换算及配方等内容,该数据库检验色彩样本的准确性非常便捷与全面。

4. 数码相机

作为一种利用电子传感器把光学影像转换成电子数据的相机,通常在城市环境色彩现状数据采集中利用相机所拍的电子数据照片真实地记录实际视觉场景,以全面地反映城市环境色彩的各种视觉景观效果。只是由于相机拍摄的照片会受光线影响,难以精确表达色彩数值,因此在现场调研中所拍摄的照片,主要用于辅助说明及记录城市环境色彩与建筑的形象。具体颜色数值的确定原则上应以仪器测量的数据或色卡目视比对所获得的数据为标准。

上述城市环境色彩现状数据采集的几种工具各有利弊,在实际工作中需要根据各自情况选择恰当的工具进行测量,以便尽可能保证城市环境色彩现状数据采集的精确性。

(三) 调研数据的分析

在完成所在城市环境色彩现状数据采集后,应对采集到的各种信息资料进行加工整理和分析归纳。这项任务工作量很大,需要借助一定的数据统计软件,如 EXCEL、SPSS 等,对采集到的城市环境色彩信息进行分析。这种分析分为城市环境色彩数据分析和色彩形象分析。其中城市环境色彩数据的分析一般可以采用网格图示、坐标体系分析的方法,城市环境色彩形象的分析一般可借助语义差别及形象坐标分析的方法(表 3-2)。

表 3-2　城市环境色彩现状数据调研的分析方法

名称	图示	分析方式
网格图示 分析法	 深南中路建筑物　网格图示分析法	将色块填入网格图中，可以清晰地看出每种色块所占比例，由此得出以下结论：深南中路建筑物以 47% 的冷灰色系和 23% 的低彩度暖黄色系组成，因此深南中路的主色调为冷灰色系，辅助色为低彩度的暖黄色系，点缀色为高明度的橙色系和褐色
坐标体系 分析法	深南中路建筑物　明度-彩度分析图	左图是将色彩三属性中的彩度和明度分别作为坐标轴的 X 轴和 Y 轴，按照色卡中的 C 值（彩度值）和 V 值（明度值）来确定色彩的坐标位置。由此分析图可得知：深南中路建筑物的色彩主要是中高明度、低彩度的色彩。如果要确定深南中路建构筑物的色相和明度，则把彩度的值换成色相值即可

165

名称	图示	分析方式
语义差别分析法	 城市环境的语义差别分析图	本研究采用的是 5 级评定尺度,0 级是评价尺度的中点,表格中的负数表示被调查者对调查样本的不认同度,是负面评价,0~1 是表现尚可的评价,大于 1 是较高的评价。 从表格样本平均值中可以看出,被调查者对该市的设施满意度最低,对建筑的满意度也不高,对该市的景观满意度最高;在色彩丰富度层次方面,被调查者对建筑和设施的色彩都不太满意
形象坐标分析法	 深南中路建筑物　色彩形象坐标分析图	通过图示可以看出,深南中路的建筑物色彩主要呈现出一种静态、柔和的色彩倾向,透露出一种考究、闲适、现代的形象气息

一是网格图示分析法,指将现状数据采集调研获取的城市环境色彩以色块的形式分别填入网格图中的一种方法。这种分析方法可以直观、定量地呈现色彩现状,不仅可以从中提取比例较大的色彩,还可借它分析出城市环境色彩基调。网格图示分析归纳主要用于对城市面域环境色彩的分析,如对城市总体、重点区域、典型节点的主辅环境色彩数据的分析,也可用于分析城市空间中某一功能类型的建构筑物色彩基调。

二是坐标体系分析法,即是将色彩三属性中的任意两个属性作为坐标的 X 轴和 Y 轴,以便对城市环境色彩的属性及分布特征进行分析的方法。这种分析方法的表达形式是坐标图形,可以通过坐标图形比较直观地看出色彩分布状况,主要用于对城市环境色彩基调及色彩连续性的分析。通常在分析城市总体与重要区域色彩基调,道路及"边界"意象元素的色彩连续性中发挥重要作用,还可用于对城市空间中线性景观色彩连续性予以分析。

三是语义差别分析法,这是由美国心理学家 C. E. 奥斯古德于 1957 年提出的一种心理学研究方法,又称 SD 法。其做法主要是根据环境场所的各种特点,选择若干对形容词(对形容词的描述可以分为 5～7 个级别,且位于量表两端),被调对象则依据环境体验进行相应的级别判断和回答。在一般运用中,为了使语汇规范化,便于整理分析,往往事先拟出一个有关环境评价的词汇表供选择参考,调查结果的客观程度依赖于量表的数量,量表越多,涵盖品质越多,其结果越客观。这种分析方法一般用于对城市总体、重点区域与某一功能类型的建构筑物的色彩意象进行分析,并还可用于对城市空间中特色空间场所及不同建筑类型的环境色彩情感特性予以分析。

四是形象坐标分析法,即通过心理学探究来把握形象的共同感觉,将颜色分为 WC(暖·冷)、SH(软·硬)、KG(清·浊)这三种心理轴,并以这个心理轴为基础,搜集整理能表现形象的形容词,并总结出 180 个词语,标记在坐标上。通过这种数据化的方式,可使 180 种词语的语感、130 种代表色以及许多的三色配色和五色配色能够相互转化来进行形象坐标分析。这种分析方法不仅可以用于对城市空间中环境色彩感觉进行分析,还可用于分析建构筑物材料、图案等的感觉。就是把诸如色、物、形、素材这样异质的东西,通过语言形象将其网络化,直至建构出具有城市环境色彩感性信息化的系统。只是城市环境色彩的情感语义随着文化的不同会呈现出差异性,而这种城市环境色彩文化的差异,则需要在规划设计实践中深入探索。

对城市环境色彩现状数据采集加工整理和分析归纳在规划设计中属于基础环节,需要从以下三个层面来展开。

1. 城市环境色彩谱系分析

城市环境色彩谱系分析是利用色彩谱系的手段对城市环境色彩的物理属性原型进行分析和归纳的方法。色彩谱系作为颜色呈现方式的一个表达术语,可以清楚地表明城市环境色彩中色彩三属性(色相、明度、纯度)的使用情况和基本规律,以及颜色组织形态的特定种类,它是一个以色群为整体的集合,包括了对城市空间中人工和自然色彩的谱系分析及归纳。

2. 城市环境色彩构成分析

城市环境色彩谱系分析只能以单一颜色解析色彩的物理属性,因此不能对色彩的面积、比例等色彩构成问题进行分析,而色彩构成分析则是对城市环境色彩从语法上的概括和总结。因此,需要将两者结合,才能真正理解、把握城市环境色彩的基本语义。城市环境色彩构成不仅受空间尺度和角度距离的影响,还受到城市空间中建构筑物等单体造型、界面表现、细部处理及场景尺度等的影响。对城市空间中有代表性的环境色彩关系进行分析、归纳与提炼,从而通过文字和图式的形式对其环境色彩构成分析予以表达及呈现。

3. 城市环境色彩材质分析

城市环境色彩受地域不同的影响,其空间实体的材质也各异。即使是同一城市的空间场所,相同建构筑物等不同部位的材料运用也是千差万别的。可见,对于城市环境色彩材质的研究和分析尚需进行深入细致的分析归纳,直至寻找出其城市空间中材质运用的环境色彩关系。

以上对城市环境色彩三个层面的分析可谓是相互呼应,在城市环境色彩现状数据采集基础上具有重要作用与应用价值。其中对城市环境色彩现状的调研分析取得的成果可从宏观、中观、微观三个层面予以归纳,以供在进行城市环境色彩规划设计工作中参考选用。

三、城市环境色彩的设计方法

城市环境色彩的设计方法是对应城市空间中其环境色彩现存问题,提出城市环境色彩未来发展取向与实施控制的理念及其可操作系统,它是在对城市空间环境色彩现况调查、分析、提案的基础上进行的。具体设计中除了按照现代色彩设计的一般原则进行设计外,还需结合城市景观个性及特色等因素进行综合考虑。另外,现代色彩设计的思维方式也不容忽视,创造有个性和时代感的环境色彩,注入新的色彩思考方法也是非常必要的。同时,还有一些要素也需考虑,即环境色彩的设计意念、环境色彩的思考方法、环境色彩的配置手法、环境色彩的现场测试,只有完成了这些工作后,环境色彩的设计才全部完成。另外,在城市空间中还需解决色彩与自然环境、城市功能、发展进程、空间布局、规划定位、具体设计与实施控制等方面的诸多问题,以营造出具有城市空间特色及和谐的环境色彩景观文化意蕴来。就城市景观营造中的环境色彩设计方法而言,其工作包括以下内容。

(一) 城市环境色彩的目标定位

城市环境色彩的目标定位是在环境色彩现状调研数据采集与分析以及需要进行环境色彩规划设计所在城市规模、功能布局、规划目标、城市景观特质等基础上综合权衡提出的,合理的环境色彩规划设计目标可以更好地实现城市环境色彩风貌的提升和转变,从而有效凸显城市的环境色彩风貌特质,以使城市的环境色彩个性更为鲜明。

从城市环境色彩规划设计来看,其目标定位决定了城市环境色彩风貌特色未来发展的方向,也是进行城市环境色彩景观营造及控制的基础,因而需要从以下几个层面进行综合考虑(图 3-26)。

一是城市规模,由于不同规模的城市,如特大城市、大型城市、中型城市、小型城镇等,对城市环境色彩意象要求具有差异性,因此在城市环境色彩目标定位中应结合城市的不同规模来确定的环境色彩的规划设计意象。

二是功能布局,城市的功能布局对环境色彩规划设计目标定位的确立非常重要,并对城市色彩表情、环境空间尺度、个性特质等方面产生影响,因此在城市环境色彩规划设计中应将功能布局作为重要因素予以考量。

图 3-26　城市环境色彩的目标定位

三是规划目标,城市的总体规划目标是环境色彩规划设计目标定位的重要参考,因为城市环境色彩风貌的营造需要符合城市的总体定位。总体规划的原则是对环境色彩规划目标的诠释,是实施城市环境色彩规划设计目标的保障。

四是景观特质,应对反映所在城市景观特质的地形特征、气候光照、植被状况、水系分布、观景景点、建筑高度与密度、城市空间尺度等进行全面的分析和归纳,以使城市环境色彩能够成为实现景观特质营造的重要组成要素。

五是所在城市环境现状调研数据分析成果,其内容包括所在城市环境色彩谱系、构成与材质现状,以及对城市空间中环境色彩现况从宏观、中观、微观三个层面归纳分析的成果,以供对城市环境色彩规划设计目标定位提供参考。

(二) 城市环境色彩的设计内容

基于城市环境色彩的目标定位,环境色彩主要可以分为自然、人文与人工环境色彩等。其中自然环境色彩主要包括所在城市的气候条件、地理地貌、水体与植被等要素的环境色彩,在进行城市环境色彩规划设计时,需将其作为背景与基础纳入整体环境色彩规划设计基调考虑,并对自然环境色彩在城市环境色彩规划设计中的合理运用提供支持。人文环境色彩主要包括对城市环境色彩形成所产生影响的社会制度、风尚习俗、民族宗教、营造技术等因素,它在一定程度上对所在城市环境色彩规划设计的审美观念、发展取向及风貌营造产生影响,需对其进行深入挖掘,以从人文环境色彩方面归纳出规划设计的概念,直至深化对城市环境色彩规划设计概念的认知水平。人工环境色彩主要包括城市整体、功能分区、建构筑物、工程景观、服务设施与公共艺术等不同层次的环境色彩规划设计内容,它也是进行城市环境色规划设计的主要对象,对城市空间中环境色彩景观特色的形成具有重要作用,可分为三个层次来展开规划设计工作(图 3-27)。

图 3-27　城市环境色彩的设计内容

1. 从城市整体与功能分区层次来看

城市整体与功能分区层次的环境色彩规划设计属于宏观层次。就城市整体层次环境色彩而言,它是指对整个城市空间范围内的环境色彩进行规划设计,为城市主管部门提供指导城市环境色彩决策、建设与发展的总体目标。实现这一目标的核心内容是提出城市环境色彩景观基调和城市环境色彩总体规划设计概念。在这个规划设计进程中,应提炼所在城市空间的自然与人文景观特色因素,并对整个城市空间从宏观层面进行环境色彩景观规划与设计进行引导及控制。作为整体城市景观,其城市环境色彩总体规划设计的策略分为以下几个方面。

一是对所在城市空间环境色彩系统调研,洞察自然环境与城市人文的现况格局和发展脉络,确定城市整体环境色彩规划设计概念及思路。

二是针对所在城市空间环境色彩现况中具有冲突的色彩与问题进行细化处理,在尊重城市文脉和环境色彩现况的前提下,运用环境色彩规划设计的方法,化解现况与城市环境色彩预期效果不符的矛盾,使其符合城市环境的形象定位和视觉审美的需要。

三是对所在城市空间中的环境色彩进行优化调整,并将环境色彩的对比、调和及色彩构成等手段运用于环境色彩规划设计之中,以建立具有逻辑关联的、和谐的城市环境色彩关系。

四是将所在城市空间中的环境色彩概念通过可视化的手段(图、物)表现出来,并进行直观的判断和调整,以将其对所在城市环境色彩和谐意境的追求呈现出来。

就城市功能分区层次环境色彩而言,城市功能分区是按功能要求将城市中各种物质要素如居住区、商业区及工业区等进行分区布置,组成一个互相联系、布局合理的有机整体,为城市的各项活动创造良好的环境和条件。功能分区也是城市环境色彩规划设计分区的主要依据,一般将城市分为主城区、新城区和城乡过渡带等类型。

主城区是指被划入中心城区、卫星城镇、工业区、仓储物流区以及拟开发地区的区域,它也是所在城市历经多年建成的,中间交叉着老城区诸多历史街区与建筑遗产等,且面对着城市有机更新和转型发展的问题。就主城区环境色彩规划设计而言,如何传承环境色彩记忆,建立适应城市有机更新和转型发展需要的环境色彩谱系是规划设计中尚需探索的课题。

新城区是指距离主城较近,与主城在政治、经济、文化等方面存在紧密联系并享受各种特殊政策,具有各种城市要素功能的区域,也称之为城市新区。城市新区多数位于近郊农村,其建设用地涉及的历史传统问题较少,这样新城区在进行环境色彩规划设计具有较大的自由度。而新城区建设的目标均期望将其建成现代、时尚、高品质及具有特色的新城区,以反映出城市新时期发展的成就及整体面貌。为此,新城区的环境色彩规划设计需要从新城区整体及不同功能分区的发展定位来探索环境色彩规划设计,使新城区环境色彩能够有序发展。

城乡接合部是指兼具城市和乡村土地利用性质的城市与乡村地区的过渡地带,也是接近城市并具有某些城市化特征的乡村地带。这个地带的环境色彩往往形成城乡交织的独特景观,诸如"城中村"呈现出杂乱的环境色彩意象。因此,城乡结合部需要在城市不同区域环境色彩基调的引领下,对环境色彩的传承及更新做出有效的应对,直至营造出城市整体空间与不同功能分区之间"和而不同"的环境色彩景观效果。

2. 从建构筑物与工程景观层次来看

城市空间中建构筑物与工程景观层次的环境色彩规划设计属于中观层次。其中建筑物是指有基础、墙、顶、门、窗,能够遮风避雨,供人在内居住、工作、学习、娱乐、储藏物品或进行其他活动的空间场所。而构筑物指不具备、不包含或不提供人类居住功能的人工建筑物,比如水塔、水池、过滤池、澄清池、沼气池等。城市空间中的建构筑物环境色彩处理不好,最容易造成所在城市色彩景观杂乱无章的感觉,为此,对建构筑物环境色彩的规划设计需从建构筑物环境色彩的主体构形、同步构形、辅助构形与功能构形等层面予以把控,使建构筑物层次的环境色彩能融于城市空间环境色彩系统之中。而工程景观是指不同城市将工程做成的景观,涉及的工程类型主要包括土木工程、市政工程、交通工程、水利工程、电力工程、矿山工程、环境工程、海洋工程、军事工程等。城市空间中的工程景观环境色彩特色营造,在展现不同工程景观环境色彩个性的基础上,也需要与城市整体及功能分区、环境色彩规划设计协调。

3. 从服务设施与公共艺术层次来看

城市空间中服务设施与公共艺术层次的环境色彩规划设计属于微观层次。其中服务设施就是指用于城市公共开放空间中满足各种活动需要,具有点缀环境、丰富景观、烘托气氛、加深意境,提升城市审美质量,包括公共空间和半公共空间,且在城市空间环境建设中起着"点睛之笔"作用的设施。服务设施的形式有信息类、交通类、卫生类、照明类、服务类、配景类、康乐类、管理类与无障碍等。公共艺术作为城市空间中多样介质构成的艺术景观、设施及其他公开展示的艺术形式,其公共性所针对的是城市空间中人和人赖以生存的大环境。公共艺术是现代城市文化和城市生活形态的产物,也是城市文化和城市生活理想与激情的一种集中反映,且在现代城市空间中具有重要的作用与文化价值。

作为城市空间中微观层次的服务设施与公共艺术,其环境色彩既要服从城市整体与功能分区色调的统一,又要积极发挥环境细部自身颜色的对比效应,使环境色彩的搭配与造型、质感等外在的形式要素协调,做到统一而不单调,对比而不杂乱。还要利用其服务设施与公共艺术环境色彩特有的性能和错视原理拉开前景与背景的距离,使服务设施与公共艺术环境色彩起到装饰、点缀和美化的作用,以从微观层面给城市空间增添欢快、温馨、亲切的环境感染力。

城市空间中上述三个层次的环境色彩规划设计内容之间是相互作用、相互影响的,宏观层次的城市环境色彩基调与规划设计概念的确定,对中观层次的建构筑物与工程景观,以及微观层次的服务设施与公共艺术等环境细部色彩规划设计产生引导功能,反之后者也对宏观层次的城市整体与功能分区色彩规划设计产生影响,最终构成城市空间中既统一和谐、又具有变化的环境色彩规划设计关系。

(三)城市环境色彩的基本色谱

城市环境色彩的基本色谱是指在城市环境色彩现状调研中经过对色彩数据的归纳和整理,呈现出城市环境色彩原真状态的颜色组成序列。基本色谱的制定既是对所在城市环境色彩现状的图示表现,也是对所在城市环境色彩组成关系的解读,更是能为城市环境色彩基调的控制及规划设计的实施工作提供客观的依据(图3-28)。

从城市环境色彩基本色谱的建立环节来看,基本色谱的总谱涵盖了城市整体环境中建筑的外立面色、点缀色和屋顶色的所有色谱,它能够概括出城市环境色彩的总体现状和特征,直观反映环境色彩总体的基本形态。其中建筑的外立面基本总谱是城市所有建筑物外立面色谱的集合,点缀色基本总谱是所有建筑物点缀色谱的集合,屋顶色基本总谱是所有建筑物屋顶色谱的集合。这些信息都是从城市空间中不同建筑及其环境色彩归纳梳理而成的。将城市环境色彩数据按照上述分类方式予以归纳和整理,反映城市环境色彩原始状态的基本色谱就建构完成了。

图 3-28 城市环境色彩的基本色谱

在城市环境色彩原始状态基本色谱的基础上,结合城市环境色彩规划设计的目标定位,以所在城市环境色彩规划设计概念为依据,从视觉美学的角度对城市环境色彩现况和组配关系进行分析,归纳总结出城市环境的用色规律,提出具有所在城市环境色彩景观营造特色的基本色谱,并将其作为城市环境色彩的推荐色谱和提案报告呈报有关设计、管理部门论证审批,其提案报告包括推荐、禁用两类,以明确城市环境色彩可用与不可用的范围。待城市环境色彩提案报告规划设计批准通过后,即可交施工单位实施。

(四) 城市环境色彩的实施控制

城市环境色彩的实施控制需从宏观、中观与微观三个层面来进行。

1. 从城市空间宏观层面看

在城市空间宏观层面,主要控制协调城市环境色彩总体景观意象,即对城市整体环境色彩进行统一管理,避免城市空间中杂乱与引起视觉污染的环境色彩出现。强调对城市空间环境色彩进行整体规划设计,也是对城市环境色彩进行控制的原则性依据,城市环境色彩规划设计以宏观控制的方式引导环境色彩的整体协调与秩序,并给予中观层面的建构筑物与工程景观,以及微观层面的服务设施与公共艺术等环境细部的色彩表现以充分的尊重和自由创作的空间。

2. 从城市空间中观层面看

在城市空间中观层面,重点关注城市环境色彩控制范围与强度,前者着重选取城市空间中具有色彩景观特征和有条件的区域进行环境色彩的控制,并对重点地段进行环境色彩规划设计,且针对城市空间中不同分区的功能属性、空间结构与营造特点对建构筑物和工程景观等环境色彩进行规划设计,完成城市空间中观层面主辅色谱、点缀色谱、禁用色谱以及环境色彩规划设计导则的编制。后者依据城市空间中观层面环境色彩控制强度,将所在城市空间分为重点控制区和一般控制区来管理。其中,重点控制区是城市空间中重要的功能区与景观区,能对城市环境色彩风貌形成较大影响,需要编制具有针对性的城市重点控制区域环境色彩规划设计方案。一般控制区是城市空间中重点控制区以外的区域,虽然不需要单独进行环境色彩规划设计,但仍需在宏观层面符合城市环境色彩规划设计的原则,以所定城市环境色彩基调色谱为指导进行选色与配色,直至与城市整体环境色彩形成相互协调的配色关系。

3. 从城市空间微观层面看

城市空间微观层面关注城市服务设施与公共艺术等环境细部的色彩控制。在城市空间构成微观层面的环境色彩载体量广面大,种类繁多,将其各自呈现出的色彩纳入城市整体环境色彩规划设计的范畴,提供环境色彩指引,规范用色行为是实施控制的必然选择。其中,在城市公共服务设施、城市户外广告、城市夜景照明与城市公共艺术等专项规划设计中,均要求在城市环境色彩总体规划设计的指导下完成各自专项环境色彩规划设计的编制,以使城市主管部门对其进行管控有据可依。

(五) 城市环境色彩的设计成果

城市环境色彩规划设计成果是工作完成的技术文件,要求能将城市环境色彩规划设计的总体内容予以落实，做出"量"的分析和具体的规定，通常完成的成果包括城市环境色彩规划设计文字与图纸两个部分的内容。

（1）设计成果文字部分包含文本、说明书及附件。

文本包括项目认知、规划依据、现况分析、专题研究、设计概念、目标定位、基调色彩确立、城市环境色彩整体风貌规划、功能分区环境色彩规划设计、城市具体环境（建构筑物、工程景观、服务设施与公共艺术等）色彩规划设计、城市环境色彩相关专项设计、城市环境色彩景观特色营造、城市环境色彩规划设计指引的适用范围、技术标准与管理措施等内容。

说明书包括相关法规，规划规范要求，城市环境色彩现状与评价，规划设计目标定位、原则与方法、规划布局、具体设计、控制方法，实施管理措施等内容的详细说明。

附件包括项目专题研究、基础资料汇编、评审会议纪要与意见等。

（2）设计成果图纸部分包括城市环境色彩现状图、城市整体环境色彩规划设计指引图、城市功能分区环境色彩规划设计指引图、城市具体环境（建构筑物、工程景观、服务设施与公共艺术等）色彩规划设计指引图，文本中城市环境色彩相关专项规划设计指引图等。

建构城市环境色彩规划设计成果完整的图纸表达系统，既能清晰地反映城市环境色彩规划的内容和具体的设计深度，又便于在相关城市环境色彩规划设计实践中操作。

（六）城市环境色彩设计方法存在的不足

纵览国内近年来城市环境色彩的设计方法，从其在城市空间环境色彩规划设计项目中的实践应用来看，存在的不足也逐渐显现出来。

1. 当下国内城市环境色彩规划设计实践项目中所用方法的问题

回顾国内城市环境色彩规划设计实践项目中所用的方法，几乎均来自于法国和日本相关环境色彩设计机构共同确立的方法，其中也有结合国内不同城市的具体情况展开工作。对城市环境色彩现状的调研主要是把采集到的城市自然色彩、人文色彩与人工色彩，通过设计者的定性研究进行归纳和处理，由此形成一套模板式的主色谱、辅色谱和点缀色谱，然后施加到现代城市整体空间、各个功能分区、建构筑物、工程景观以及城市服务设施与公共艺术等环境细部上。这对于城市空间中旧城与文化遗产建筑保护、历史街区与工程景观更新、地域特色空间与场所环境营造以及延续城市文脉、留住城市记忆等项目的环境色彩规划设计实践无疑是适宜的,但对于城市空间中新区开发、新型建构筑物、工程景观以及城市服务设施与公共艺术等环境细部实际项目环境色彩规划设计实践,方法显得单一,缺少变化,且存在一定问题,需要我们在城市环境色彩规划设计实践中进行方法上的探索和创新。

2. 当下国内城市环境色彩规划设计实践项目中基调定位的问题

城市环境色彩规划设计实践项目的基调定位是完成所在城市空间环境色彩景观特色定位的表述。其环境色彩基调多由一组反映城市景观特色定位的关键词组寓意的色彩构成,用以引导城市环境色彩景观特色风貌营造向着愿景实现的方向发展。只是当下国内实践项目中的城市环境色彩规划设计基调定位不少确定为某浅色、某灰色……这些颜色作为所在城市空间环境色彩规划设计基调,设计成果千篇一律,其中不少耗时费力、巨资投入完成的城市环境色彩规划设计实践项目毫无特色可言,甚至有的城市环境色彩规划设计实践项目无法具体操作及推广应用。相关规划设计机构应对这个问题予以认真的反思。

3. 数字色彩方法在国内城市环境色彩规划设计实践中的导入

数字色彩是以现代色度学和计算机图形学为基础,采用经典艺用色彩学的色彩分析手法在新的载体上发展而来的,是色彩学在信息化时代的一种新的表现形式。当然,数字色彩的获取与生产均离不开相关的数字设备,常用的数字设备主要包括计算机、扫描仪、数码照相机和数字摄影机等。而数字色彩方法是由相关的计算机色彩模型及其相关的色彩域、色彩关系和色彩配置方法所构成的。在城市环境色彩规划设计实践项目中导入数字色彩方法,除了不同色相的配色,基调色的配色和以明度、饱和度为主的10种色调相互搭配之外,会经常面对复杂多变的配色,涉及色相、明度和饱和度等的灵活运用。要求操作中先在横截面上考虑基调色的色相,再在纵截面上考虑不同明度与饱和度的色调,并把横截面色相的基调色意象与纵截面色调的复色意象相互融合。同时,还需关注城市文脉以外的颜色与城市定位之间的意象匹配,遴选出适合表达城市内涵的环境色彩规划设计组合关系。虽然目前数字色彩方法在国内城市环境色彩规划设计实践中的导入尚无应用于整座城市的成功案例,但在城市功能分区环境色彩规划设计实践中已有不少探索之作,逐渐走向规范化和系统化,探索数字色彩方法能够深入到城市环境色彩规划设计实践中并得以开发应用的发展方向。

四、城市环境色彩的管理方法

要营造和谐的城市环境色彩景观,对城市空间中环境色彩进行管理是必要的。在现代城市中,必须按照一定的规章管理、控制城市色彩,以防视觉污染泛滥成灾。同时还必须使城市的环境色彩能与城市的整体风格相协调,让城市色彩的和谐感和秩序感能够成功地展示出来。在城市的交通管制、公共空间及特殊行业等领域,还需对城市中的建构筑物、工程景观、服务设施与公共艺术,以及城市空间中的广告招牌、商业橱窗、城市照明、装饰灯光等进行统一管理,并促使主管部门予以实施,只有这样,才能够创造出愉悦的城市环境色彩。此外,增强这方面的宣传和指导,以提高城市居民的色彩欣赏素质,调动市民参与管理的积极性,使创造良好的、富有个性的城市景观环境成为一项意义深远的社会工程。

就城市环境色彩的管理而言,其主管部门所做的工作包括构建城市环境色彩信息数据库,成立城市环境色彩相关管理机构以及制定城市环境色彩管理法规等。

(一) 构建城市环境色彩信息数据库

建立城市环境色彩信息数据库的目的是记录城市空间中现状环境色彩信息,环境色彩信息数据库的构建在对城市环境色彩现状调研采集的数据分析归纳的基础上,总结梳理形成的城市环境色彩信息数据成果,其内容包括城市环境色彩信息数据样本与实物样本。城市环境色彩信息数据库的构建既可成为对城市环境现状色彩(地域性色彩、历史性色彩等)实施保护的重要手段,为城市风貌的保护研究以及发展演变提供有力支持,又可成为城市环境色彩规划设计及控制管理的基础数据,为相关管理部门在进行城市环境色彩规划设计项目审批时的参考依据,还能够便于城市环境色彩规划设计从中汲取营养,规划设计出独具特色的城市环境色彩景观作品。如在20世纪70年代,意大利一个以黄色闻名的特林城需要重新粉刷,为了弄清特林城的传统色彩是什么,一位城市色彩学家 Giovanni Brino 和同事查阅了近百年的文献,并以历史建筑立面复原为色彩管理的立足点,通过探究工作为特林城建立了古城色彩数据库,特林城的建筑立面色彩复原完成后,引起了公众、学术界及政府的一致认可,并使他们意识到从城市环境色彩的角度进行人居环境保护的重要性。

20世纪七八十年代,日本 CPC 机构完成了东京、神户、川崎、西条与广岛的城市环境色彩现状调查,并在此基础上构建出各个城市环境色彩信息数据库,从而为城市环境色彩规划设计及控制管理提供可供参考的基础数据。进入21世纪,天津市在2008年完成的城市环境色彩规划设计项目现况调查中,运用色彩地理学理论对城市环境色彩景观的自然、人文因素等进行分析,并通过对城市环境色彩信息采集与定量化综合研究手段,构建出天津市城市环境色彩数据库,为城市环境色彩基调的确定、管理控制导则的编制及规划设计管理策略的实施具有推动作用(图3-29)。

(二)成立城市环境色彩相关管理机构

城市环境色彩规划设计项目实施后,随着岁月的流逝,实施后的规划设计项目环境色彩的彩度、明度会随之降低,城市环境色彩的风貌特征也随之削弱。为此,政府应成立相关管理机构负责城市空间中环境色彩的维护与管理,这项工作也可与城市的文物管理部门合作,使城市环境色彩的风貌景观能够持续发展。如意大利都灵市于19世纪伊始,便成立相关机构开始进行对城市色彩调研与规划设计的研究及管理工作,1845年都灵市政府发布了具有建筑用色标准的公告。同时,将这些建筑的推荐用色制成具有编号的色谱,并在市政大楼的样本墙上公示,用于指导城市色彩的建设。日本广岛市于1978年就成立了"管理指导城市色彩的创造景观美的规划"的专门委员会组织,并对其城市的色彩规划进行研究与管理。城市环境色彩相关管理机构工作中可借鉴之处就是色彩管理决策机制的建设:提出城市及建筑规划设计中加入了色彩专项规划设计内容的要求,并规定色彩专项规划设计完成后才能将其项目整体提交主管部门审批,获得批准后方可进行实施

图 3-29　构建城市环境色彩信息数据库

1.日本 CPC 机构依据完成的神户、川崎等地环境色彩现状调查所建信息数据库；

2.天津市构建的城市环境色彩数据库

工作。也正是由于这些科学、合理的城市色彩管理策略，日本城市的色彩管理工作才富有成效。

　　目前，国内成立专门的城市环境色彩管理机构尚处于起步阶段，如北京旧城的环境色彩规划设计及相关管理工作就主要由首都规划委员会、北京市规划委员会、北京市文物局、北京市房管局、北京市住房和城乡建设委员会等相关管理单位在北京市政府的领导下统一、协调进行。如对北京什刹海历史文化保护区环境色彩规划设计及相关管理提出的"四位一体"色彩管理策略，即将什刹海地区环境色彩管理实施工作的整个过程划分为四个相互关联、递进的环节：色彩项目规划设计的阶段、色彩项目实施的前期评估阶段、色彩项目具体实施（施工）阶段及验收评估及持续改进阶段。这四个部分统一于管理层面进行，建立起对什刹海地区环境色彩系统控制、动态管理的管理运行机制，从而使北京什刹海地区环境色彩朝着良性健康、可持续的方向发展，以便更好地保护与延续什刹海地区历史文化保护区环境色彩风貌及景观特色的营造（图 3-30）。

图 3-30　城市环境色彩的相关管理流程

1.日本在城市环境色彩规划设计中运用的管理策略；

2.中国在城市环境色彩规划设计中所运用的管理流程

（三）制定城市环境色彩管理法规

制定严格的城市环境色彩管理法规是营造良好城市景观形象的根本保障，城市环境色彩是一种视觉感受方面的传递信息，因此必然存在着管理上的需要。色彩污染不仅会损害城市面貌，还会对人们的心理乃至生理造成危害，因此必须进行管理和控制。所以在城市空间环境色彩设计方面，除了寻求、发现有个性和特色的城市环境色彩之外，逐步制定城市环境色彩方面的管理法规对其予以管理，避免无秩序的城市环境色彩泛滥成灾，以使城市的整体性与秩序感能很好地体现出来。

欧洲的意大利都灵市于 1845 年制定并由政府发布了该市建筑色彩推荐实施标准，这是国外最早有据可查的城市色彩管理专项法规。英国对城市中已建成区域的色彩控制管理工作始于 20 世纪 70 年代，其工作重点着眼于城市的历史建筑保护层面，针对历史建筑色彩已制定了系列化的色彩控制管理条例，这些条例不仅列出了历史建筑的详细色彩现状及色彩形成的相关史料，并明确界定出历史建筑的用色范围，维护所用粉刷材料和施工作法等，以使环境色彩管理有规可依。日本于 1968 年颁布了《新城市规划法》，其中便涉及了城市景观色彩管理的内容。京都市于 1972 年以保护古都风貌为目的，在城市环境色彩现状调研基础上对城市建筑外立面色彩提出了管控的相关规定。日本建设部还于 1981 年发布了《城市空间色彩规划》法案,其中明确规定了城市规划或建筑设计最后环节为色彩的专项规划设计。大阪市于 1995 年出台了系统色彩规划方案,其中最大亮点就是在城市规划审批内容中增加了"色彩规划审批"的专项要求,这对于城市色彩管理而言具有划时代的意义,标志着色彩管理在相关城市建设中起决定作用。2004 年,日本通过了《景观法》,在景观法中对色彩使用和规划进行了相关的规定,不仅加大了对城市环境色彩管理工作的力度,也为城市环境色彩管理的成效提供了强有力的法律保证,如表 3-3 所示。

表 3-3　日本《景观法》的主要内容

章节	名称	主要内容
第一章	总则	法律制定的目的、理念,政府、地方团体、业主和民众的职责,相关术语的定义
第二章	景观规划及基本措施	定义需要景观规划的地区,景观规划的内容、步骤、限制事项,各种建造设计的申报、劝告和变更,景观重要建造物、景观公共设施、景观农业振兴地区的认定和管理
第三章	景观地区	景观地区内建筑物、构筑物的创意限制,对其进行设计和施工的审批和管理;特定情况的处理措施和准景观地区的认定和管理
第四章	景观协议	景观协议的签订要求及限制事项,景观协定的申请、变更和法律效力
第五章	景观整备机构	景观整备机构的认定条件、相关职责、业务范围、工作内容和主管部门的管理要求
第六章	附则	对法案中未尽事宜作出补充说明
第七章	罚则	各种违法行为的处罚条款附则,执行日期和制定理由

国内当前在城市环境色彩管理法规方面尚处于探索阶段,其中北京市规划局于 1990 年发出城市新建小区要进行色彩规划设计的要求,可视为现

代城市环境色彩管理的开端。2000 年可谓是中国进行城市环境色彩管理工作的发轫之年,从年初北京市政管委发布了《北京市建筑物外立面保持整洁管理规定》开始,国内陆续有一些城市将色彩管理纳入城市的建设及整治工作中。紧接着国内一系列城市,如哈尔滨、杭州、徐州、长沙、珠海等,也相继颁布了城市与建筑环境色彩方面的各种管理规定,武汉市继北京提出建筑外部环境基调色彩以后,对 20 世纪末期城市环境整治中出现的五颜六色的建筑立面效果也提出了质疑,要求城市建设主管部门应加强这方面的管理,并尽早提出有城市个性特色的建筑外观基调色彩。为了做好这项工作,武汉市城市规划局和市规划协会于 2002 年底就通过媒体面向全市市民举办了一次"武汉市色彩最美的建筑"评选活动,并开通热线电话征求"我最喜爱的建筑色彩"意见。此次活动中不管是专家还是普通市民,都对武汉市未来城市的环境色彩提出了许多有益的建议,充分反映广大市民对城市环境建设的关注热情。通过一年多的努力,在综合各方面意见及结合武汉市未来城市发展实际的基础上,相关部门于 2003 年 12 月在媒体上正式发布了《武汉城市建筑色彩控制技术导则》。导则将武汉市中心城区共分为 50 个建筑色彩控制片区及数个大型色彩景观节点和色彩控制带,并按城市区域把主色调的使用分为以下五类。

1. 重要城市景观与道路

重要城市景观与道路包括横穿市区的长江与汉水所形成的"两江四岸",万里长江第一桥——武汉长江大桥两岸、徐东路、东湖环湖路、江汉路等城市主要景观道路。城市道路景观色彩要靓丽;地面色彩推荐运用营造热闹气氛的米色、橙色、暗红色等,街道两侧铺地必须采用同色调。重点控制公交站、电话亭、轻轨车站、厕所、人行天桥、栏杆、灯具、垃圾桶等相对固定设施的色彩。

2. 广场色彩要有标志性

大型建筑,如洪山广场、武展广场、西北湖广场、汉口火车站广场、光谷广场、首义广场等,外观色彩、屋顶色彩须考虑城市标志性和俯瞰城市的效果。

3. 城市住宅屋顶色彩需协调

在城市住区西北湖片、王家墩片、水果湖片、后湖、四新、东湖、南湖四大居住新城等,将严格控制大规模居住类建筑的屋顶色彩。

4. 城市老建筑的色彩风貌要保持

汉口的近代建筑风貌片、武昌的首义历史建筑风貌片、汉阳的月湖片老建筑等,其建筑色彩必须与区内特定标志性建筑的色调风格相协调。

5. 湖边建筑需淡雅

东湖、南湖、墨水湖、龙阳湖、沙湖周边,屋顶的色调以较暗的蓝色、橙色、绿灰色为主,以烘托素雅清新的山水美。

该导则从 2004 年起开始在武汉市实施,实际上进入 21 世纪以来,武汉市在对近代优秀历史建筑比较集中的地段进行风貌整治时,就已经注意到城市的环境色彩问题,如江汉关一带、湖北咨议局(现辛亥革命纪念馆)与金城银行(现武汉美术馆)一带等,就本着"整旧如旧"和"有机更新"的方式对建筑及周围的环境色彩进行处理,使两者相协调。

另外,在城市环境色彩景观营造方面也进行了一系列的探索,如在设计汉口中山大道的环境色彩时,考虑到该地既是全市商业中心,又是城市主要景观道路的特点,环境色彩就设计得十分靓丽。而位于武汉东湖风景区的湖北省博物馆、美术馆、楚天传媒大厦等省级文化建筑组群,其环境色彩设计就结合周边优美的自然景物和人文环境,适当点缀有红、褐、黑等楚国建筑及环境色彩,使人工环境色彩设计效果既有时代感,又呈现出浓郁的荆楚文化特色。城市住区的色彩则依据所处区域的不同而存在差别,如位于武昌高校区域四周的住区,通常环境色彩都比较协调,以给人一种现代生活与文化意蕴相互融合的住区环境色彩景观印象(图 3-31)。

可见,环境色彩设计管理对城市风貌与景观特色的营造具有至关重要的作用,国内在城市环境色彩管理法规建设方面要走的路还有很长,但相信在不久的将来,我们的城镇与大地环境色彩景观必将呈现更为绚丽多姿的空间色彩视觉感受。

图 3-31　面向未来的武汉城市环境色彩特色风貌塑造

1.武汉长江两岸具有标志性特色的城市景观及环境色彩特色风貌；

2～4.武汉近代历史建筑更新后的环境色彩效果；

5.具有荆楚建筑文化特点的省博物馆环境色彩效果；

6.武汉东湖景区及周边建筑造型环境色彩效果；　7.武汉光谷广场造型及环境色彩效果；

8.武汉东湖高新技术开发区新能源研究院建筑造型及环境色彩效果；

9.武汉位居江岸区的"市民之家"建筑造型及周边环境色彩特色风貌

第四节 城市景观营造中的环境色彩设计探索

在城市景观营造中,城市所处地域不同,其景观营造特色各异。地域是指有内聚力的地区根据一定标准(地域本身具有同质性),并以同样标准与相邻地区或区域区别开来。地域是一种学术概念,是通过选择与某一特定问题相关的诸特征并排除不相关的特征而划定的。费尔南·布罗代尔认为,地域是个变量,测量距离的真正单位是人迁移的速度。以前,人的迁移速度十分缓慢,地域成了阻隔和牢笼。总的来说,一个"地域"是一个具有具体位置的地区,在某种方式上与其他地区有差别,并限于这个差别所延伸的范围之内。

城镇的地域景观特色是指在一个相对固定的时间范围和相对明确的地理边界地域内,城镇环境有其内在的、具有一定普遍性的、相对稳定的自然和社会文化特征。虽然随着时间的发展,城镇的地域景观特色会发生一定的变化,但在一定的时间段内,这种特征是稳定的,是可以把握、描述和加以表现的。由于世界上各区域气候、水文、地理等自然条件不同,形成了各具特色的地域景观特征,因此也形成了丰富多彩的人文风情和地域环境(图3-32)。

图3-32 意大利威尼斯的城市环境色彩文化印象

城镇的地域景观特色营造是其内在素质的外部表象。其城镇环境色彩的处理直接影响到城镇地域景观特色的塑造(图3-33)。例如位于意大利威尼斯的彩虹岛,岛上房屋外墙涂成五颜六色是岛上居民经过统一规划的。岛上除了房屋外墙,所有窗户都被整整齐齐地涂上了白色的外框,加上那些绿色或者褐色的窗板,凸显房屋如彩虹般丰富的色彩变化,也保持整体建筑形象的统一,从而形成亚得里亚海岸城镇环境色彩景观的视觉印象。而地处我国江南水乡的浙江南浔古镇,小桥流水,粉墙黛瓦,青石古道,以及褐色屋身构成了城镇环境色彩,体现了江南文化意蕴与个性形象。由此可见,具有地域特色的环境色彩是城镇形象塑造中最具感染力的视觉信号。

图 3-33　城镇环境色彩的处理直接影响城镇地域景观特色塑造

1.挪威朗伊尔城的城镇环境色彩风貌特色印象；　2.浙江南浔古镇环境色彩风貌个性形象

一、环境色彩设计在世界自然遗产地——南方喀斯特地区荔波县城区地域景观特色塑造中的应用

2007 年 6 月 27 日,"中国南方喀斯特"世界自然遗产项目在新西兰召开的第 31 届世界遗产大会上获全票通过,并成为我国第六个世界自然遗产项目。该项目由贵州荔波、云南石林与重庆武隆捆绑申报,由此荔波被列入世界遗产名录,成为贵州省第一个世界自然遗产地。2008 年 4 月,贵州省政府与相关部门面向国内外具有甲级资质的规划设计机构发出《贵州省荔波县县城风貌规划和旧城区主要街道街景整治规划方案征集公告》,华中科技大学建筑与城市规划学院的规划设计团队在 6 个入围单位的专家盲评中胜出,并承担了规划设计的深化任务。

在贵州省荔波县县城风貌规划深化设计中,笔者及设计团队将环境色

彩设计导入荔波县城区的地域景观特色营造之中,其环境色彩、夜景灯光、
户外广告与公共设施等专项规划成果无疑是深化设计中的几大亮点,这里
我们着重叙述在环境色彩专项规划中对城区地域景观特色营造方面的
探索。

　　我们知道,地域文化是城区整体环境风貌特色形成的重要组成部分与
关键所在。荔波县城地处黔南边陲,被誉为地球腰带上的"绿宝石",是一个
布依族、水族、瑶族、苗族等多民族的聚居地。荔波县城城区历史悠久,山川
秀丽,在2000多年的历史长河中,世代居住于这块神奇土地上勤劳智慧的各
族人民,在生产生活中创造出了丰富多彩的文化,形成了浓郁的民族风情,
也形成了独具风韵的民族建筑及环境色彩景观,这些都是进行荔波城区风
貌规划时需要传承的珍贵文化资源(图 3-34)。

图 3-34　被誉为地球腰带上的"绿宝石"的荔波县城美丽风光

　　若从深化设计确立的荔波县城风貌特色营造来看,其定位是以自然山
水为底蕴、以地域文化为特点,以发展城市旅游为目的,展现天地人和内涵
及多民族风情和原真生活的城市风格与特征(图 3-35)。

　　基于这样的思考,在对荔波县城区地域特色塑造中应用了环境色彩设
计,我们借鉴发达国家城镇环境色彩设计处理的成功经验,并从调查荔波县

图 3-35 荔波县城区地域景观特色营造中的环境色彩设计背景

城区环境色彩的现状着手,首先弄清其城区的地理环境、风土人情和文化特征,了解当地的风土民俗及其历史、文化和未来的发展前景,从以下几个层面来探索荔波县城区环境色彩地域特色的塑造。

二、贵州荔波县城区地域景观特色营造中的环境色彩设计探索

荔波县城区地域特色塑造中的环境色彩设计探索主要从城区环境色彩的调查采集、目标定位、规划原则、详细设计与实施应用等层面来展开。

(一) 城区环境色彩调查采集

对荔波县城区需要进行环境色彩设计的建设基地展开调查,内容包括影响城区的自然环境色彩和人文环境色彩等的因素,以及城区邻近环境中对环境色彩有影响的物体色彩现状,拍摄出彩色照片并在城区环境平面图、

立面图上用色卡详细记录下来。

在前述调查的基础上,对城区人工构筑色彩现状进行采集分析,将环境色彩构成的内容(包括城区内已有的建筑、道路、节点与其他人工构筑设施等的色彩)予以归纳,找出城区现状色彩的配制比例,以形成城区环境色彩设计的组配依据(图 3-36)。

(二)城区环境色彩目标定位

荔波县城城区环境色彩的目标定位在于塑造城区环境色彩的特色,力求处理好传承与时尚、自然与人工、历史与文化及设计与实施之间的关系,并使之有机结合(图 3-37)。环境色彩目标定位有以下几点。

居住生活区域的环境色彩以安静舒适色调为主,力求创造出一个有魅力、温馨的生活环境。

行政办公区域的环境色彩以庄重的建筑色调为主,在严肃的色彩氛围中展现出亲民的平和感来。

商业服务区域的环境色彩以暖色调为主,渲染浓烈的商业氛围,激发人们的购物欲望;其中传统商业街区则结合当地的地方人文特色,现代商业街区则可传达出具有民族风貌的时尚色彩。

历史文化街区的环境色彩以暖色调为主,强调民族与传统环境色彩文化的传承与延续。

绿化休闲区域的环境色彩以暖色调为主,渲染安静、祥和的生活氛围,强调自由惬意的生活节奏。

旅游游览区域的环境色彩以柔和色调为主,强调游览区域自然色彩与民族色彩特有的视觉印象。

民族工业区域的环境色彩以冷色调为主,结合民族工业生产多彩配置。

(三)城区环境色彩规划原则

1. 传承地域特色的原则

不同城镇的地域景观特色会对所处城区的环境色彩产生影响,也成为城镇环境色彩设计中需要传承的珍贵文化资源。利用城区环境色彩来协助表达城镇的地域文化内涵和特色,已成为全球化趋势下获得地域特色塑造的重要手段,并成为城区风貌规划中需要把握的基本设计原则。

图 3-36 荔波县城区地域景观特色营造中的环境色彩调查采集

图 3-37　荔波县城区环境色彩目标定位及其基调色彩的确立

2. 符合功能要求的原则

不同城镇的环境色彩具有不同的象征意义,不同功能区域的环境主题需要与之相协调的环境色彩来表达,为此拟定城区不同功能建筑的基本色调必须符合其功能要求的设计原则。

3. 表达审美意义的原则

环境色彩除了可以表达功能方面的意义外,其审美意义的表达对城区地域特色的塑造也具有重要的作用。在确定城区不同功能环境色彩基调时,还应根据建筑审美要求的不同来确定建筑的色彩基调。

4. 增强识别的原则

增强城区建筑的识别性,满足大众在导向上的要求,便于人们通过色彩来识别城区的建筑,界定活动领域和空间范围,这也是设计中需要考虑的重要原则之一。

5. 与周围环境协调的原则

在确定城区某功能区域内的环境色彩时，还必须考虑与周围环境色彩的相互影响，使之能与周围环境协调。

6. 与地方建材结合的原则

城区环境色彩规划不仅仅是图上工作，设计出来的城区环境色彩是依靠具体的建材来实施的，这样在进行城区环境色彩规划的过程中，应遵循与地方建材结合的原则，使设计与实施能有机结合。

三、贵州荔波县城区地域景观特色营造中的环境色彩实施应用

（一）城区环境色彩的总体策略

荔波县城城区建筑总体主色调应以当地布依族、水族、瑶族、苗族等多民族的木构环境色彩的采集为依据，在此基础上提高色彩的明度和纯度，即以淡雅明快的中性色系如暖灰、冷灰色为主（图 3-38）。

荔波县城城区单体建筑不得大面积（指占外墙总面积 10％以上）使用强烈浓重的色彩，如红色、红褐色、黄褐色、深灰色等。城区地标或某些重要建筑如需以强烈色彩作为单体建筑主色调，须经城市设计专家委员会审定并报批。

在县城城区重要街道、中心地区，如现状环境色彩与整体环境极不协调，应通过色彩整治等技术措施加以改造。

城区各个特色分区应有不同的建筑主色调，不同的功能街区可以有不同的色彩特征。禁止在自然环境和旅游区内设置 3 m² 以上、色彩强烈的商业广告与导向标识，以维护县城城区特有的民族地域环境色彩印象。

（二）城区环境色彩的规划结构

荔波城区的环境色彩规划结构遵循从总体规划到分区规划，再到详细设计的步骤来展开。

1. 城区环境色彩的总体规划

这个阶段是决定城区发展大局策略的阶段，在对荔波县城城区的历史

图 3-38　荔波县城区风貌特色营造及其环境色彩的规划策略

和现状充分调研、分析的基础上，从"色彩"的角度确定荔波县城城区环境色彩总体发展的定位与原则，并制定城区环境色彩的分区规划。

2. 城区环境色彩的分区规划

依据城区环境色彩规划结构确立出的荔波县城风貌特色区主要包括旧城区的都市风貌区域与历史文化区，新城区的时代风貌区、滨水风貌区及旅游游览区，不同分区在城区景观特色营造中形成各自的风貌特征，并从整体上形成相互协调的空间关系（图 3-39）。

3. 城区环境色彩的详细设计

将城区环境色彩的总体规划与分区规划的种种构想贯彻落实，主要内容包括落实和划定荔波旧城区历史文物古迹保护区、传统老街区、地方民俗和民族聚居区的环境色彩保护范围，提出具体的色彩保护方案，并根据周边环境设计具体的环境色彩方案。荔波新城区的时代风貌区、滨水风貌区及旅游游览区从城区空间体系的主要环节——建筑、街道、节点、植被、标志及

195

图 3-39　荔波县城区地域景观特色营造中的环境色彩总体规划

广告、雕塑、市政设施等层面考虑民族风貌特色景观要素在其中的延续,并为荔波县城设计出有地域景观特色的新城区环境色彩。

(三) 城区环境色彩的风貌特征

依据荔波城区总体规划布局,城区主要分为五个风貌区,其环境色彩特征也各不相同。

1. 都市风貌区

都市风貌区位于荔波县城现状城区,是以现代建筑为主体的区域。该区范围内的建筑、街道、节点等均为现代设计风格,是荔波县城现有核心建成区。该区环境色彩推荐色谱及用色比例如图 3-40 所示。

主色调:都市风貌区以中高明度的暖黄色系为主,以高彩度及高明度的橙色、褐色、红棕色与亮丽的浅蓝色等来凸显其都市风貌区的个性与特点。

辅色调:以橄榄绿、浅绿与深灰色为辅助色和点缀色,以降低都市风貌区内中高明度色彩对环境造成的影响。

图 3-40　荔波县城区都市风貌区环境色彩分区规划

环境色彩：风貌区对环境色彩的色相不作限制，可选用醒目的色彩，以热情、跳跃的色彩来凸显荔波新城区的城市精神，但应注意对彩度与明度作出相应限定，以避免产生杂乱、刺激以及晦暗情绪的高纯度和低明度色彩出现。

2. 历史文化区

历史文化区位于荔波县城老城区，该区有很多的历史文化景点，风格特征主要在于反映荔波的历史进程。该区环境色彩推荐色谱及用色比例如图 3-41 所示。

主色调：旧城区建筑风貌已经基本形成，总体上以浅褐色墙和黑灰色瓦顶屋面为主。旧城区的新建建筑应总体上遵循这种色彩风格，沿用浅褐色、冷灰色墙面和黑灰色屋顶的色彩搭配。

辅色调：以红褐色、棕色、灰黑色作为主要的辅色调，即窗楞、柱、门的色彩。

图 3-41 荔波县城区历史文化区环境色彩分区规划

环境色彩：主要指广场和步行街道铺地的色彩，建议采用传统条石、青石板的灰色、青灰色为主。

3. 时代风貌区

时代风貌区位于荔波县城漳江北岸的新城区，是县城未来开发的重点，此风貌区应体现新城特点，即时代特征。该区环境色彩推荐色谱及用色比例如图 3-42 所示。

主色调：时来坝片区处于开发初期，有着相当大的可塑性，与旧城区相比，新城区的环境色彩应在传承民族风貌的基础上营造出时尚感与现代感，主色调总体上以暖色调为主。

辅色调：宜根据性质的不同分别采用稳重、坚实或热烈明快的暖色或中性色调。

环境色彩：宜采用比较明快的中性色，格调高雅。

图 3-42　荔波县城区时代风貌区环境色彩分区规划

4. 滨水风貌区

滨水风貌区位于贯穿荔波县城的漳江两岸及滨水绿地,以体现滨水特色的区域。此风貌区受到樟江的强烈影响,各处均体现滨水文化。该区环境色彩推荐色谱及用色比例如图 3-43 所示。

主色调:以与自然相融合的中低明度、低彩度的木色系为主体,点缀一些中等明度、高彩度的设施小品,力求最大程度上降低人工色彩的存在感,追求与自然色彩相融合的视觉效果。

辅色调:以蓝、绿、灰色系列作为主要的辅色调,风貌区内滨水构筑物辅以木、石本色。

环境色彩:主要指漳江两岸滨水绿地与水体色彩,风貌区内道路、小径与相关临水构筑物体等拟用中明度的青、灰等为环境色彩,以使滨水风貌区具有原生性特点。

图 3-43　荔波县城区滨水风貌区环境色彩分区规划

5. 旅游游览区

旅游游览区位于荔波县城漳江两岸、临近山水风光优美的旅游服务用地。此风貌区的塑造应体现荔波世界自然遗产地及其城区地域景观特色营造的特征。该区环境色彩推荐色谱及用色比例如图 3-44 所示。

主色调：滨水空间是游人和市民喜好的休闲地域，应展现和谐的色彩环境，沿岸建筑色彩要与天然的滨水景观交相辉映，以低彩度、中高明度的亮灰色系为主。

辅色调：以褐色、棕色、灰黑色或低明度色彩作为旅游游览区的辅色调。

环境色彩：城区设施色彩应具有明显的指向性和相应彩度，广场及地面铺装的色彩应体现地域特色，并与周边建筑及环境相呼应，在自然植被的映衬下，体现出大气、典雅、亲切的环境色彩氛围。

（四）城区重要节点环境色彩设计

按照荔波县城城区总体规划，荔波县城城区中心城区主要由旧城区、时

图 3-44　荔波县城区旅游游览区环境色彩分区规划

来坝片区、罗家寨片区和回龙阁片区组成。其中樟江河南旧城片区是现在的主要城区,樟江河北时来坝片区为正在建设的新城区,罗家寨片区是一个独立的休闲度假区,回龙阁片区是县城的工业小区。县城城区建筑总体色调以冷、暖、浅灰色为主,根据各个分区的特点进行变化,保持协调但各有特色。而城区重要节点的环境色彩设计主要包括以下内容。

1. 旧城区商业及休闲广场

荔波旧城区商业及休闲广场位于向阳中路与樟江路交汇处,包括具有荔波县城地标特色的大榕树及步行街广场。此处以布依族、水族、瑶族、苗族等的民族商业文化为主题,使该处在已建步行商业街的基础上,体现出具有布依族、水族、瑶族、苗族等民族融合、走向未来的城市购物环境艺术的设计特色。商业及休闲广场为展现民族融合、走向未来的风情节点(图 3-45),具体由"二区一点"构成。

"二区"为大榕树广场——展现荔波从行商到坐商,以及相互进行物物

图 3-45　荔波县旧城区商业及休闲广场环境色彩详细设计

交换的往事;步行商业街——展现荔波民族融合、走向未来的新生活图景。

"一点"为中共"一大"代表邓恩铭故居纪念馆景点。

2. 旧城区街道沿街立面环境

荔波旧城区街道沿街立面环境的整治,主要对构成城区的向阳路、建设西路、文明路、樟江北路、民生路及梨园路共 6 条街道等更新改造(图 3-46)。其整治目标如下:一是营造旧城区特色鲜明、风格独特、功能多样的街道系统;二是创建"宜人、宜居、宜游"的旧城区街道空间;三是通过街道整治,带动旧城区街道沿街立面整体环境的品质提升,打造与荔波世界自然遗产地相匹配的城区环境;四是实现旧城区街道功能与风格的协调统一,既服务国内外游客,又方便本地居民,以推动旅游经济与城区建设发展的共赢。

3. 新城区时来坝片区沿街立面环境

荔波新城区时来坝片区位于漳江北岸,是城市面向未来开发建设的重要场所。目前,时来坝片区沿街立面正在建设之中,建筑已有荔波喀斯特地

图 3-46　荔波县旧城区街道沿街立面环境色彩详细设计

貌世界自然遗产博物馆、三力酒店、荔波县宣传文化活动中心、樟江滨河演出中心及活动游园等,官塘大道、恩铭大道、时来路及江滨路等已建成。同时,新城区还将建设行政办公中心,政府及主要机关单位办公建筑,城市住宅、教育、医疗和商业服务中心等。时来坝片区的推荐色彩基调总体上以暖色系列为主,其环境色彩应在传承民族风貌的基础上营造出时尚与现代感来(图 3-47)。

4. 罗家寨片区沿街立面环境

罗家寨片区是荔波城市樟江以南的一个独立的休闲度假区域,其建筑与山水环境相互融合,同时体现出营建的时代气息。罗家寨片区沿街立面环境以浅灰与中性褐色为色彩基调,并采用比较协调明快的暖色调或白色为辅色,环境色彩采用比较明朗的山水之色形成对比关系(图 3-48)。

5. 回龙阁片区民族工业园入口空间环境

回龙阁片区民族工业园位于荔波城市樟江的西南,是城市为发展民族

图 3-47　荔波县新城区时来坝片区街道沿街立面环境色彩详细设计

工业、推动地区经济建设所设的园区,环境色彩以冷色调为主,结合民族工业生产对环境色彩予以多彩配置。民族工业园入口空间系园区重要节点,这里设有民族歌舞与奇风异俗的表演场地,并在此展示荔波多民族特有原真生活的场景,诸如民族祭坛、表演舞台、铜鼓廊架及展示荔波布依族、水族、瑶族、苗族四个民族的图腾神柱等,将荔波多民族共融发展的风貌特征呈现出来(图 3-49)。

(五)城区环境色彩控制与管理

日本著名环境色彩规划家吉田慎吾说:"色彩本身并无美丑,关键是如何运用色彩。"荔波城区地域景观特色营造中的环境色彩总体规划基于世界自然遗产地的环境色彩现状,依托影响城区环境色彩的自然因素、人文因素、人工因素及历史因素,运用科学的色彩学、美学规律以及城市规划设计理念,将民族风貌特色景观要素引入荔波城区环境色彩设计之中,并分别从总体控制、分区控制及地段控制三个层面对城区环境色彩进行科学、合理的

图 3-48 荔波县罗家寨片区街道沿街立面环境色彩详细设计

统筹安排和控制引导,从而创造出和谐、有序、优美、明晰并具有民族文化内涵、风貌特色鲜明的城市色彩景观效果。

完整的城市环境色彩规划设计还需要良好的环境色彩控制方法与管理制度来落实。因此,为保障荔波城市环境色彩规划设计的实施,尚需在以下几个方面作出努力。

一是在荔波城建局设立城市环境色彩规划设计专职管控部门。由于城市环境色彩规划设计涉及多个学科,就色彩学而言,它又涉及色彩科学与色彩艺术相互交织的内容,只有专业人员才能承担起这项工作。因此,建议在荔波城建局等相关管理机构设立专职部门,或增设专职人员管理荔波城区环境色彩方面的工作。

二是加强城市环境色彩规划设计管控知识的普及工作。城市环境色彩规划设计的管控工作需要得到多方认同方能顺利实施,而这需要更多的人对城市环境色彩规划设计与管理控制的意义、方法、流程等内容加深了解。

图 3-49　荔波县回龙阁片区民族工业园入口空间环境色彩详细设计

因此,有关机构需要根据具体情况编纂和印发宣传材料,让政府、民众及开发商更为全面地了解城市环境色彩规划设计与管理控制的相关内容,以便在具体实施中得到更加广泛的认同与支持。

三是完善城市环境色彩规划设计管控配套措施。城市环境色彩载体多,影响因素多,受众喜好各不相同,再加上实施阶段的操作,给城区地域景观特色营造中的色彩风貌管理带来一定的难度。仅仅依靠技术上的控制引导不足以维持城市色彩风貌的一贯性,不足以保护代表性的环境色彩风貌特征,尚需依据荔波城市的具体情况制定出相应的管理控制规章制度,直至借助相关法制手段予以管控。

上述管控方法实施的目的在于维护荔波县城及周边空间色彩基调共同构成的城区整体环境色彩设计效果,使荔波城区环境色彩设计呈现出既有文化品位、又有时代感的色彩设计效果来。

第四章　道路工程景观的环境色彩设计

在城市空间中,道路是连接城市各个功能区域的纽带,也是城市空间重要的组成部分。城市道路不仅反映一个城市政治、经济、文化的发展水平,并且在当代还成为城市形象和城市环境景观营造的核心。美国著名的城市规划设计理论家凯文·林奇在《城市意象》一书中将城市空间概括为道路、边界、区域、节点、标志物五大要素。其中道路处于首要地位,它对城市功能分区、空间结构、交通组织及景观营造都有着非常重要的作用。今天,随着人们观念的转变和生活方式的变化,城市道路在城市空间中发挥更多的作用。除满足城市各种交通运输的基本功能外,还为人们提供各种公共活动空间,如交往空间、购物空间、餐饮空间、休闲空间、娱乐空间等,同时还要满足城市文化传承、生活品质提升及审美情趣变化等层面的需要(图 4-1)。由此可见,在城市空间中,道路已成为一个城市的活力与生命所在,且对城市未来的持续发展具有战略意义。

图 4-1　作为连接城市各个功能分区的道路系统

第一节　道路工程景观的内涵及环境色彩设计要点

一、城市道路及其工程景观的意义

道路的广义含义是供人、马、车辆通行的路，以及两地之间的通道，包括各类公路、城市道路与街道、乡村道路与街道、工矿企业道路、相关机构道路、专用道路等。道路是人类社会生活和文化生活的主要发生器，也是人类生活与生产活动不可缺少的最基本的公共设施。

城市道路是指在城市空间中通达城市各个功能分区，供城市内部交通运输及行人使用，便于居民生活、工作及文化娱乐活动，并与市外道路连接，负担着对外交通的道路。城市道路由不同的地貌、建筑、设施、绿化、环境小品等构成，且形成多种线状形态，是城市组织的"骨架"，也是城市交通的"血管"。它代表着一个城市的形象，通过流动的空间来反映城市丰富的文化内涵。为此，对城市道路工程尚需要从景观营造的层面来认识。

（一）城市道路景观的内涵与作用

美国杰出作家、学者和社会活动家简·雅各布斯在《美国大城市的死与生》一书中提出："当想到一个城市时，心里有了什么？它的街道。如果一个大城市的街道看上去很有趣，那么这个城市看上去也挺有趣；如果这个街道看上去很枯燥，那么这个城市看上去也很枯燥。"简·雅各布斯在这里所说的"街道"亦可理解为本书所界定的城市道路。

欧洲于19世纪后期开始关注城市街道景观，并在城市规划中产生了道路景观的概念。美国于1907年开始组织道路工程师和园林建筑师协作设计道路景观，主要是在现场勘查中考虑道路线形与地貌的配合，保护和利用沿线景物。20世纪30年代德国产生了关于道路美学的系统理论，后日本在吸收上述理论的基础上，于20世纪中期以后提出了有关道路景观的认识理论。如曾担任日本建筑学会主席、日本建筑师协会主席的芦原信义在《街道的美学》和《续街道的美学》两书中集中体现了他的美学思想。芦原信义出版的《街道的美学》等著述对中国 20 世纪后期至今的城市道路与街道设计也产生了持续性的学术影响。

有关城市道路景观的内涵，我们认为它既包含城市道路景观中狭义的"景"，又包含人们对城市道路景观的感知结果"观"，以及人在景中实现"观"的过程——社会生活。它是由道路空间、围合空间的实体以及空间中人的活动共同组成的复杂综合体，涵盖了城市道路的物质形态与文化形态，以及它们在城市空间中的表现。

从城市整体而言，城市道路景观是组织城市景观的"骨架"，也是展现城市景观最集中、最重要的载体，在一定程度上成为表现城市文化特色的媒介，并直接影响着城市景观效果；从城市局部来讲，城市道路景观又是城市景观的重要构成要素，与城市的整体氛围和特色塑造密切相关。在城市空间中，城市道路景观不仅是城市人文精神要素的综合反映，是一个城市历史文化延续变迁的载体和见证，也是一种重要的文化资源，是构成城市文化表象背后的灵魂要素。诸如北京的长安街、上海的南京路、俄罗斯圣彼得堡的涅夫斯基大道、美国纽约百老汇大街、意大利米兰的蒙特拿破仑街、澳大利亚悉尼的皮特街、四川成都的锦里步行街等都是城市道路景观的成功范例（图 4-2）。

关于城市道路景观的作用，若从物质构成关系来说，城市道路景观是组织城市景观的"骨架"，是展现城市景观最集中、最重要的载体，在一定程度上成为表现城市文化特色的媒介，并直接影响着城市景观整体关系的形成及景观个性的物质表述。若从精神构成关系来说，城市道路景观又是人们确定有关城市景观印象的首要因素，应从审美需要出发，在满足交通功能的同时，充分考虑道路空间的美观、使用者的舒适度以及与周围环境的协调，对城市道路景观的个性塑造与艺术魅力的彰显起到推动作用。

（二）城市道路景观及其构成类型

城市道路景观是指道路空间中被人们感知的道路本体，是两侧的建构筑物、服务设施、公共艺术、绿化水体、地形地貌等组成的各种物理形态。随着人们在道路空间中的移动，视角的不断变化产生一种连续动态的效果，看

图 4-2 风貌各异的城市道路景观印象

1.中国北京长安街； 2.俄罗斯圣彼得堡涅夫斯基大道；

3.澳大利亚悉尼皮特街； 4.中国四川成都锦里步行街

到的路面、车辆、建筑、植物及相关目标的连续景物，从而形成对城市道路风貌的基本印象。而城市道路景观的营造，依据城市空间中道路等级的不同，其处理的方式也各异。根据《城市道路工程设计规范》(CJJ 37—2012)中对城市道路等级的分类，城市道路有快速路、主干路、次干路与支路之分。

快速路——在城市道路中设有隔离带，具有双向四车道以上的规模，全部或部分采用立体交叉与控制出入，以供车辆以较高速度行驶的道路。城市快速路设置的作用是保证汽车畅通连续行驶，以提高城市内部的运输效率。两侧有非机动车时需设分隔带，行人横过车行道时需经由控制的交叉路口或地下通道及天桥方可通过。

主干路——城市空间中道路路网的骨架，是用于连接城市各主要分区的交通干道。城市主干路上的交通要保证一定的行车速度，故应根据交通量的大小设置相应宽度的车行道,以供车辆畅通行驶。主干路两侧有非机动车时需设分隔带,并建有相应宽度的人行道。

次干路——城市空间中配合主干路共同组成干路网,以起到联系城市各部分与集散交通作用。一般情况下应设快车道和慢车道供车辆混合行驶,条件许可时也可另设非机动车道。道路两侧应设人行道,并可使人行道两侧的公共建筑物对人流产生吸引力。

支路——城市空间中次干路与街坊路的连接线,也是解决局部交通问题的道路。支路的功能是服务市民的生活,并可用以补充干道网不足时的公共交通需要。

基于城市道路等级的不同,将道路工程景观引入快速发展的城市道路建设,对塑造城市的特色形象与提高生活品质具有十分重要的意义。目前,在城市空间中的道路工程景观构成类型包括以下形式。

1. 具有观赏意义的城市道路

具有观赏意义的城市道路包括城市景观大道、历史风貌古街、城市公园园路(图 4-3)。

图 4-3 具有观赏意义的城市道路

1.法国巴黎的香榭丽舍大道; 2.中国上海浦东的世纪大道;

3.英国伯明翰的 Soho House 历史街区; 4.中国江苏苏州的山塘老街;

5.新加坡滨海湾公园的高架廊道; 6.中国武汉东湖景区内的城市绿道

一是城市景观大道——将道路景观与城市环境有机结合,以为城市市民及外来宾客展现城市风采和风貌。其建设的目的就是将道路单一的交通功能转换为集交通、景观、生态、休闲等多种功能于一体的复合型城市道路空间,是城市形象塑造中重要的建设内容。如法国巴黎的香榭丽舍大道、中国上海浦东的世纪大道等均为著名的城市景观大道工程。

二是历史风貌古街——承载着岁月流逝的痕迹,虽然历经沧桑,但在斑驳的墙壁上记录着许多民间流传的精彩故事,是城市发展的见证。所以它是历史的见证者,是故事的记录者,更是人们认识历史、缅怀过去的场所。历史风貌街道就仿佛是一瓮老酒,越陈越醇。如英国伯明翰的 Soho House 历史街区、中国江苏苏州的山塘老街等,即包涵了历史文化气息和悠闲的市井风韵。

三是城市公园园路——城市公园、景区及休闲场所的道路,它不仅可作为交通的纽带,也是人们休闲娱乐休憩、放松身心的重要场所。如新加坡滨海湾公园的高架廊道与园区道路、中国武汉东湖景区内的城市绿道与临水休闲步道等,均呈现极具特色的景观效果。

2. 具有商业意义的城市道路

具有商业意义的城市道路包括城市商业步行街和金融商贸街(图4-4)。

一是城市商业步行街——由步行通道和林立通道两旁的商店组成,商品集中,构成街肆的商业步行道路与环境。它的建设不仅为城市空间注入了活力,也使城市生活方式得以改观,是世界各国城市复兴计划的重要模式。如日本大阪的心斋桥作为大阪商业步行街,集中了许多精品屋和专卖店,从早到晚熙熙攘攘,到处是市民和游客,是大阪著名的购物街区。中国湖南长沙的黄兴南路步行商业街也是一条集购物、休闲、娱乐、餐饮、文化及旅游等多项功能于一体且具有商业意义的城市道路,其步行商业街有内街和外街之分,街内商铺众多、品牌齐全,除各种常规服装店、饰品店以外,这里还汇集了全国各地的小吃美食,旁边的坡子街更是长沙特色小吃的聚集之处,有长沙人民耳熟能详的火宫殿、双燕楼、红梅冷饮等,数不胜数,是城市对外的一张景观形象名片。

二是金融商贸街——具有金融商贸意义的街道,它展示给人们的是金

图 4-4　具有商业意义的城市道路

1.日本大阪心斋桥商业步行街；　2.中国湖南长沙黄兴南路步行商业街；

3.美国纽约曼哈顿的华尔街；　4.中国上海的陆家嘴金融商贸街

融商贸气息，在大城市中对城市的整体形象起到非常重要的作用。如美国纽约曼哈顿的华尔街，在这条 600 米长的狭窄街道云集了世界上各大知名企业以及各大银行和金融机构，最著名的还属纽约证券交易所。中国上海的陆家嘴金融商贸街，是上海浦东开发以来建设的国家级金融中心。

3. 具有生活意义的城市街道

具有生活意义的城市街道包括传统住区街巷和现代住区街巷(图 4-5)。

一是传统住区街巷——城市旧城住区中密如蛛网、纵横交错的街巷与胡同等，包括水街水巷。如西班牙安达卢西亚地区城市老市区中别有洞天的小街巷、意大利威尼斯蜿蜒交错的水街水巷与中国北京旧城区的老胡同等，均给人们美不胜收、流连忘返的印象。

二是现代住区街道——城市现代居住小区中的生活道路，它们既承载

图 4-5　具有生活意义的城市街道

1.西班牙安达卢西亚城市中的老街巷；　2.意大利威尼斯的水街水巷；

3.中国北京旧城区的老胡同；　4.加拿大温哥华中心城区太平洋协和社区的生活道路；

5.中国深圳万科城住区中的道路系统

着居住小区中人们的通行和疏散的需要，也成为小区居民之间进行交流与活动的重要场所，其道路景观的营建还为居住小区环境起到增光添彩的作用。如加拿大温哥华中心城区滨水地带在 20 世纪 80 年代末所建的太平洋协和社区，其住区内就展现出滨水住区的景观特色。中国深圳万科城住区中的道路体系从整体上与开放式的社区规划结合，以街区为单元，干道与支路相连，使住区通过干道发生联系，支路内部通达性良好，道路景观也呈现出异国风情小镇的特色风貌。

（三）城市道路景观的基本特征

在城市空间景观建设中，道路景观的营造有其自身的性质与特点，主要表现在以下几个方面。

一是动态性。城市空间中的道路路网属线状空间景观系统，其道路景观具有延绵、起伏、转折与连续等特点。在时空环境上，道路景观一方面有前后连贯的空间序列变化,另一方面又有季相(四季)、时相(早、中、晚)、位相(人与景的相对位移)和人在心理时空运动中所产生的变化等对道路景观的影响,其道路景观的营造永远作为"过程"而不断发展,并始终处于动态变化之中。

二是识别性。城市空间中道路的可识别是景观营造最基本的要求,道路的识别性包括路型、方位与环境可识别。在城市空间中,由于道路路网纵横交错,极易造成形象雷同、难以识别等问题,增强道路景观识别性的方法包括设置路名标志、完善导向系统、强化道路特征、优化路网结构等,以使人们在城市空间中能够处于一个清晰、明确及便于识别的道路环境之中。

三是场所性。道路是城市生活的舞台,其空间与人们的日常生活和交往息息相关。城市道路空间中的各种活动与道路空间中活动人群的参与等行为密切相关,对人们的生理和心理需求产生影响,为人们提供在空间内停留、交流、自我表现、游戏和锻炼的场地以及相关的设施等,建立起人与道路空间之间的认同感与归属感。

四是层次性。城市道路景观的营造是一个系统工程,道路景观的实体与空间子系统由道路本体,两侧的建构筑物、服务设施、公共艺术、绿化水体、地形地貌等若干要素所构成。其中子系统相互交叠,道路景观营造中有许多要素同时又是其他系统的成分,因此需要通过梳理使其层次性得以呈现。

五是文化性。城市空间中道路景观的特色主要通过对城市道路人文氛围的营造来呈现环境的美感,使城市市民具有一种亲切、认同、熟悉的感受,也使外来宾客产生一种新奇的印象。城市道路景观的文化性,即通过对城市道路景观的营建融入城市文化、历史、地域、民俗等特色要素,才可将城市的个性和城市精神以及行为文化融入道路空间形态之中,使城市道路空间具有鲜明的特色,从而产生地域文化特点与景观效益。

二、城市道路工程景观与环境色彩的关系

城市道路是城市空间景观的主导因素,它不但要承载城市的人流与物流,并且是城市景观中最具特色的物质载体。由于城市道路景观独特的区

域性与功能性,道路景观的营造在城市景观个性塑造中显得意义重大。而环境色彩作为城市色彩体系的重要组成部分,不仅在展示城市总体风貌方面具有十分重要的作用,在城市道路工程景观营造中也显得尤为重要,并有着广泛的应用价值(图 4-6)。

图 4-6　城市道路是其环境色彩体系的重要组成部分

在城市道路景观设计中,环境色彩是景观营造的重要组成内容,也是人们感知城市色彩景观的场所空间。色彩具有调动人们情绪和感觉的作用,并能够对人们的生理和心理产生积极的影响。将环境色彩纳入城市道路景观设计,能使城市道路景观给人以不同的视觉印象,有助于人们在城市空间中有效直观地区分和识别不同等级道路景观的差别,便捷、安全、方便地到达目的地,且在运动行进中体会到道路景观带来的具有动态效果的审美感受。

不同的城市区域环境,甚至每条道路都有自身的空间场所特质,充分挖掘城市具有地域文化的色彩元素,并且将环境色彩有目的地加入城市道路景观营造中,对于提升城市景观面貌、增加城市色彩认知、营造城市线性色彩景观、提升城市道路景观形象具有重要的作用。

城市道路景观设计中环境色彩的调和与对比关系,既包含道路景观自身色彩表情中存在的内在调和,又包含道路景观与整个环境氛围的相互融合。道路景观中环境色彩的对比表现在各类安全标识色彩的应用所需,包括道路路面材质的色彩处理与景观表达。道路环境色彩需顾及人们心理和生理层面的反应,创造符合视觉感受的整体协调的道路色彩景观效果,彰显城市道路景观的设计品质。

三、城市道路环境色彩景观的设计要点

就城市道路工程景观营造而言,城市道路景观色彩包括道路本体及其沿线一定区域内若干构成要素的所有色彩视觉信息,其道路色彩景观系统可分为道路本体,两侧的建构筑物、附属设施及绿化水体、地形地貌等,其设计要点包括以下内容。

(一) 道路本体色彩景观

道路本体景观包括路面与指引标识等(图 4-7)。

图 4-7 道路本体的色彩景观设计

1~2.道路路面的色彩景观; 3~5.道路指引标识的色彩景观

道路路面——城市机动车、非机动车与行人的道路承载面,有刚性和柔性路面之分,多数道路路面上设有各种标志标线。作为道路承载面,其色彩选用除需考虑与周围环境协调以外,还需考虑辨识性。目前道路路面材质色彩多为灰色、蓝灰色、蓝色、黑色四种,彩色路面形式也已用于城市道路路面铺设,使城市道路路面材质色彩呈现多姿多彩的景观效果,应用中需注重其环境色彩关系的处理。

指引标识——城市道路路面、道路两侧及路面上空所设警示标线、指引标识、信号灯具与各种标牌等,它是以色彩、图形、符号、文字与灯光向驾驶人员及行人传递特定信息,用以管制警告及引导交通的色彩系统。指引标志也可称作道路交通标志标线,用于城市道路指引时应考虑避免透视、色差引起的错视现象,并基于路面与周边环境状况来进行环境色彩景观设计。

(二)道路两侧建构筑物色彩景观

建构筑物景观包括道路两侧建筑及架于道路可供通行车辆路面净空上的各种构筑物体等(图4-8)。其中道路两侧建筑色彩景观即由城市环境色彩景观总体规划予以考虑,进行道路色彩景观设计仅能将其作为背景,并对道路色彩景观产生破坏的可提出整改意见并予以调整。道路路面净空上的各种构筑物体则需结合道路色彩景观进行具体设计。

图 4-8　城市道路两侧建构筑物具有环境色彩特色的景观营造

(三)道路附属设施色彩景观

道路附属设施包括服务设施、公共艺术与道路构造物等。

服务设施包括信息类、交通类、卫生类、照明类、服务类、管理类与无障碍等城市不同等级道路上的各种设施设备(图4-9)。

图4-9 道路附属设施中服务设施的环境色彩景观效果

公共艺术包括城市不同等级道路、交叉路口、停车场地所设环境雕塑、壁画、装置、灯光与水景艺术品等(图4-10)。

图4-10 道路附属设施中公共艺术的环境色彩景观效果

道路构造物包括路缘石、路肩、护坡、防撞护栏、跨线桥与隧道(图 4-11)等。

图 4-11　道路附属设施中构造物的环境色彩景观效果

城市道路附属设施的色彩景观设计要点是对其以点状、线状、面状等进行归类,依据不同城市空间特点、道路所处场所等条件,色彩景观应注意与周围环境、地域特性及道路本体色彩景观的协调,在局部或特殊地段色彩景观要求变,从而使城市道路色彩景观丰富有序。

(四) 道路绿化水体与地形地貌等色彩景观

道路绿化指的是在道路两旁及分隔带内栽植树木、花草以及护路林等(图 4-12),其色彩景观设计要点要考虑道路两旁植物的色彩随气候、季节的

图 4-12　道路绿化水体与地形地貌的环境色彩景观效果

变化呈现不同的色彩效果,绿化植物的配置除应体现很好的地方性外,同时还需与周围环境相互配合。

水体与地形地貌等色彩景观均为城市道路两侧的自然景象,道路色彩景观设计中更多考虑的是与其和谐相处。

德国哲学家弗里德里希·威廉·约瑟夫·冯·谢林在《艺术哲学》一书中指出:"个别的美是不存在的,唯有整体才是美的。"和谐是色彩运用的核心原则,也是色彩设计的核心原则。城市道路色彩景观设计的要点在于把握环境色彩整体秩序的建立及其层次的梳理,在色彩基调上求统一,在局部或特殊地段色彩处理上求变化,从而使城市道路色彩呈现丰富而且有序的景观效果。

第二节 城市道路工程景观中的环境色彩案例探究

道路是城市空间的重要组成部分,也是便于人类在城市中进行生活、工作、学习、休息等活动,满足人们各种交通需要最基本的公共服务设施。随着社会经济发展和城市发展水平的提高,人们对道路的要求已不再是简单的通行功能,而是把道路看作是城市环境中不可分割的一部分,对其环境景观功能提出了更高的要求。在城市发展中,道路的建设甚至比城市建设的历史更为久远,伴随世纪的变迁,不少历史悠久的城市空间中或多或少地保留了多条老街,老街保留下来的景象反映了历史,通过维护、整治与更新,使其至今仍散发出活力与价值。这些老街的环境色彩也与老街道路的路面、两侧的建构筑物、附属设施及绿化植被等,共同构成老街所在城市独有的街道景观,令人向往,如意大利米兰的蒙特拿破仑大街、日本京都清水寺周边老街的环境色彩,更是散发出其历久弥新的魅力。而新建城市空间中的道路,尤其是城市的主干道更是十分关注其道路景观的营造,道路的环境色彩更是成为景观个性塑造中的重要因素,如中国深圳深南中路的环境色彩等,在道路景观建设中展现其独有的环境色彩设计风尚。

一、意大利米兰蒙特拿破仑大街的环境色彩

蒙特拿破仑大街位于意大利米兰的市中心,是米兰乃至意大利最高雅、最昂贵的一条历史与购物商业老街。蒙特拿破仑大街有其厚重的文化沉淀,最早可以追溯到古罗马帝国时期,16世纪末被命名为蒙特街,1804年更改为现有街道名,19世纪初期,米兰市对这条街道进行了重建。19世纪末,各种奢侈品牌精品店如雨后春笋般出现在这条街上,并不断蔓延。经历第二次世界大战炮火的意大利,在20世纪50年代经济得以复苏,且在经济逐渐繁荣的背景下,通过对蒙特拿破仑大街的更新,使之开始成为意大利米兰市中心的商业购物街。直至今日,这条老街更是成为米兰"时尚四边形"中最重要的街道。如今,蒙特拿破仑大街已主要成为高级时装和珠宝在全球范围内的聚集地,全球最重要的时装设计师和几乎所有顶尖品牌,如古驰、范思哲、阿玛尼、巴宝莉、普拉达、路易·威登、迪奥等,都在这条街上开设了专卖店和陈列馆。蒙特拿破仑大街如同米兰被认为是名满天下的时尚之都一样,已经被认为是当下意大利首屈一指的时尚品牌名街。

人们走在蒙特拿破仑大街上,脚踩着石板路,并不感觉街道有多么宽敞,而更像一条幽雅的小巷。街道两侧为19世纪初期所建的新古典风格的建筑,整体风貌呈现出幽雅的姿态。从蒙特拿破仑大街街道界面环境色彩来看,街道路面全由精致的石板拼砌而成,路面石板呈褐红色或青麻灰色,两侧建筑有灰白色、土黄、浅橘、绿灰、暗红等色,加上金色、浅绿灰、浅蓝灰等色的屋顶,少量白色糅合的边框给人一种厚重、深沉及对比中呈现调和的色彩印象。街道附属设施如路灯、车档、垃圾桶、座椅、种植器皿以及商业广告、遮阳篷、广告吊旗与路边商亭等均采用色相不同的深灰系列色彩,以构成环境色彩统一的视觉效果。仅街道指引标识、公交车辆、时令活动广告、街旁的鲜花等色彩显得靓丽。

作为意大利米兰乃至世界著名的时尚街道,街道两侧的世界时尚名店均建在充满意大利风情的欧式建筑物里。店面、橱窗设计精美,标新立异,诠释了品牌的概念。如果不是专注于购物,毫不张扬的店面造型与色彩也许不会引起人们的关注(图4-13)。

图 4-13　米兰蒙特拿破仑大街环境色彩呈现出低调、贵气的品质和氛围

　　蒙特拿破仑大街除汇聚众多世界时尚名店外,有"歌剧麦加"之称的世界著名的斯卡拉大剧院、米兰大教堂、外形典雅颇有古风的埃玛努埃二世长廊,以及政府办公建筑、电影院、书店、美术馆、画廊、餐厅、银行与街头广场等散布于街道两侧及周边街区。大街上虽人潮拥挤,可依然给人以优雅的感受。米兰作为时尚之都,每年在此预测并发布下一年度色彩流行趋势,并从服装、纺织用品扩展至生活用品、交通工具与家居建材色彩走向,对建筑与环境色彩也产生影响。为此,在蒙特拿破仑大街人们既可见到着装时尚、光彩照人的模特,也可从精品名店中展出的时装、家居及奢侈用品中感受到时尚的风采。蒙特拿破仑大街自身展现出的低调、高贵的品质和无处不在的艺术气质,这也许是其街道、建筑及环境色彩呈现出的城市文化氛围(图 4-14)。

二、日本京都清水寺周边老街的环境色彩

　　清水寺是日本极负盛名的国宝级古刹,也是世界文化遗产。该寺位于

223

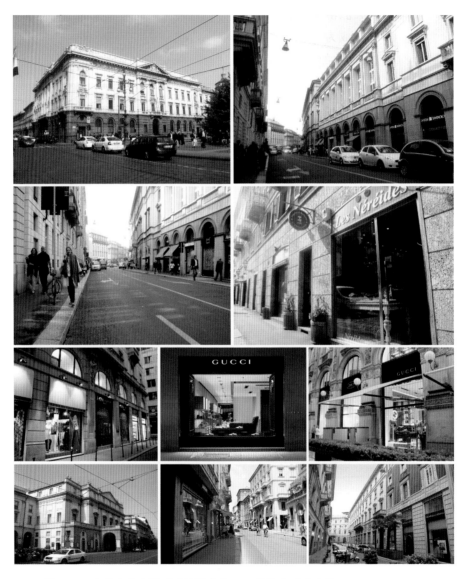

图 4-14　米兰市中心的时尚品牌名街——蒙特拿破仑大街

京都洛东区的峭壁悬崖之上,在日本不少古典文学作品中均曾提到这座寺庙,可见其声名显赫。京都是日本千年古都,人口 150 万,在公元 794 年至 1868 年曾为日本的首都。京都古城仿照中国唐代长安的棋盘式布局,城内分洛东、洛西、洛北、洛南和洛中。其至今仍保存有古寺千余座,还有众多历史遗迹,这使京都成为日本著名旅游城市。

　　位居清水寺周边的老街与古寺一样,步入其间仿佛让人们回溯到千年之前:老街古色古香的建筑、玲珑雅致的园林、精巧迷人的小品,无不散发着盛唐时期中国与日本和风文化交融的独特魅力。老街的景观唤醒了人们对故国家园的记忆,老街的韵味巷道通其心灵深处。在老街的两侧,一幢幢各不相同的店铺则由于采用了相同的结构和建造技术,使老街显得具有整体感,老街古朴、平和的环境色彩给人们留下宁静、安灵的景观印象(图 4-15)。

图 4-15　散发着和风文化魅力的京都清水寺及其周边老街

　　从清水寺周边老街来看,清水寺周边几条老街在定位上虽有差异,但整体上都围绕着"古都古街"这一主题进行打造,使老街在总体上给人以整体感强、环境色彩协调的感受。清水寺周边老街的街道路面均用青灰、浅土黄等颜色的石块铺砌,石砌路面做工考究,且整个地面环境十分整洁。老街两侧建筑在样式上仍然采用的是低矮和式造型,其色彩主要使用黑、白、灰、红以及木纹本色等色调,显得经典大方;在材料上以石、木、竹、藤及草质等材质为主,显得自然质朴;街道空间在植物配置上也多用松类、盆栽、八仙花等,以凸显其高洁秀美。街道附属设施如通信、服务、卫生与照明设施,以及店招广告、街灯座椅、水池山石、窗门景墙与树木花草等,无不设计得体、构建雅致、管理细微、维护到位。清水寺周边老街虽然熙熙攘攘,但是每家店都布置得十分漂亮,让人进去之后有赏心悦目的感觉。这些一家连着一家的小店出售各种食品、用品、工艺品与纪念品等。日本的纪念品都做得很精致,和果子、茶的包装都相当精美,还有不少小瓷器比如酒壶、茶具也让人一见倾心,各种样式的发财猫、Kitty猫都非常可爱。另外,老街不少店铺在门口不大的空地上通过景墙花窗、店招窗帘、盆栽山石等的处理,均展现出日本庭园艺术之高雅与婉约之美感。在这其中,老街所用构筑建材的朴实与原生态,也是老街环境色彩处处彰显着千年古都的细致和优雅,给人们以淳朴意境及景观意象的原因(图4-16)。

三、广东深圳深南中路及深南东路西段(人民桥以西)道路环境色彩

深圳市地处珠江口东面,东临大鹏湾,西接珠江口,与素有"港口明珠"之称的香港仅有一河之隔。它是我国除海南省之外最大的经济特区。改革开放40年来,深圳人锐意改革、勇于开拓、大胆创新,在近乎空白的地区描绘现代化国际性城市的蓝图,走出了一条具有中国特色的城市发展道路,创造了世界城市发展史上的奇迹。深圳是我国经济发展史上的一朵奇葩,其发展速度更是令世界为之侧目。

从深圳市城市道路建设来看,城市建设已形成了"五横八纵"的城市快速路网络,并规划在2030年前,深圳市的干线道路网(包括高速公路和快速路)将形成"七横十三纵"的总体布局形态。深南路作为深圳市的一条东西向重要交通主干道,东始于罗湖区深南沿河立交,西终于南山区南头检查

图 4-16 京都清水寺周边老街及其环境色彩视觉印象

站,全长约 30 km,由东至西横穿深圳罗湖、福田、南山 3 个区,由深南大道、深南中路与深南东路三个不断延伸的路段所组成。深南路作为城市景观大道,无疑是深圳备受瞩目的道路形象,它既是深圳经济特区的迎宾大道,也是深圳的城市名片。每当太阳升起,深南路显得明净清朗,道路两侧繁密艳丽的各种鲜花灿烂得让人心醉;夜幕低垂,数不清的霓虹华彩扑面而来,处处璀璨辉煌(图 4-17)。

深南中路位于深圳市深南路的中段,为城市东西走向的主干道。深南中路涉及的范围横跨深圳市福田区、罗湖区,起于皇岗路,止于红岭路段,全长约 4.5 km,宽 60 m,车行路面宽 48 m,为双向八车道(图 4-18)。2016 年国庆节后,我们对深南中路以及深南东路西段(人民桥以西)道路环境色彩

图 4-17　有"南中国第一路"之誉的深圳深南路道路景观

现状进行了调查,可见深南中路及深南东路西段(人民桥以西)道路经过几次更新改造,其道路环境色彩呈现出具有特色的景观风貌,归纳来看道路环境色彩景观风貌具有如下特点。

一是道路本体的环境色彩景观可从道路路面与指引标识两个层面来解析,其中道路路面由 SMA 改性沥青铺设,路面呈青灰色。覆盖路面的 SMA 改性沥青具有吸尘能力强、降低行车噪声的特点,并由此与走在全球绿色革命前列的欧美地区、日本等同步,使深南路成为一条"环保路"。而道路两侧人行道的路面整体上由偏暖色的麻灰石材铺砌,也有红色条石与偏色麻灰石材铺砌形成分离线及自行车道区域,盲道用偏黄或深灰色石材铺砌。深南东路西段(人民桥以西)道路两侧人行道的路面以及深南中路道路两侧边

图 4-18　深圳深南中路及深南东路西段(人民桥以西)道路环境色彩

的中信大厦及城市广场、邓小平画像广场、深圳大剧院前广场、万象城及下沉广场等地面铺砌用材多样、图形丰富，由浅黄灰、浅米灰、深绿灰、黑釉灰等颜色的地面石材铺砌，发展大厦与深交所前广场还设有防腐木步道，铺设用色由火焰红、板栗色、金麦黄等组成，地王大厦前广场地面还用红褐色石砖与蓝灰色条石相间，以方格图形的地面铺砌色彩等，用色彩与周边路面相区别。

　　而在道路指引标识用色方面，深南中路及深南东路西段（人民桥以西）道路车行路面均画有黄色及白色交通分隔线与警示线，醒目且明亮。整个路段道路指示、导引与路名标牌均为统一的蓝底白字，地铁站点指示、导引牌为统一深灰底加白字，通行引导信号灯杆为黑灰与蓝灰色，警示标牌为黄底黑字，警示标识中的图形类标识为红底白字，文字类则为白底红字。道路指引标识用色统一，道路两侧商厦、银行、办公楼等的指引标识有不同行业CI系统色彩特点，给人色彩多样的感受（图4-19）。

图 4-19　深圳深南中路及深南东路西段（人民桥以西）道路本体的环境色彩调研与分析

二是深南中路及深南东路西段(人民桥以西)道路两侧建构筑物环境色彩景观,包括道路两侧沿街立面与路上的构筑物等,其中深南中路及深南东路西段(人民桥以西)道路两侧及周边区域展现出来的是深圳改革开放40年来快速发展、不断进取的城市经典。这个路段作为深圳经济特区的核心繁华地段,其间集中了深圳最大的商贸圈——华强北商圈、深圳金融中心区蔡屋围金融中心区,道路两侧为深圳特区具有标志性的建筑,包括地王大厦、京基100大厦、赛格广场以及深圳证券交易所。另外,从东到西坐落于道路两侧具有代表性的建设项目还有人民桥、电网大厦(北侧)、万象城及下沉广场(南侧)等,以及横跨道路南北的蔡屋围天桥、中航天桥、田面天桥及华富路等多处人行地下通道。

　　从深南中路及深南东路西段(人民桥以西)道路两侧建筑来看,主要可分为政府与企业办公、居民商住、电子科技、金融保险、剧场书城与商业酒店大厦等类型。这一路段东边的深圳金融中心区色彩基调以暖灰系列为主,西边的华强北商圈色彩基调以冷灰系列为主。其中,办公楼与商住建筑在立面上用色多为低纯度,电子科技公司与剧场书城建筑在立面上用色多为中纯度,金融保险与商业酒店大厦等在立面上用色多为高纯度。由于整个路段用色纯度高的建筑主要集中于东西两侧,深南中路及深南东路西段(人民桥以西)道路两侧建筑立面用色呈现出中、低纯度的环境色彩印象。另外,深南中路及深南东路西段(人民桥以西)道路两侧数幢高层与超高层建筑立面使用玻璃、金属等材料,其建筑立面基本为冷色系列的深蓝、浅蓝、深绿、偏冷的褐色等幕墙色彩,仅深圳发展银行大厦玻璃幕墙为暖色系的香槟红,其用色在整个路段上显得温馨高雅。

　　深南中路及深南东路西段(人民桥以西)道路路面所设构筑物包括横跨道路南北的蔡屋围天桥、中航天桥与田面天桥,天桥横跨道路的桥梁与坡梯均用深灰钢构建造,外饰银灰色挂板、不锈钢护栏,环境色彩呈冷灰系列。其中蔡屋围天桥、中航天桥无雨篷,田面天桥后增加雨篷,其雨篷为棕黄色木构,且呈半圆形,体量较大,从而使田面天桥环境色彩由冷灰变为暖灰色彩。深南中路及深南东路西段(人民桥以西)道路的多处人行地下通道多与地铁站点结合,路面出口均由钢构与玻璃幕墙等材料建成。钢构外表有银灰色挂板外饰,也有深蓝灰或黑色的挂板。玻璃幕墙则有原色、浅蓝色、浅绿色等,呈冷灰色彩系列(图4-20)。

图4-20　深圳深南中路及东路西段(人民桥以西)道路两侧建构筑物环境色彩调研与分析

三是深南中路及深南东路西段(人民桥以西)道路附属设施的色彩景观,包括服务设施与公共艺术等,其中服务设施有信息类、交通类、卫生类、照明类、服务类、休息类、管理类、康乐类与无障碍等形式,由于服务设施不是专门针对深南路所做的设计,而是仅就市场已有相关产品选用设置,故种类繁多的服务设施在这个方面未能展现其应有特点,且出现造型杂乱、色彩各异的状况,尚需对整个路段服务设施配置进行更新改造,以与整个路段景观设计定位相符。在公共艺术层面,深南中路及深南东路西段(人民桥以西)道路上最大的公共艺术作品当属立于红岭路的巨型室外宣传画——邓小平画像及广场,这组公共艺术品已成为深圳城市的一个标志和著名景点,其环境色彩也鲜艳夺目、引人关注。另外,深圳博物馆老馆入口的门雕、原深圳市委入口中心所设"孺子牛"与"艰难岁月"雕塑,以及赛格电子大厦、深交所大厦、地王大厦等建筑前广场所立的各种雕塑,福田路口东南角的城市水景等,均以雕塑材料本色展现其城市的艺术风采(图 4-21)。

图 4-21 深圳深南中路及东路西段(人民桥以西)道路附属设施环境色彩调研与分析

四是深南中路及深南东路西段(人民桥以西)道路两旁的绿化景观,深圳市位于中国南部沿海地区,所处纬度较低,属亚热带海洋性气候,故绿化植被生长茂盛,一年四季绿树长青、鲜花盛开。因此,这个路段道路两旁的绿化良好,色彩景观丰富(图 4-22)。其中在这个路段绿化面积较大的区域有万象城及下沉广场绿化、地王大厦西侧路中绿化、邓小平画像广场绿化、原深圳市委入口空间绿化、中信大厦及城市广场绿化,以及中核大厦、北方大厦、上海宾馆、国际科技大厦前绿化及深圳中心公园绿化,虽然这个路段是深圳的繁华区段,但正是因为建筑高密度空间中的南国树木、花草种植,从而给人们带来生机勃勃、富有南国特色和生命力的城市景观的色彩印象。

图 4-22　深圳深南中路及东路西段（人民桥以西）道路两旁的绿化环境色彩调研
　　　　与分析

第三节　安徽合肥柏堰科技园区城市
道路绿化环境色彩设计

　　在当今社会，全球经济一体化和区域化的趋势越来越明显。高新科学
技术及其产业已经成为世界经济和科技竞争的焦点，谁拥有高新技术优势，
谁就能在激烈的国际竞争中立于不败之地，这已成为国际社会的普遍共
识。而高科技园区作为人类不断追求工作、居住、自然三者和谐的产物，也
是人类的生活理想与科技文明交替衍生和发展的历程打在大地环境上的
烙印。

233

一、城市高新科技园区及其道路景观环境设计的意义

就城市高新科技园区而言，它是指以发展高新技术为目的而设置的特定区域，是依托于智力密集、技术密集和开放环境，依靠科技和经济实力，吸收和借鉴国外先进科技资源、资金和管理手段，通过实行税收和贷款方面的优惠政策和各项改革措施，实现软、硬环境的局部优化，最大限度地把科技成果转化为现实生产力而建立起来的，促进科研、教育和生产结合的综合性基地。从高新科技园区的建设来看，国外在 20 世纪六七十年代即开始兴建具有集约与规模化特征的科技园区和未来科技城。诸如近几十年来建成的美国旧金山的"硅谷"、128 公路地区，英国的剑桥科学园，以及法国的索菲亚·安蒂波利斯科学城、瑞典的西斯塔科学城、俄罗斯的新西伯利亚科学城、日本的筑波科学城等。国内高新科技园区的建设也于同期经历了初创、开拓阶段，于新世纪步入快速发展阶段，先后在东部沿海开放城市诸如广州、深圳、珠海、中山、福州、厦门、杭州、无锡、苏州、青岛、威海等地及内陆城市建设了具有一定规模的高新科技园区，以及在北京、天津、杭州、武汉四地建设未来科技城，以通过科技和产业的发展引领社会发展。可见科技创新和人本精神是高新科技园区得以产生和发展的根本，也是高新科技园区环境艺术设计所应显现的内涵，更是高新科技园区有别于其他城市开发项目的特质所在（图 4-23）。

从城市高新科技园区来看，其道路规划属于城市道路总体规划系统中的子系统，应纳入城市道路总体规划予以考量。而高新科技园区的道路建设可以看作是城市"骨架"和"血管"向其园区的延伸，道路路网框架的合理布局是高新科技园区建设的基础，道路景观环境的特色营造则是高新科技园区建设的重点，并对城市道路景观整体形象建设产生影响。诸如美国硅谷科技开发园区、日本关东工业园区与新加坡裕廊工业园区的道路及景观环境设计等，国内的北京中关村生命科学园、深圳福田高新产业园区及武汉光谷东湖新技术开发园区的道路及景观环境设计等，均成为这些城市展现新的城市形象和风貌的重要建设地段（图 4-24），直至成为面向新世纪，追

图 4-23 国内外城市高新科技园区环境设计特色景观营造

1.美国旧金山的"硅谷"建筑及空间环境； 2.英国的剑桥科学园建筑及空间环境；

3.俄罗斯的新西伯利亚科学城建筑及空间环境； 4.日本的筑波科学城建筑及空间环境；

5.北京中关村生命科学园建筑及空间环境； 6.武汉未来城新能源研究院建筑及空间环境

求城市"骨架"与整体和谐，完善城市功能，提高城市品位的有效途径，其意义和作用是显而易见的。

图 4-24　城市高新科学技术及其产业园区的道路及环境设计特色建设

1.日本关东工业园区的道路及环境设计；　2.新加坡裕廊工业园区的道路及环境设计；

3.深圳福田高新产业园区的道路及环境设计；

4.武汉光谷东湖新技术开发园区的道路及景观环境设计

二、合肥柏堰科技园区城市道路绿化环境设计解读

（一）道路绿化环境设计背景

合肥柏堰科技园区位于安徽合肥市区西南,其规划范围为北起肥西桃花镇用地界限,南到宁西铁路,西接玉兰大道和长安大道,东至合九铁路,用地总面积为 9.23 km²。其中 312 国道以北用地面积约 0.71 km²,312 国道以南用地面积约 8.52 km²。柏堰科技园的总体规划已完成,其中一期八条道路已建成并通车,二期七条道路也将于近期建成。园区内正在实现"九通一平",四周道路环绕,"交通便利,基地平坦,基础设施水平高,环境优美",是极好的高科技工业园用地(图 4-25)。为此,合肥市委、市政府提出了大建设、大发展、大环境的"三大"推进战略,并结合合肥高新区发展空间的拓展,

实现可持续发展,与邻近的肥西县本着合作开发、利益共享的原则,共同建设了柏堰科技园区。其目标就是为了超常规地发展高新技术产业,适应竞争需要,直至推动合肥市高新技术产业的发展,促进经济的建设。

图 4-25　合肥柏堰科技园区城市道路绿化环境的设计背景

(二)科技园区道路绿化环境设计定位

柏堰科技园区作为一个新世纪建设的高新科技产业园,如何使它适应时代的发展并体现现代高科技工业的特征,是进行园区道路绿化环境设计考虑的关键问题。另在规划设计中需体现其面向 21 世纪高新技术产业的特征,在园区道路绿化形象创造方面要体现"超前、创新、大手笔突出道路绿化环境设计"的原则,努力完成规划目标,即将柏堰科技园区建设成为一个空间层次丰富、形象超前及具有 21 世纪现代工业园景观风范的园区,一个绿树成荫、花草遍地、生态环境优化的园区,一个管理科学、分期实施完整、远近期良好衔接的工业园区。

在此基础上,要求柏堰科技园区道路绿化环境建设按所确立的设计定位展开,主要有如下几点。

(1)"新时代,新景观,新形象"——传承地域文脉,以全新的绿色道路环境与城市形成鲜明对比,体现合肥市迈向未来的发展步伐。

(2)设计风格简洁、明快、现代、生态。园区中绿化植被景观应突出"红、黄、绿"三彩花草特色,并将同一色叶类型植物集中布置,形成园区自然时令方面色彩设计上的变化,以达到令人赏心悦目的视觉效果。

(3)设计定位应与地域环境共生,与现代生活同构;追求生态化,实施生态补偿设计;追求人性化,关注文化品质,建立现代科技园区空间环境景观的设计特色(图4-26)。

图4-26 合肥柏堰科技园区城市道路绿化环境的设计定位

(三)科技园区道路绿化环境设计原则

1. 系统性原则

柏堰科技园区道路绿化环境设计首先需要强调高新区绿色体系的完整性,同时又保持和已建绿化部分及周边绿化的连续性,使各类型的绿地在点、线、面上融为一体。

　　园区各道路之间应根据道路等级以及周边的环境,保持自身的景观特点,丰富路景,增加可识别性,同时又通过道路节点相互联系,景观自成特色又相互衔接。规划设计还要从整体着手,讲求变化有序和主次分明,从宏观上确立基本结构,着力丰富细部景观,变而不乱,取得整体上的和谐统一。

　　2. 特色性原则

　　柏堰科技园区道路绿化环境设计应注重规划设计特色的体现,其设计应节奏明快、形式简洁,同时还需结合道路特性定位绿化特色和树种搭配,体现高新区的时代风格。园区内树种的选择注重变化,除了在生态性上考虑本地域树种外,更多样化地选择多景观层次的树种搭配,尤其是新品种。植物配置集中成片,色彩对比明显,以骨干树种为背景,细部景观丰富而总体统一有序。除了植物元素外,还充分考虑非植物元素的运用,体现景观的多样性、艺术性,烘托出高新区的特色文化。

　　3. 生态性原则

　　柏堰科技园区道路绿化环境设计应充分考虑高新区的立地条件,因地制宜,科学选择树种。在植物配置方面,乔、灌、花、地被相结合,常绿与落叶相结合,同时注重色彩和季相搭配,依靠多样性的配置形式和特色树种,创造多样性的绿色景观。

　　4. 艺术性原则

　　柏堰科技园区道路绿化环境设计在艺术性方面力求做到意境相融、层次分明,其中意境相融在于绿地形式和植物选择与道路性质、周围环境方面应通过形态与色彩等规划设计手法,使园区总体艺术设计氛围统一。层次分明在于结合总体规划,分析道路等级,不同层次的道路绿化按其重要程度和特点,在尺度控制、形式选择、植物配置方式等方面有明确的区分,从而使重点突出,层次分明。

三、合肥柏堰科技园区城市道路绿化环境色彩设计的探索

　　就合肥柏堰科技园区城市道路绿化环境来看,该科技园区是合肥市面

向未来建设的新区，道路作为科技园区建设的骨架，其道路景观特色营造对未来科技园区整体形象建设至关重要。而环境色彩在柏堰科技园区城市道路景观特色营造中的导入，显然对其道路景观个性塑造具有促进作用。基于这样的思考，在将环境色彩设计导入合肥柏堰科技园区城市道路景观特色营造时，我们借鉴发达国家高新科技园区道路景观色彩设计处理的成功经验，即从调查柏堰科技园区城市道路绿化环境色彩的现状资料着手，首先弄清科技园区及周边区域的地理环境、风土人情和文化特征，了解当地的民风、民俗及其历史、文化和未来的发展前景，从以下几个层面来进行柏堰科技园区城市道路绿化环境色彩设计的探索。

对合肥柏堰科技园区城市道路绿化环境色彩设计的探索主要从科技园区环境色彩的调查采集、目标定位、景观结构、总体规划、详细设计与实施应用等层面来展开(图 4-27)。

图 4-27　合肥柏堰科技园区城市道路绿化环境色彩的设计意象

(一)合肥柏堰科技园区城市道路绿化环境色彩的调查采集

柏堰科技园区为开发新区,进行城市道路绿化设计时,园区除道路已基本建成外,尚未有企业入驻园区开始进行建设,场地内除一些还未撤除的村庄农舍外,均为推平的农田、高压线走廊与铁塔,以及园区道路跨河修建的桥梁等人工构筑物,人工色彩要素不多。科技园区目前主要还是由植物、天空、水系和山峦等呈现出来的自然色彩要素所构成,环境色彩的调查采集主要以园区自然场地,周边区域所见人工建构筑物的色彩调查来展开环境色彩的采集,工作包括对园区环境色彩有影响的物体色彩现状,运用色卡对比法、拍照记录、计算机技术处理法和仪器测量法等进行分析,以使感性的色彩输入能够以理性的方式输出。同时,还需对柏堰科技园区内环境色彩的构成比例以及园区自然场地与周边区域所见人工建构筑物等环境色彩现状资料作出定性和定量分析,从而形成柏堰科技园区环境色彩采集在色相、明度和纯度等方面的设计倾向,从而为整体色彩基调的确立奠定基础。

(二)合肥柏堰科技园区城市道路绿化环境色彩的目标定位

柏堰科技园区环境色彩设计定位在于力求处理好园区景观及其空间环境色彩的传承与时尚、自然与人工、历史与文化及设计与实施之间的关系,并使之能有机结合。

园区城市道路绿化环境色彩设计应以合肥市历史文脉及独特的自然山水风光为依托,充分考虑周边用地情况,融入新时期合肥及柏堰科技园区城市与新区建设面向未来发展的风貌,以道路两侧植物为主要景观元素,并以色彩为主要表现载体,通过乔木、灌木、草本植物、宿根花卉等科学合理搭配,于统一中寻求丰富的色彩、季相、层次、质感变化,提炼出柏堰科技园区城市道路环境色彩不同路段的主题,打造充满合肥市及柏堰科技园区地域特色与人文气质的低碳五彩大道,提升城市景观风貌,改善投资环境,提高地区的宜居质量,将柏堰科技园区整体景观环境打造成为合肥的城市新品牌。

(三)合肥柏堰科技园区城市道路绿化环境色彩的景观结构

从柏堰科技园区的主导产业来看,主要包括家用电器、电子信息、生物技术及医药、光机电一体化和新材料等。道路景观结构由"一轴一带"、"三横四纵"、"十"字道路绿轴的路网骨架所构成。

1. 一轴一带

"一轴"是指沿香樟大道和昌河大道形成的反"L"形的空间发展轴线,它体现了区内公共设施的布局特点,即主要沿这条轴线两侧布置。因此,它既是一条空间发展轴,也是一条生活轴线。它连接了高新区的过去和未来,高新区的过去是在 312 国道以北沿科学大道和香樟大道发展,高新区的未来发展方向应是沿着这条轴线向西发展,与科学城融为一体。

"一带"体现了园区内公共设施的布局特点,即主要沿昌河大道两侧布置,是全区的服务和管理中心。

2. 三横四纵

柏堰科技园区的道路规划注重方便快捷的区内外交通系统的创造,注重与城市总体规划道路网的衔接,加强与政务文化新区、经济开发区、规划中的科学城的联系,形成"三横四纵"的主干道道路网骨架。"三横"是指习友路、昌河大道和宁西路,"四纵"是指玉兰大道、杭埠路、香樟大道和政高路。其中,政高路为快速路,习友路、昌河大道、玉兰大道、香樟大道为主干道,杭埠路、宁西路为次干道。

3. "十"字道路绿轴

柏堰科技园区规划的景观轴线骨架由"十"字形的道路景观轴线组成。"十"字形的景观轴线是指沿昌河大道和香樟大道两侧布置区内的公共建筑中心和绿化公园。两个绿化公园为生态核心,通过林荫大道昌河大道、香樟大道、玉兰大道,将两个绿核串联起来,与风景防护林一起,形成一个"点、线、面"结合的、完整的绿地系统,并将绿色渗透到整个园区,形成现代气息和科技园区高标准、高品位的新形象。

而合肥柏堰科技园区城市道路环境色彩设计即按景观结构进行划分,可分为综合景观路、花园林荫路、一般林荫路三个层级来展开。其综合景观路为"三横、四纵"的对外通道骨架和位于重要区位的城市干道,花园林荫路为位于居住区或联系居住区和工业区的城市次干道,一般林荫路是指除以上两种情况外的其余城区道路。柏堰科技园区的城市道路环境色彩的设计遵循从总体规划到详细设计,再到实施管理的步骤来展开。

（四）合肥柏堰科技园区城市道路绿化环境色彩的设计实施

1. 总体规划

由于合肥柏堰科技园区内的城市道路目前仅完成路网建设,路网两侧将要入驻的企业及服务类建筑尚未开始建设,需要完成的工作主要是道路绿化工作,环境色彩设计也集中在道路绿化层面来展开。这个阶段依据园区道路环境色彩的景观结构,从总体规划上将园区城市道路绿化中不同路段的环境色彩打造出不同的主题,以不同的色彩主题进行设计(图 4-28)。同时,不同路段的环境色彩主题并非单一呈现,而是结合不同的区域环境、文脉主题、植物种类与附属设施等,共同构筑多样统一、变化和谐,具有科技园区道路景观特色的环境色彩风貌。而柏堰科技园区城市道路中此次纳入总体规划进行景观设计的道路主要为"三横、四纵"的对外交通中的主要城市干道,各路段环境色彩以种植的行道树花期色彩为主题,具体环境色彩如表 4-1 所示。

安徽合肥柏堰科技园区城市道路绿化环境色彩设计

安徽合肥柏堰科技园区道路绿化环境色彩总体规划

道路名称	环境色彩基调	植物类别	植物名称	春色	夏色	秋色	冬色
昌河大道	桂花橙	行道树	桂花树				
		背景树	水杉				
		地被	杜鹃				
宁西路	生态绿	行道树	大叶女贞				
		背景树	雪松				
		地被	月季				
香樟大道	香樟绿	行道树	香樟				
		背景树	银杏				
		地被	麦冬				
杭埠路	栾树黄	行道树	栾树				
		背景树	香樟				
		地被	凤仙花				
玉兰大道	玉兰白	行道树	广玉兰				
		背景树	小叶杜英				
		地被	马蹄金				
铁路沿线	杨树绿	行道树	杨树				
		背景树	水杉				
		地被	金鱼草				
312国道	国槐绿	行道树	国槐				
		背景树	落羽杉				

柏堰科技园区城市道路绿化各路段绿化树木花草环境色彩基调及季相花色一览表

深圳市汉沙杨景观规划设计有限公司、华中科技大学建筑与城市规划学院城市环境艺术设计研究室 2008.03

图 4-28 合肥柏堰科技园区道路绿化环境色彩的总体规划

243

表 4-1　柏堰科技园区城市道路绿化各路段绿化树木花草环境色彩基调一览表

序号	道路名称	行道树	背景树	花草	环境色彩基调	备注
1	昌河大道	桂花树	水杉	樱花、杜鹃	桂花橙	—
2	宁西路	大叶女贞	雪松	法国冬青、月季	生态绿	—
3	香樟大道	香樟	银杏	凤仙花、麦冬	香樟绿（黄绿色）	—
4	杭埠路	栾树	香樟	山桃花、石榴	栾树黄	—
5	玉兰大道	广玉兰	小叶杜英	茶花、马蹄金	玉兰白	—
6	铁路沿线	杨树	水杉	月季、金鱼草	杨树绿	秋季金黄
7	312国道	国槐	落羽杉	—	国槐绿	

2．详细设计

柏堰科技园区城市道路绿化环境色彩的详细设计是对总体规划构想的贯彻落实，并对各路段周边环境作出的具体环境色彩设计。

（1）昌河大道。

昌河大道与宁西路是合肥新区柏堰科技园的两条主要水平道路。常言道"玉带环绕，门前有桂（贵）"，柏堰科技园的西南边便是以玉兰大道作为围合边界。大道两边的玉兰花开，宛如玉带环绕，映衬着科技园区一片朝气蓬勃的气象。与之紧密相接的便是昌河大道，作为通向柏堰科技园的主要道路之一，在道路的两边，科技园的入口处种植一排排桂花，以印证了"门前有贵"的福气。不仅如此，桂花还被选为合肥市的市花，因此作为门户植物更是首选（图 4-29）。丹桂花色较深，花色有橙色、橙黄、橙红及朱红色，多数则为橙黄色，四季桂花为柠檬黄或浅黄色，银桂花色为纯白、乳白、黄白色或淡黄色，金桂花为柠檬黄或淡金黄色，从而构成昌河大道的环境色彩基调。

昌河大道西北面为居住区，东南面为工业区，因此在绿化带的设计上充分考虑了两者的不同需求。在居住区前的道路绿化带上布置了休闲空间，设置座椅、地灯、雨篷等设施，为附近居民提供晨练、散步、亲子活动等接触大自然的场所。园路设计为垂直水平交错的折线形，活泼有趣，又不破坏对面工业园严谨的形象。在植物配置上，主要采用丛植的樱花，极具观赏效

图 4-29 合肥柏堰科技园区昌河大道绿化环境色彩设计

245

果。地被植物采用杜鹃、小叶栀子或鸢尾。在局部间植一些石榴和鸡爪槭，增强园路的序列感和引导性。而在道路另一边的工业区前，严整又不失活泼的植物配置间散落一些色彩鲜明的抽象雕塑。交通岛上点植几棵含笑，搭配种植紫叶小檗，铺地采用葱兰或沿街草，以体现科技园区一轴一带色彩靓丽的休闲景观效果。

（2）宁西路。

宁西路是进入合肥新区柏堰科技园区的一条主要道路，因此在道路风貌设计上力求与科技园区相吻合。道路的行道树为大叶女贞，背景树采用成排的雪松，以展现科技园区严谨的环境氛围。道路旁各 20 m 的绿地内种植修剪成绿篱的法国冬青、小蜡。红花檵木、金叶女贞、瓜子黄杨等满铺组合成流线型图案，在图案的边缘种植一条葱兰，红花炸酱草种植成弧线型。常绿与深绿色相衬，春去冬来，别有景致。另外在分车带上种植香樟等，以红花檵木、金叶女贞、小蜡等灌木间植。中间分车带种植高低错落的月季、杜鹃等（图 4-30）。

（3）杭埠路。

杭埠路是贯通合肥新区柏堰科技园的一条南北向道路，水平方向连接两片工业区，同样起到物流的作用，垂直方向连接两片居住区，因此是科技园内一条重要的景观大道。为满足工业区和居住区两者截然不同的需要，道路行道树选择适应工业污染区配植的栾树种植。栾树春季嫩叶多为红叶，夏季黄花满树，入秋叶色变黄，果实紫红，形似灯笼，使道路可春季观叶、夏季观花、秋冬观果，呈现出十分美丽的色彩效果。中间分车绿化带上，以流线形为主要形态与图案，种植一连串大大小小的乔木、灌木、花草植物，如刺柏、杜鹃、石榴、山桃花、金边黄杨、金叶女贞、红花檵木、红叶李和银杏等植物，互相搭配形成活泼有序的植物造型。

（4）香樟大道与玉兰大道。

香樟大道与玉兰大道是合肥柏堰科技园的主干道路，其绿化环境色彩设计如图 4-31 所示。

香樟大道位于合肥新区柏堰科技园的东部，与昌河大道、宁西路相接，是市区进入科技园的主要交通道路和重要景观大道之一。因此除了要满足

图 4-30　合肥柏堰科技园区宁西路绿化环境色彩设计

图 4-31 合肥柏堰科技园区香樟大道与玉兰大道绿化环境色彩设计

其交通功能的要求外,还要起到引导空间景观序列的作用。"香樟大道"名源于当地的香樟树,在道路的景观设计中,紧扣路名,通过在人行道和道路两边宽 20 m 的绿地内种植浓郁清脆的香樟,以体现道路的风貌和特色。同时,由于香樟树四季常绿,配合种植合欢,丰富了道路的季象景观和层次感。每到夏日,樟树翠绿,合欢花柔,营造出一道轻松靓丽的风景线。冬日来临,阳光穿过合欢树枝间,洒落一地冬天的温暖,孕育着又一个美好的春天。

香樟大道中间分车绿化带上种植有刺柏、石榴、山桃花、金边黄杨、金叶女贞、红花檵木、红叶李和银杏等乔灌木。在两侧分车绿化带上种植银杏、凤仙花、石榴、红花檵木等植物。植物的巧妙搭配组成各种变化有常、流畅优美的景观。绿化带上则采用沿阶草或麦冬铺地,将灌木和绿篱修剪成曲线的图案,以营造令人赏心悦目的植物造景效果。

玉兰大道位于科技园外围,左为南山湖,右为美的集团,玉兰大道得名于道路两旁芳香清丽的玉兰花。玉兰花繁花似锦之时,就像一条玉带一般环绕在科技城周围。玉兰大道两旁和分车带上种满了纯洁无瑕的白玉兰和高贵典雅的紫玉兰,除此以外还有广玉兰、常绿二乔玉兰等。搭配种植刺柏、石榴、山桃花、金边黄杨、金叶女贞、红花檵木、红叶李和银杏等乔灌木,季相丰富,节奏明快。

(5)铁路沿线的风景防护林与312国道。

铁路沿线的风景防护林与312国道是合肥柏堰科技园的次干道及过境线路,其绿化环境色彩设计如图4-32所示。

图4-32　合肥柏堰科技园区铁路沿线的风景防护林与312国道绿化环境色彩设计

铁路沿线的风景防护林地带位于科技园的东南外围,地带外围是铁路线,纵向紧邻政高快速路,宽为100~130 m。铁路沿线首先需考虑的是防噪声与污染等,其次就是景观层次与环境色彩效果。从景观的层次来讲,由铁路线往北,依次是15 m宽的草坪带状绿化,15 m宽的乔木和灌木结合带状绿化,30 m宽的小乔木和灌木组合的点植绿化,以及40 m宽的可供行人和工业区内部人员结合人行步道和小游园广场休闲的一个带状空间。从平面布局上来说，是一个"疏-密-疏-密"的关系，景观层次更丰富、清晰。在植物配置上，外围乔木主要选择杨树或水杉搭配，而铁路沿线绿化带正好又是外围地带。在景观层次上，点植带和花池的树种主要选择刺柏、杜鹃、石榴、山桃花、金边黄杨、金叶女贞、红花檵木、红叶李和银杏等植物，组成各种变化有常、流畅优美的景观。

312 国道是一条路经科技园的高速路，因此在这段景观定位上重点突出其展示性，同时又保持一种延续性。在国道的两边种植的行道树为国槐，郁郁葱葱的国槐绿既显示了自然的风采，也是生命与环境友好的象征。道路两侧绿篱被修剪成块状的图案，整体简洁，令人赏心悦目，具有变化的感觉。国道用了石榴的图案作为主景。在一距路边 60 m 处边宽 100 m 的绿化带内，种植带状的大型乔木作为防噪声、防污染的一个隔离带，在另一边，主要是几何形式的绿篱色块图案。

3. 设施配置

在现代城市空间中，道路设施种类繁多，它们是现代城市不可或缺的重要组成部分。基于合肥柏堰科技园区此次规划"三横四纵"场所环境的实际需要，着重设计交通类环境设施，即公交车站、导向系统、文化配景、休闲设施、种植绿篱等，并从道路设施环境色彩设计层面进行考虑（图 4-33）。另外在道路两侧临居住区前道路绿化带上布置休闲空间，设置座椅、地灯、雨篷等设施，为周边居民提供晨练、散步、亲子活动等接触大自然的活动场所。而在道路临高新技术产业区前，在严整又不失活泼的植物配置间散布一些色彩鲜明的抽象雕塑。

4. 实施管理

根据合肥柏堰科技园区确立的城市道绿化路环境色彩规划结构，对各路段所做绿化环境色彩详细设计要求在建设工作中予以落实。目前虽然各路段的环境色彩设计主要集中在城市道路植物层面，待园区相关产业建构筑物开始建设，园区道路的路面色彩、指引标识用色，道路两侧建构筑物色彩、道路附属设施色彩尚需进一步深化，并需通过对城市道路绿化环境色彩的引导与控制，为柏堰科技园区城市道路绿化环境色彩的管理实施提供实施导则，从而促使柏堰科技园区城市道路绿化环境色彩设计得以实现。

250

图 4-33 合肥柏堰科技园区道路两侧服务设施的环境色彩设计

251

第五章 桥梁工程景观的环境色彩设计

在当代城市建设中,桥梁以其在城市中所处的重要位置和巨大的体量成为城市整体景观的重要组成部分。如今的桥梁已不局限于跨越江河湖海及各种障碍的作用上。城市中形式多样的高架桥、立交桥、人行天桥及廊道桥、景观桥等似雨后春笋般涌现,并以其桥梁自身的实用性、固定性、永久性及艺术性影响并改变着城市环境。桥梁的角色已经远超其基本功能,不仅成为重要的城市节点,也成为城市空间中不可缺少的工程景观构成要素。随着经济的发展、科学技术的进步和人们审美水平的提高,人们对城市桥梁的建设要求也从结构、造型与景观个性创造层面提出了更高的要求,同时还要求桥梁与城市环境配合协调,直至将人、车、路、环境构成一个和谐统一的整体,在城市整体环境风貌塑造中发挥更为重要的功效(图 5-1)。

图 5-1 城市景观风貌塑造中的桥梁工程建设

第一节　桥梁工程景观的内涵及环境色彩设计要点

一、城市桥梁及桥梁工程景观的意义

桥梁,是指为跨越天然或人工障碍物而修建的具有道路交通功能的单体构筑形式,以便于运输工具或行人在桥上畅通无阻。就"桥梁"一词而言,虽成为一个词组,但追其根源最早却为异名同实的两个单字,如东汉的经学家、文字学家许慎在《说文解字》中就有"梁之字,用木跨水,则今之桥也"的说法,说明桥梁的建造与材料、结构相关。另在《辞海》中,对"桥"的解释是:"陆路交通系统中借以跨越河川险阻的建筑形式。"而桥梁的本质与内涵是无区别的,只是依据道路区域类型或建设定位的不同,出现城市桥梁的概念,这是对桥梁范畴的外延与深化所致,专指城市空间区域所建桥梁,既包括城市空间中需跨越江河湖海及各种障碍而建的交通桥梁,也包括在城市空间中为提高通行效益而建的高架桥、立交桥、人行天桥,以及满足市民游览、休闲所需而建的廊道桥、景观桥等,以便于与城市空间之外所建的各式桥梁进行区分。

(一) 城市桥梁景观的内涵与作用

日本东京大学教授、著名桥梁设计专家和国际桥梁与结构工程协会前主席伊藤学先生在所著《桥梁造型》一书中写到:"桥能满足人们到达彼岸的心理希望,同时也是印象深刻的标志性建筑,并且常常成为审美的对象和文化遗产。"关于桥梁的景观美学,伊藤学先生认为:桥梁是以实用为主,应该主要把钱花在工程结构上;但一座桥往往需要使用上几十年甚至上百年,如果把它修得十分难看,对看着它的人,也实在是很不公平的。显然,桥梁景观以桥梁及其周边环境为审美对象,应按照功能需求及美学法则对桥梁与周边环境进行美学创造和景观资源开发。

有关城市桥梁景观的定义,美国桥梁景观学家 Frederick Gottemoeller

在其著作 *Bridgescape the Art of Designing Bridges* 中提出："桥梁景观设计是与当地景观的和谐统一,是对建桥地点文化的尊重和共融,以及对桥梁建设地点自然景观的保护。"他认为城市桥梁景观设计具体包括线形设计、桥梁造型设计、平面布局设计、机制设计、装饰设计以及色彩设计等方面的任务。2012年4月实施的《城市桥梁设计规范》(CJJ 11—2011)中,虽没有专门对应桥梁景观设计的准则,但却将桥梁景观设计归为桥梁美学的范畴,作出了"城市桥梁设计应符合时代风貌,满足城市规划要求,并且与周围环境相协调"的规定。由此可见,城市桥梁作为建于城市人群、城市建筑、城市路网和城市文化等城市空间中的桥梁,其设计美学与景观特性有别于城市空间之外所建的各式桥梁,是现代城市空间内需要满足城市交通、景观等综合功能于一体的人工构筑物,城市桥梁的建设应与周边环境相辅相成,并为城市空间整体景观特色塑造起到增光添彩的作用(图5-2)。

图 5-2　具有地标性作用的城市桥梁造型

1. 土耳其伊斯坦布尔具有标志性特征的博斯普鲁斯大桥;
2. 中国澳门具有地标性特征的澳氹大桥

(二)城市桥梁景观及其构成类型

就城市桥梁工程景观而言,其构成类型由以下三个层面的内容组成。

1. 跨越江河湖海及各种障碍而建的交通桥梁

跨越江河湖海及各种障碍而建的交通桥梁是城市桥梁景观的重要组成部分,其中许多桥梁与城市建设的历史一样久远,也有不少桥梁是随着桥梁技术的进步与城市及经济的发展逐渐修建的(图5-3)。

跨越城市中各种障碍而建的桥梁主要是跨越轨道、高速公路、峡谷等障

图 5-3　跨越江河湖海及各种障碍而建的交通桥梁

1.福建泉州横跨洛阳江上的洛阳桥；　2.捷克横跨伏尔塔瓦河的查理大桥；

3.日本山口跨越锦川河的锦带桥；　4.越南河内还剑湖上的栖旭桥；

5.江苏南京长江大桥；　6.江西南昌艾溪湖上的艾溪湖大桥；

7.英国盖茨亥德泰恩河上的千禧桥；　8.巴西首都巴西利亚帕拉诺阿湖上的库比契克大桥；

9.福建厦门跨越海峡的海沧大桥；　10.日本本州跨越濑户内海的濑户大桥；

11.武汉火车站跨越轨道障碍所建的廊桥；

12.德国霍恩沃特城外跨越运河障碍所建的马格德堡水桥

碍所建的交通桥。这些桥梁在城市空间中除担负交通功能之外，由于其景观内涵更加丰富，不少还成为城市具有代表性的地标景观。国内有如广东广州火车站西的广园西路跨越轨道障碍而建的立交桥，上海虹桥综合交通枢纽跨越轨道障碍而建的跨线桥梁等。国外有位于法国南部米洛镇跨越塔恩河河谷的米约大桥,德国霍恩沃特城外为跨越运河障碍而建的马格德堡水桥等。

2. 提高城市空间中交通通行效益而建的桥梁

这类桥梁主要包括城市空间中的高架桥、立交桥与人行天桥等(图5-4)。

图 5-4　提高城市空间中交通通行效率而建的桥梁

1.美国城市中的高架桥景观；　2.四川成都城市高架桥桥下空间的景观塑造；

3.日本城市中的立交桥景观；　4.北京国贸立交桥景观；

5.美国芝加哥千禧公园人行天桥景观；　6.广东深圳车公庙人行天桥景观

高架桥是随着近现代城市大规模扩展,机动车、人行交叉混流而出现的一种道路桥梁形式。高架桥均由高支撑的塔或支柱支撑,架设的目的是基于城市发展后交通拥挤,而街道又因建筑物密集难以拓宽的现状,从而采用这种高架桥道的方式以降低交通密度,提高城市交通运输的效率。从城市空间中高架桥梁工程景观的营造来看,其重点在于桥下空间对城市景观的影响,欧洲国家在城市中心区建设高架桥时是从美学因素去考虑的,如意大利、英国、希腊等国,均使建设的高架桥成为城市中的重要景观。国内如成都的城市高架桥,将具有地域文化的川剧脸谱与高架桥的桥下空间景观塑造有机结合,形成富有特色的城市桥梁工程景观效果。

立交桥是指在城市两条以上的交叉道路交汇处所建的上下分层、多方向互不相扰的车行桥梁,由于隧道主体上方会形成桥形结构,立体交叉工程中的下沉式隧道也纳入桥的范畴内设计。立交桥主要在高速公路互通、城市干道或快速路之间的交汇处等位置建设,其作用是使各个方向的车辆不受路口上的红绿灯管制从而快速通过。城市立交桥体量较大,具有一定的地标意义,并成为重要的城市空间节点,故对其桥梁工程景观要求很高,既要有良好的空中俯瞰效果,又需注重车行流线的美观,能与周边环境协调。诸如欧美国家城市空间中的城市立交桥及国内众多城市建设的立交桥,均具有各个城市的文化特色。

人行天桥是指建在交通密集的地区,为解决路人过街、满足人车分流、方便建筑物之间的联系而建设的过街桥梁。作为城市空间中的道路附属设施,人行天桥一般设置在重要的道路交叉处,它不仅缓解了交通压力,减少了交通事故,且在世界不少城市空间环境中得到广泛应用。诸如在美国与日本等国家的城市,以及中国香港,城市空间中人行天桥的建设不仅注重人性化设计,还会考虑对城市景观效果的影响及特色塑造。深圳作为一个快速发展、活力四射的年轻城市,城市人行天桥的建设以 2011 年 8 月在深圳举办的世界大学生运动会为契机,在很短的时间内让 20 余座人行天桥一改昔日灰暗呆板的印象,并成功实现华丽变身,成为引领城市时尚与前卫的人行天桥工程景观设计的弄潮儿,让人们感知到深圳作为设计之都的城市魅力。

3. 满足市民游览、休闲所需而建的各式桥梁

这类桥梁主要包括城市空间中的廊道桥、各式景观桥等(图 5-5)。

廊道桥是指在城市空间中可满足市民遮阳避雨、聚会交流、商贸与休憩观景等需求的桥梁。诸如意大利佛罗伦萨于 1345 年建的维琪奥桥,原是乌菲兹宫通往隔岸碧提王宫的走廊,对市民开放后,桥上开设多个精品商店,成为游人云集的观景桥。浙江泰顺是廊桥之乡,现存始建于清代至今的廊桥近千座,其中建于城内及城乡结合地的廊桥,成为遮阳避雨、商贸交易与休憩的场所空间。此外,在现代城市空间中还建有形态各异、便于市民通行与观景等的廊道桥。如新加坡,近年来在滨海湾花园建成的空中走廊,还有

图 5-5 满足市民游览、休闲所需而建的各式桥梁

1. 意大利佛罗伦萨的维琪奥廊桥； 2. 中国廊桥之乡浙江泰顺的廊桥；

3. 新加坡滨海湾花园所建的空中走廊； 4. 澳门在城市中所建的高架廊道；

5. 江苏扬州瘦西湖上的五亭桥； 6. 北京颐和园昆明湖长堤上的玉带桥；

7. 湖北武汉东湖风景区内"新七景"之一的清河桥； 8. 加拿大多伦多中央海滨波浪桥；

9. 荷兰阿姆斯特丹阿姆斯特河上的开悬索桥； 10. 日本城市公园内造型各异的景观桥

中国澳门在城市空间中所建的高架廊道桥,不仅可供观光,还可遮阳避雨。另还有机场设的登机廊桥、休闲公园所建高架观景廊道桥等,不仅可以供人们通行、观景,往往也成为城市空间中供人们观赏的桥梁景观。

景观桥是指在城市空间中能唤起人们美感的、具有良好视觉效果和审美价值的与桥位环境共同构成景观的桥梁。如四川灌县建于宋代前的珠浦竹索榨桥,福建福州闽江之上始建于北宋时期的万寿桥,江苏扬州城内瘦西湖上始建于乾隆二十二年(1757年)的五亭桥及北京颐和园昆明湖上建于清乾隆时期(1736—1795年)形如长虹卧波的十七孔桥及长堤上桥身高耸的玉带桥等,另外,湖北武汉东湖风景区内的清河桥因在设计中对楚文化的巧妙挖掘与应用,建成后被列为东湖国家级风景名胜区"新七景"之一,并成为在地域性探索层面完成的桥梁景观佳作。国外如加拿大多伦多中央海滨波浪桥、澳大利亚阿德莱德河岸桥、荷兰阿姆斯特丹阿姆斯特河上的开悬索桥、美国芝加哥千禧公园步行桥、日本城市公园内造型各异的景观桥、新西兰奥克兰北岸市公园桥、俄罗斯符拉迪沃斯托克的大陆部分与岛相连的俄罗斯岛大桥、以色列阿里尔沙龙公园集装箱桥等,均为城市空间中具有工程景观价值的桥梁景观。

从城市空间中的桥梁景观来看,桥梁的造型与结构不仅是客观存在的,也是需要人的视觉对其存在进行感知与认识的。由于桥梁的建设在现代城市空间交通中起着举足轻重的作用,与城市景观其他构成要素相比较而言,城市桥梁景观设计也更具个性,主要包括以下几点。

一是跨越性。人类建桥自古以来就是为了跨越天然或人工障碍,以使道路变通畅,故跨越功能为最主要的功能。在城市空间中,虽然桥梁横跨在江河湖海等天然或人工障碍之上,桥梁通行的功能得以实现,并成为审美的对象,但其跨越性始终是桥梁景观设计与建设中应凸显的重要特征,且需结合桥梁在形式、材料、技术与工艺等方面的进步来体现。

二是地标性。城市空间中由于桥梁所处位置比较重要,尤其是体型宏大的桥梁,不仅对城市景观产生重大的影响,并且成为具有地标性的城市景观构筑物。国外如英国伦敦横跨泰晤士河的塔桥、美国旧金山跨越海峡的金门大桥,国内如天津海河上的解放桥、武汉的长江一桥及中国澳门跨海的澳氹大桥等,均成为具有地标性特征的城市景观。

三是艺术性。城市空间中的桥梁在保障交通通行的同时,其独特的景观造型给人以不同的审美感受。诸如横跨江河湖海及各种障碍而建的大桥的气势,城市空间中的高架桥、立交桥与人行天桥的韵律,满足市民游览、休闲所需而建的各式桥梁的倩影等,均给城市增添了无尽的风采,其桥梁造型的艺术性和功能性紧密结合,从而为城市空间增添了无尽的魅力。

四是协调性。城市桥梁与城市空间环境的协调性不仅表现在桥梁景观应与城市自然环境、地理位置相适应,还应最大限度地减少对城市环境产生的影响。诸如在城市空间中所建的横跨江河湖海及各种障碍的大桥,以及城市高架桥与立交桥等,在通行上需与城市道路协调,还需注意穿行车辆产生的噪声等对环境造成的不利影响,从而使城市桥梁景观设计的环境协调性得以提升。

五是地域性。城市空间中的桥梁景观在展现桥梁结构的先进性、合理性和时尚性时,尚需注重对其桥梁所处城市空间场所地域文化的挖掘,使桥梁景观具有地域性特点。诸如贵州镇宁始建于明朝洪武年间的祝圣桥以及四川成都市内二环路上清水河立交桥的川剧"脸面"悬索结构造型等,均为在地域性探索层面完成的桥梁景观佳作。

二、城市桥梁工程景观与环境色彩的关系

城市桥梁是为了跨越天然或人工障碍而建的,多数城市桥梁体型宏大,所处位置重要,故对城市景观特色塑造产生了较大的影响。

就城市桥梁工程景观与环境色彩的关系而言,城市桥梁色彩作为其桥梁工程景观中主要的构成要素之一,在城市桥梁工程景观营造中具有建设性的意义(图5-6)。

城市桥梁作为城市空间中具有地标性的构筑物,其环境色彩对桥梁工程景观具有重要的影响,也对整个城市空间的主调色彩产生影响。而成功的城市桥梁色彩可以增强城市桥梁工程景观的吸引力,并对提升整个城市空间的设计品位具有重要的作用。

城市桥梁色彩在桥梁工程景观营造中具有独立构形的特点,它可以在

图 5-6　城市桥梁景观与环境色彩的关系

1.公元前 19 至公元前 20 年建设的法国加尔高架引水桥色彩景观效果；

2.建于 1 世纪的意大利罗马圣天使桥色彩景观效果；

3.北京颐和园始建于清代的万字河上的荇桥色彩景观效果；

4.建于 19 世纪的英国伦敦塔桥色彩景观效果；

5.美国旧金山建于 20 世纪的金门大桥色彩景观效果；

6.泰国清迈至拜县间的第二次世界大战纪念大桥色彩景观效果；

7.江苏南京青奥桥色彩景观效果；　8.广东深圳彩田人行天桥色彩景观效果

城市桥梁形体既定的情况下满足人们对色彩构形的创造，并在城市桥梁工程景观营造的空间样式、形象寓意、个性展示、风格表现及气氛烘托等层面起到渲染的作用。

　　城市桥梁色彩在其桥梁工程景观营造中具有协同构形的特点，它既可发挥城市桥梁色彩构形自身的表现功能，又能配合桥梁形体来共同完成城

市桥梁工程景观营造的美学使命，使桥梁工程景观营造的构思理念得到淋漓尽致的发挥。

城市桥梁色彩在桥梁工程景观营造中具有辅助构形的特点，它是城市桥梁形体造型的辅助方式，并可通过强化、调节与组织三种形式来实现城市桥梁工程景观的目标。

另外，从城市桥梁工程景观的发展趋势来看，在城市桥梁整体环境色彩处理层面，桥梁的环境色彩在色相上宜简不宜繁，在纯度上宜淡不宜浓，在明度上宜明不宜暗。在城市桥梁具体环境色彩处理层面，桥梁的环境色彩应以单色为基调，辅以其他一两种色彩加以点缀对比。一个建筑群应以某一单色作基调，使整个城市建筑风格统一协调。在城市桥梁细部环境色彩处理层面，桥梁的环境色彩可以点缀醒目、鲜艳与多变的颜色，以体现相映生辉、情趣无穷的城市桥梁工程景观气氛。

三、城市桥梁环境色彩景观的设计要点

城市桥梁环境色彩作为工程景观营造中主要的构成因素，在桥梁工程景观的规划与深化设计中均受到重点关注。就城市桥梁工程景观营造而言，城市桥梁环境色彩景观的设计需要在桥梁工程景观营造确定的目标下展开工作，其设计要点包括以下内容。

1. 城市桥梁色彩景观营造中的整体把控

城市桥梁作为城市景观营造的重要节点，桥梁色彩需从城市色彩整体规划及城市桥梁工程景观特色营造两个方面来考虑。城市桥梁色彩的设计既要成为城市色彩整体框架中的有机组成部分，又需在城市桥梁工程景观营造中具有个性，以使市民通过桥梁环境色彩的景观设计达到场所特性上的心智认同。同时，城市桥梁色彩还应与城市整体环境协调，适应城市的环境及各种需求，并能从城市桥梁景观营造的整体上予以把控，使城市桥梁色彩景观的美学特点在宏观上更具表现意义。

2. 城市桥梁色彩景观营造中的独立构形

城市桥梁的本质是桥梁，城市桥梁的形态和规模与其所处位置，桥梁的桥跨结构、荷载、跨径、支座、桥墩、桥上附属建筑和桥梁用材、构造形式等多

种因素有关,选择与桥梁相适应的色彩对桥梁色彩景观进行独立构形是十分重要的。如城市空间中具有地标性、体量大的桥梁,其环境色彩可选用对比强烈、明度高亮的色彩;城市空间中通用性、体量小的桥梁,其环境色彩可选用优雅的中间色和调和色,从而在桥梁色彩景观构形上具有差别,以使城市桥梁工程景观营造的特色得以凸显。

3. 城市桥梁色彩景观营造中的协同构形

桥梁作为城市空间中的主要交通设施和重要组成部分日益受到人们的关注,因此成为城市景观特色营造的主要因素,从而为城市景观整体形象营造增光添彩。为了改善城市空间中桥梁的工程景观效果,桥梁色彩景观协同构形的手法应用更广,如对桥梁的梁体、拱架、索塔、支座、桥墩及桥面护栏、灯杆等进行色彩处理,只需在不改变桥梁主体色彩关系的基础上施色,以取得协同构形的桥梁色彩景观营造效果。

4. 城市桥梁色彩景观营造中的辅助构形

城市桥梁色彩景观营造中的辅助构形主要通过对桥梁色彩的强化、调节与组织三种形式来实现。诸如城市桥梁配色中对特有安全色的应用,桥面色彩的配置及对地域风俗的色彩表现等,均可用辅助构形的途径,运用环境色彩强化、调节与组织等手法处理,以形成既各有特色,又相互渗透、相互贯通的城市桥梁工程景观营造目标,并使桥梁工程景观更具艺术魅力与文化意蕴。

5. 城市桥梁色彩景观营造中的夜景考量

城市桥梁色彩景观营造还需与桥梁夜景照明色彩结合予以考量。由于桥梁在城市空间中的地标性作用,加之多数与滨水区域融为一体,或跨线高架、视域开阔,从而成为城市夜景景观营造的重点。而城市桥梁的照明与灯光色彩是桥梁色彩景观不可缺少的一部分,它既拓展了城市桥梁色彩景观表达的内涵,又展示了城市桥梁色彩景观表现的魅力,更在城市桥梁色彩景观营造中使时空得到了延伸,是桥梁色彩景观营造中最具特色的设计内容。

6. 城市桥梁色彩景观营造中的管理控制

城市桥梁色彩景观设计的基本步骤包括在确定桥体造型设计方案的基础上,研究桥梁色彩与形态的协调关系,从已定的桥梁构形关系出发,通过现场调查与分析比较,结合桥梁所处区域环境色彩的分布比例,提取桥梁所处区域内的主要色彩,基于桥梁在城市空间中的定位与表达意念进行色彩设计,在报批及评审通过后予以实施。

　　城市桥梁色彩景观的管理控制建立在桥梁色彩景观城市主管部门对城市整体环境色彩管理的基础上。色彩是一种视觉感受方面的视觉传递信息,因此存在着管理上的需要,城市桥梁色彩亦然,制定完善的城市环境色彩管理措施对桥梁色彩进行严格管理,无疑是营造良好的城市桥梁色彩景观的根本保障。

第二节　城市桥梁工程景观中的环境色彩案例解读

　　纵观世界桥梁及其桥梁工程景观可知,在桥梁发展的进程中,若从工程技术的角度来看,其桥梁发展可分为古代、近代和现代三个时期。

　　人类最早建桥是为了跨越水道和峡谷等障碍。在原始时代,人类是利用自然倒下的树木,自然形成的石梁或石拱,溪涧安放步石,利用谷岸生长的藤萝等以达到跨越河溪的目的,但这只能看作是道路向桥梁转化的一种过渡形式,或看成是桥梁的雏形。人类有目的地伐木或堆石、架石为桥始于何时,现已无可查证。从文献查询可知,中国在周代已建有梁桥和浮桥,如公元前1134年左右,西周在渭水架有浮桥。春秋时期秦穆公称霸西戎,将原滋水改为灞水,并于河上建桥,故称"灞"。它既是中国最古老的石墩桥,也是一座颇有影响的古桥,其后才出现多跨梁桥和拱桥。国外早期文明发源地如古巴比伦王国在公元前1800年建造出有多跨的木桥,桥长达183 m。古罗马在公元前621年建造了跨越台伯河的木桥,并在公元前481年架起了跨越达达尼尔海峡的浮船桥。古代美索不达米亚地区则在公元前4世纪建起有挑出的石拱桥。

　　依据对桥梁的发展演进划分的三个时期,通常将17世纪以前所建的桥梁列入古代桥梁的范围。在漫长的历史演进中,桥梁多用木、石材料建造,也有不少用到竹、藤、铁等材料。若按建造的材料来分,可将桥梁分为木桥、石桥、竹索桥、藤索桥及铁索桥等形式。

近代桥梁是指 17 世纪以后至 20 世纪 30 年代以前所建的桥梁,若按建桥的材料来分,桥梁除木桥、石桥外,还有铁桥、钢桥、钢筋混凝土桥等形式。

现代桥梁是指 20 世纪 30 年代后随着预应力混凝土和高强度钢材相继出现,在材料塑性理论和极限理论以及桥梁振动、空气动力学及土力学的研究等取得重大进展的基础上所建的各式桥梁。按建桥的材料,可将桥梁分为预应力钢筋混凝土桥、钢筋混凝土桥和钢桥等形式。

在人类建造桥梁的历史长河中,桥梁的建设为人类跨越江河湖海和峡谷等障碍带来便利,使天堑变通途。同时,这些造型各异的桥梁既展现出人类巧夺天工的造桥技艺,反映出古代匠人的智慧结晶,又为后人留下弥足珍贵的桥梁文化遗产。这些桥梁像一件件精美绝伦的艺术品一样点缀在奇山丽水之间,成为引人入胜的工程景观,且为城镇与大地增添异彩。诸如在世界遗产名录列入了法国于公元前 19 至公元前 20 年在加尔修建的高架引水桥,西班牙于公元 1 世纪在塞哥维亚建成的高架引水桥,波斯尼亚东部和黑塞哥维那于 1577 年在德里纳河上修建的穆罕默德·巴夏·索科洛维奇桥等。这些桥梁工程及其色彩景观无不令人感到震撼。这里结合城市桥梁工程景观的研究,对古今中外具有特色的城市桥梁环境色彩案例进行解读,以领会到这些著名桥梁的环境色彩景观艺术魅力(图 5-7)。

一、独具特色的中国传统桥梁环境色彩景观

中国是桥的故乡,自古就有"桥的国度"之称,遍布在神州大地的各类桥梁展现出丰富的造型与景观各异的形态。桥梁的环境色彩也作为其物化的象征符号展现出与不同地域生存环境、信仰崇拜、风水意象和文化氛围有机融合的特色,并呈现出独特的文化个性与景观风貌特色。

(一)广东潮州韩江之上始建于宋代的广济桥

广济桥位于广东潮州古城东门外,横跨韩江且连接东西两岸,是风光旖旎的"潮州八景"之一,俗称湘子桥。桥梁始建于南宋乾道七年(1171 年),明朝嘉靖九年(1530 年)形成"十八梭船二十四洲"的格局。该桥集梁桥、浮桥、拱桥于一体,是我国古桥的孤例,以其独特的风格位列中国四大古桥之一。

图 5-7 城市桥梁景观中的环境色彩案例

1.浙江湖州南浔古镇石拱桥的环境色彩；   2.四川泸定铁索桥的环境色彩；

3.贵州黔东南侗族聚居区的木梁风雨桥的环境色彩；

4.西班牙塞哥维亚的高架引水桥的色彩；

5.波黑塞哥维那的穆罕默德·巴夏·索科洛维奇桥的环境色彩；

6.德国科隆霍亨索伦桥的环境色彩

广济桥长约 500 m，为浮梁结合结构，由东西两段石梁桥和中间一段浮桥组合而成，梁桥由桥墩、石梁和桥亭三部分组成。东边为梁桥，长 283.35 m，有桥墩 12 个、桥台 1 座、桥孔 12 个；西边梁桥长 137.3 m，有桥墩 8 个、桥孔 7 个。中间的浮桥长 97.3 m，由 18 只木船连接而成。可见广济桥梁舟结合，刚柔相济，有动有静，起伏变化。其东段、西段是重瓴联阁、联芳济美的梁桥，中间是"舳舻编连、龙卧虹跨"的浮桥，其情其景更是妙不可言（图 5-8）。

整个广济桥的色彩给人古香古色的印象，位于桥梁东西两侧的梁桥部分，每跨架梁所用梁石均为潮汕山区独有的灰白色花岗岩加工而成的巨型条石，桥墩则用粤东韩山独有的大青麻条石砌筑，栏杆为灰白色横条石栏杆，从而构成以灰白色为主调、桥体环境色彩统一的视觉效果。位于桥梁中部的浮桥部分由 18 艘梭船组成，并与东西梁桥桥墩连接，梭船用木材建造，船上设有围护的木栏杆与浮桥桥板，色彩为统一偏红的木质色。

广济桥的精妙之处在于所建的 30 个桥亭，其中殿式阁桥亭有 12 个，杂

图 5-8 广东潮州广济桥环境色彩景观效果

式亭台有 18 个,使整座广济桥不仅是一处水上通道,并且还成为雄伟壮丽的古代建筑群。桥上亭台楼阁错落有致,其色彩以灰色为主调,屋面以传统的青瓦装饰,屋檐下悬挂金色的匾额,白色的岩石柱子簇拥着绿色的楹联,栗色的梁枋悬挂着圆圆的灯笼,精巧别致,冷暖相宜,与周边自然环境十分协调。桥梁屋顶的脊头上采用潮州民居特有的金木水火土形式,既有变化,又有地域特色。

每当春天来临,穿潮州市区而过的韩江两岸木棉花竞相绽放,万绿丛中露出点点火红,把广济桥妆扮得更是妩媚动人,好一幅"江流汨汨,水天一色"的画卷与原生态景象。

(二)浙江泰顺北溪之上始建于清代的北涧桥

廊桥是指有廊屋的桥,其桥屋多采用榫卯结构的梁柱体系联成整体,桥梁梁架多用抬梁式。廊桥桥屋正中是一条长廊式的通道,两侧有木护栏,其内沿着栏杆设置木坐凳,并由栏杆、坐凳与柱廊相连。廊桥在栏杆外多挑出一层风雨檐,并在外缘用鱼鳞板封住。廊桥桥屋木栏板上开有形状各异的窗,有扇形、六边形、五边形、八边形、心形、桃形等,屋面形式则以双坡式居多,且覆盖青瓦。廊桥的木板多用油漆漆成红色或蓝色进行装饰,还可起到护桥防腐的作用。正是这种传统装饰手法使得廊桥桥身在跨越障碍的同时还呈现独特的环境色彩效果(图5-9)。

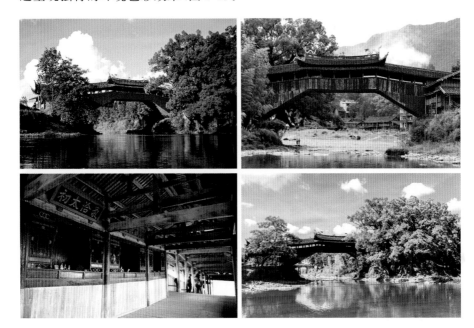

图5-9　浙江泰顺北涧桥环境色彩景观效果

在浙江泰顺一带的廊桥,主要有编梁木拱廊桥、八字撑木拱廊桥、木平廊桥、石拱廊桥等类型。位于浙江泰顺泗溪镇横跨北溪上的北涧桥,始建于清康熙十三年(1674年),于道光二十九年(1849年)重修。其桥长51.7 m,宽5.37 m,净跨29 m。该桥为叠梁式木拱廊桥,立于二水交汇处。北涧桥的桥屋是建桥工匠们精心打造的部位,从而增加了桥梁造型的整体效果,其多样化的屋檐形式及屋脊装饰更突显桥梁的美。而北涧桥在青山绿水之间显得异常绚丽,无疑与桥身的红妆密不可分。北涧桥上风雨板的红色涂饰到位,并达到艳而不俗的效果。桥身的红色使其有别于周围绿色的自然环境及黄褐色的民宅,突出了廊桥的主体地位。更特别的是,桥身的这种红色随着岁月的变迁,还与周围环境的自然色彩形成对比中相互融合的色彩关系,别有风采。北涧桥上廊屋柱架为原木本色,加上桥屋的大部分石质附件没有过多雕饰,给人以"清水出芙蓉,天然去雕饰"的感受,构成一幅浙南廊桥之乡自然、清新的桥梁景观图卷。

（三）北京颐和园万字河上始建于清代的荇桥

　　荇桥是北京颐和园里 20 多座古桥中一座经典的园林古桥，它始建于乾隆二十三年（1758 年），现有层楼重檐特色的汉白玉亭桥系光绪十八年（1892 年）重修的样式。"荇桥"的名字出自《诗经·周南·关雎》的"参差荇菜，左右流之"，给人典雅与清丽之感。荇桥全长 25 m，宽 4.8 m，桥下有 3 孔，两边为斜方孔，尤以中间的方孔为大，若画舫较小，则可以通行无碍（图 5-10）。

图 5-10　北京颐和园荇桥环境色彩景观效果

　　荇桥最大的特点是它在形制上别出心裁，即在荇桥之上立有双层四角方亭，使荇桥在色彩装饰层面显得靓丽多彩。荇桥上的四角方亭即由 8 根绿色漆柱支撑，柱顶有彩绘廊头，明造天花，内檐枋上绘有苏式彩画，所用色彩鲜明而不突兀，描画故事线条细腻又气韵生动，是中国古代桥梁壁画之精品。桥梁的方亭屋顶则为双重青瓦歇山屋，顶下临桥檐两侧设有木制亭栏及清式靠背条椅，上面饰以朱漆。方亭花柱下为青石方鼓镜柱础，桥的东西两面也各置 25 步青石台阶,18 块勾栏式栏板为汉白玉石雕饰。

荇桥桥下为三孔分水洞,中间桥洞相对高大宽敞,当年可通行较小的画舫;桥洞南北两侧分水金刚墙为棱柱式样,精美之处在于四个石柱束腰的上部做成斗拱,承托平台,各踞一只造型精美的石雕狮子。荇桥桥墩与基座为偏暖方石砌筑,粗壮的梁架饰以褐红色。荇桥的东西两端各立有一座四柱三楼冲天牌楼,牌楼虽然色彩鲜艳,但荇桥之上的方亭施色靓丽,从而使两者在色彩上具有呼应关系,并因方位体量大于桥梁两侧的牌楼,从而形成主次分明的组群关系与景观效果。荇桥上过往的行人若驻足桥上观景,极目远眺园中,则万寿山佛香阁彩云缭绕,昆明湖水碧波如镜,十七孔桥长虹卧波,西堤六桥恍如仙境,加之荇桥丽影,好一幅名桥聚集一园的佳景。

二、各有千秋的国外著名桥梁环境色彩景观

"青山隐隐水迢迢,秋尽江南草未凋。二十四桥明月夜,玉人何处教吹箫。"这是唐代诗人杜牧在《寄扬州韩绰判官》中描述扬州瘦西湖二十四桥景观的诗句。那么国外的桥梁又是怎样的景象,桥梁环境色彩景观如何?这里就来一睹国外名桥色彩景观。

(一) 意大利罗马台伯河上建于 1 世纪的圣天使桥

圣天使桥位于意大利罗马台伯河上,公元 134 年由罗马皇帝哈德良所建,又名哈德良桥。该桥连接罗马市中心与圣天使城堡,是一座从古罗马时期留存至今的著名城市桥梁(图 5-11)。

这座桥用青灰色大理石铺砌,河中有 4 个桥墩,与两岸连接形成 5 个拱跨。由于年代久远,如今仅供行人步行。横跨台伯河的圣天使桥是罗马城中最美的桥梁,桥上有 10 尊天使以及圣彼得和圣保罗的雕像,共 12 座,每个天使手上都拿着一种耶稣受刑的刑具,这 10 尊天使都出自贝尔尼尼及其弟子之手。设立在圣天使桥桥面两侧的暖白色雕像,在晴日阳光照射下显得分外明亮。而圣天使桥整体用青灰色石块砌筑的桥体,与桥北高耸的圣天使堡弧形围墙的棕灰色形成色彩弱对比关系,矗立在城堡上方的青铜雕像"天使之长迈克尔",其青绿古铜色给人以沉稳的感受,整个圣天使桥历经千余年的风雨,在古堡、周边街区、老城建筑、台伯河水与两岸树木的映衬下,

图 5-11 意大利罗马圣天使桥环境色彩景观效果

构成环境色彩古朴与和谐的古桥景观文化印象。

(二) 英国伦敦泰晤士河上建于 19 世纪的伦敦塔桥

只要提到英国伦敦的城市景观,浮现在人们脑海中的城市符号无疑是世人皆知的大本钟、红色双层巴士以及伦敦塔桥。伦敦塔桥于 1894 年 6 月建于泰晤士河上,并将伦敦南北区连接成整体。它不仅是该河上已建 15 座桥梁中最知名的一座,也是伦敦最具地标性的城市标志,有"伦敦正门"之美誉。

伦敦塔桥是一座吊桥,塔桥下面的桥身可以打开,河中的两座桥基高 7.6 m,相距 76 m,桥基上建有两座高耸的方形主塔,塔高 43.5 m,内分 5 层。两座主塔上建有白色大理石屋顶和 5 个小尖塔,远看仿佛两顶王冠。两塔之间的跨度超过 60 m,塔基和两岸用钢缆吊桥相连。桥身分为上、下两层:上层为宽阔的悬空人行道,两侧装有玻璃窗,行人从桥上通过,饱览泰晤士河两岸的美丽风光;下层供车辆通行,当泰晤士河上有万吨船只通过之时,主塔内机器启动,吊桥桥身慢慢向上分开折起,待船只通过后吊桥桥身又慢慢落下,并恢复车辆通行。其情其景使人感慨英国工业革命留在塔桥上的痕迹(图 5-12)。

在伦敦塔桥的色彩方面,塔桥主塔与桥基皆用牙黄灰、少量粉绿与赭石及白色相间的花岗岩砌筑而成,后为保护大桥不受风雨的侵蚀,整座桥还被包上了康沃尔花岗岩和波特兰石饰面。塔桥上、下两层钢梁饰以带灰钴蓝色与乳白色的油漆,细部构件饰以橘红色等点缀,使塔桥色彩与泰晤士河水

图 5-12　英国伦敦塔桥环境色彩景观效果

及两岸的伦敦城区建筑形成有序的环境色彩关系,而塔桥钴蓝与乳白色互相穿插的主梁与吊梁色彩则从中性灰的城市环境背景色彩中跳出,以显伦敦塔桥的城市地标性特征。入夜时分,伦敦塔桥上五光十色的灯光照明色彩使塔桥光彩照人,令人们产生梦幻般的光色联想。若遇上伦敦雾天,薄雾锁桥的塔桥色彩景观更是一绝,成为伦敦难得一见的胜景之一。

（三）美国旧金山金门海峡上建于 20 世纪的金门大桥

金门大桥可说是世界上最著名的桥梁之一,被誉为 20 世纪桥梁工程的奇迹,也被认为是美国旧金山的城市象征。金门大桥于 1933 年动工,历时 4 年并耗费 10 万吨钢材建造而成。大桥雄峙于美国加利福尼亚州长达近 2000 m 的金门海峡之上,桥梁北接加利福尼亚,南接旧金山半岛。当船只驶进旧金山,人们从甲板上即可见到映入眼帘的巨型钢塔(图 5-13)。

图 5-13　美国旧金山金门大桥环境色彩景观效果

金门大桥高耸的钢塔立于大桥南北两侧,塔高 342 m,塔的顶端用两根直径为 92.7 cm、重达 2.45 万吨的钢缆相连,而钢缆两端伸延到岸上锚定于岩石中。大桥桥体凭借两根钢缆所产生的巨大拉力高悬于半空之中,两塔之间的大桥跨度达 1280 m,为世界罕见的单孔长跨距大吊桥之一。从海面到桥中心部的高度约 60 m,让大型船只也能畅通无阻。

金门大桥的造型宏伟壮观,桥身的色彩更是独特,桥身所用颜色给人的感受虽为红色,但却并不是正红色,而是由红、黄和黑混合的“国际橘色”。建筑师艾尔文·莫罗认为这种颜色既可与周边环境协调,又可使大桥在金门海峡常见的大雾中显得更为醒目。正是这独特的外观色彩与新颖的结构形式,金门大桥被国际桥梁工程界广泛认为是美的典范,其桥梁色彩的独特性使之成为世界最具魅力的桥梁工程景观奇迹之一。

（四）新加坡海湾南园建于 21 世纪的城市空中廊桥

海湾南园是新加坡滨海湾公园 3 个园区中最大的一个,该园占地 54 hm²,于 2012 年 6 月建成。而滨海湾公园位于新加坡城市紧邻玛丽娜海湾核心区,是新加坡政府打造“花园中城市”发展战略的一项重要举措,公园将被打造为新加坡的国家空间标志,成为新加坡理想的户外休憩场所,并增加城市绿量,丰富植物种群,进而提升城市的生活品质。

建于海湾南园内的城市空中廊桥,是一条长 128 m、位于地面 22 m 以上的高空人行廊道。廊桥蜿蜒曲折穿行于园内 12 棵高度在 25～50 m 的超级树所形成的超级树林中,桥上能够鸟瞰整个滨海湾公园和附近的港湾地区。而超级树是一种像树的结构,每棵超级树由中央混凝土圆柱、铁制框架树干、向外伸展的伞形倒置树冠及栽种植物 4 个部分构成,超级树上种植了各种奇异的蕨类植物、藤蔓植物、兰花以及大量的凤梨科植物。超级树凭借其独特的造型成为海湾南园中引人注目的景观标志(图 5-14)。

海湾南园的色系以产于东南亚山竹果的颜色为园区的基色,城市空中廊桥的色彩则以深紫色为主,同时搭配绿色、橙色和白色作为对比色。超级树则以深红色呈现,加上热带雨林地区大量色彩斑斓的花卉和观叶植物作为背景,并在空中廊桥和超级树树干上点缀紫红色、棕黄色、翠绿色、蓝灰色、深绿色、镉黄色等色彩,形成美不胜收的环境色彩景象。入夜时分,彩灯

图 5-14　新加坡城市空中廊桥环境色彩景观效果

光和投射多媒体将这座垂直花园打扮得妖娆多姿，城市空中廊桥与超级树林更是呈现出惊艳迷人、具有魔力的滨海美景，漫步于空中廊桥之上，整个新加坡的都市景观皆可尽收于眼底。

三、世纪夙愿——武汉长江大桥的造型与环境色彩

武汉长江大桥被誉为"万里长江第一桥"，它于 1957 年 10 月建成通车，当时这一工程不仅在中国桥梁工程史上是空前的，在世界桥梁工程史上也不多见，堪称中国建桥史上的一个里程碑(图 5-15)。

图 5-15　堪称中国建桥史上里程碑的武汉长江大桥

(一) 建设大桥的世纪夙愿

武汉长江大桥是新中国第一座长江大桥，也是万里长江建设的第一座

铁路、公路两用桥。第一座在万里长江上架设的桥梁应是公元33年的东汉时期,古益州自立为帝的公孙叔在攻占彝陵后,为抵御汉朝军队的进攻,在彝陵(今宜昌)东南50多千米的长江江面修建了浮桥,因地处虎牙滩得名"虎牙桥"。就武汉而言,1852年12月太平军攻克汉阳,在汉阳与武昌江面也曾建起两座浮桥,一座从汉阳鹦鹉洲到武昌白沙洲,一座由汉阳南岸咀至武昌大堤口。浮桥建成后,一时两岸"人马来往,履如坦道"。其后太平军攻克汉口,又在汉阳与汉口间架设一座浮桥,此间,从汉阳晴川阁到武昌汉阳门,还用巨缆绑巨木作桥梁,再铺木板作桥面,建成了用于一座长江两岸往来的特大浮桥。

据历史档案显示,最早在武汉建长江大桥的构想由湖广总督张之洞提出。1912年5月,中国铁路的开拓者詹天佑任粤汉铁路会办兼武(昌)长(沙)铁路总办。他在组织粤汉铁路复线的勘定中就考虑到粤汉与京汉两条铁路的跨江接轨,在规划武昌火车站(通湘门车站)时就预留了与京汉铁路接轨出岔的位置。1913年,在詹天佑的支持下,北京大学德籍教授乔治·米勒应邀带领土木系13名师生来汉实习,勘测长江大桥桥址和大桥设计,提议将汉阳龟山和武昌蛇山江面最狭隘处作为武汉长江大桥的桥址,设计出公路铁路两用桥的样式。该方案提出大桥的主跨为380 m,由3组巨型悬臂钢梁组成,桥面为火车、电车、马车、行人并列(图5-16),铁路与城市街道交通相连,并在结构上仿照当时世界著名的最大钢桥——英国苏格兰的福斯大桥。

1927年初,广州国民政府迁都武汉,在当年4月合并武汉三镇设武汉市,并于1929年4月成立武汉特别市政府。为推动武汉的市政建设,邀请曾来华的华德尔商议在长江上建桥之事。华德尔对1921年曾提出的大桥设计方案作出了修订,为保证长江轮船通行,大桥采用简单桁梁并设升降梁,全长1222 m,共15孔,桥面一层由公路铁路共用,后因耗资巨大而中止。

1935年,粤汉铁路即将全线建成通车,平汉、粤汉两路在武汉连通已有必要。此时由茅以升任处长的钱塘江大桥工程处即对武汉长江大桥桥址作测量钻探,并请苏联驻华莫利纳德森工程顾问团合作拟定第三次造桥计划。规划将桥址定在武昌黄鹤楼到汉阳莲花湖之间,全长1932 m,桥面为公路铁

图 5-16　百年前武汉长江大桥构想图中的桥面设计景象

路并列,但因战乱集资困难而停建。

1946 年,抗日战争胜利后,湖北省政府成立大桥筹建机构着手进行第四次规划,民国政府先后请美国桥梁专家鲍曼、美国市政专家戈登到汉视察,提出建桥位置仍以龟山、蛇山之间为宜,为便利船运,采用较长跨度的悬臂拱桥形式。后因内战与经济等原因,建桥计划再次搁置。

1949 年 9 月末,中华人民共和国成立的开国大典还未举行,武汉解放也刚 4 个月,几名桥梁专家向人民政府提出《武汉长江大桥计划草案》。1950 年初,中央人民政府指示铁道部着手筹备建设武汉长江大桥。当年 3 月铁道部即成立大桥测量钻探队,随后成立大桥工程局负责武汉长江大桥的设计与施工。专家组先后做出了 8 个桥址线方案,并逐一进行了缜密的研究。到 1953 年 3 月,专家组召开了三次武汉长江大桥建设论证会议,并委托苏联交通部对完成的设计方案进行鉴定。1954 年 1 月,国家聘请苏联康斯坦丁·谢尔盖耶维奇·西林为首的专家工作组来华援助,中苏两国合作完成了武汉长江大桥的规划与勘测工作,并经国务院批准,于 1955 年 9 月 1 日提前动工建设武汉长江大桥(图 5-17)。大桥建设期间,毛泽东主席曾三次来到大桥工地视察,并于 1956 年 6 月第一次畅游长江,望着当时已具雏形的大桥轮廓,毛泽东即兴写下《水调歌头·游泳》一词,其中"一桥飞架南北,天堑变通途"一句更是将伟大领袖的浪漫豪情与大桥的气势表现出来。1957 年 9 月 6

日,毛泽东主席在大桥通车前再次来到武汉长江大桥视察,并从汉阳桥头步行到武昌桥头,体现出新中国第一代领导人对武汉长江大桥建设的关注与重视。

图 5-17 建设中的万里长江第一桥——武汉长江大桥

经过一年多的建设,1957 年 5 月 4 日大桥钢梁顺利合拢,并于同年 10 月 15 日建成通车。湖北省美术馆曾展出的由大桥通车见证人辛克靖先生绘制的《南北天堑变通途》巨幅中国画作品,形象地反映了盛况空前的通车大典(图 5-18)。60 年前,武汉长江大桥的建成不仅使天堑变通途,让三镇成一体,将中国的南北大动脉一线贯穿,而且实现了武汉市民的世纪夙愿,焕发出中国人民建设新生活的热情。

图 5-18 再现盛况空前通车大典的巨幅中国画作品《南北天堑变通途》

(二) 大桥造型与环境色彩

武汉长江大桥位于武汉市汉阳龟山和武昌蛇山之间,是中华人民共和国成立后在长江上修建的第一座复线铁路、公路两用桥。大桥全长 1670.4 m，正桥是铁路、公路两用双层钢木结构梁桥，上层为公路桥，下层为双线铁路桥，桥身共有 8 墩、9 孔，每孔跨度为 128 m，桥下可通万吨巨轮，它像一道飞架的彩虹，在长江天堑上铺成了一条坦途。武汉长江大桥不仅促进了武汉市铁路枢纽建设进程，使素有"九省通衢"之称的武汉市成为全国重要的铁路枢纽。大桥自建成以来，一直都是武汉市最具地标性的构筑物。

1. 大桥的整体造型

武汉长江大桥的造型设计凝聚着设计师匠心独运的智慧和建设者精湛的技艺。大桥两端是高约 35 m 的桥头堡，从底层大厅至顶亭共 8 层，这显然受到国外桥梁形式的影响。大桥公路层两侧的桥头堡堡亭高 8 m，采用了中国传统的重檐四坡攒尖顶，以钢筋混凝土的结构筑成，用汰石子粉刷，色调和周围的混凝土建筑一致，以和整个大桥一起形成了庄严、朴素的氛围。桥头堡内有电梯和扶梯供行人上下，大厅之中陈列了建桥英雄群像大型泥塑，可供游人观看、欣赏，追忆逝去的岁月，感慨英雄的气概（图 5-19）。

与武汉长江大桥一并落成的大桥纪念碑和观景平台与大桥相互依偎，其中纪念碑高 6 m，南面镌有毛泽东主席的诗句，观景平台是市民与游人观长江、赏大桥的最佳景点之一。

武汉长江大桥的 8 个巨型桥墩矗立在大江之中，"米"字形桁架与菱格带副竖杆使巨大的钢梁透出一派清秀的气象。整个大桥桥身满足功能和美学要求，没有过多的装饰，裸露的钢架更是显示出技术与力量，展现出大桥本身的结构美与时代风尚，给大桥增添了恢宏与雄伟的气势。

2. 大桥的环境色彩

武汉长江大桥建设之时，人们对环境色彩的研究尚处萌芽状态，色彩还未被列入桥梁造型的设计要素进行考虑。为此，当时武汉长江大桥的色彩可说完全是各种建桥材料的本色体现（图 5-20）。不管是登上黄鹤楼从高处远眺，还是从长江南岸的汉阳门近观，人们所见的武汉长江大桥的整体色彩以偏黄的浅灰色为主调。大桥的主跨钢梁和铁路桥檐钢架均为红褐色，上层公路桥外挑出的檐钢架为深灰色漆饰，大桥公路桥面原为偏黄的浅灰色，现改铺黑灰色进口沥青，上绘中黄色的分隔线和乳白色的分道线，阳光照射

图 5-19 武汉长江大桥的正桥、引桥与大桥桥头、桥身、桥面、观景平台及纪念碑的设计造型实景

下显得分外夺目,也为桥面交通安全色的标识。大桥桥墩与两侧桥头堡均为偏黄的浅灰色饰面,只有造型上的高低与凸凹变化,受光线照射与江水反射的影响而出现视觉上的差异,即高处与凸起处较亮,低处与凹下处较暗。这个因素对主跨钢梁正桥两侧的引桥在光线照射下的色彩也产生了影响,如引桥桥孔墙体同为偏黄的浅灰色,本来与主跨钢梁要深的红褐色在明度上有差别,但当引桥桥孔墙体与主跨钢梁在阴面时却看不出这种明度上的差别,从而促使整个桥身在色彩明度上呈现出同一性。另外,如大桥两侧的4 个桥头堡亭,同样是偏黄的浅灰色,因在光照面,色彩明度显得亮得多。只是大桥桥头堡虽为中国传统的屋顶样式,其堡顶与堡身既未用传统材料建

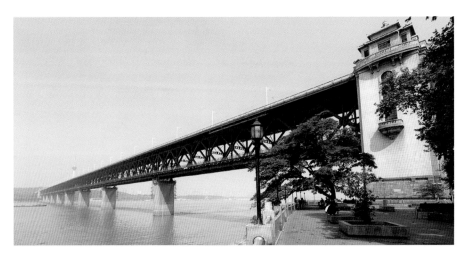

图 5-20　本色呈现的武汉长江大桥环境色彩景观效果

造,也未用传统施色手法表现夺目的色彩,而是用汰石子粉刷桥头堡的表面,以与大桥桥面形成统一的色调,营造朴素的氛围。据推测,这可能是受苏式建筑装饰方式的影响。

大桥的附属设施包括观景平台、上桥步梯与桥台基座,均为汰石子粉刷为表面偏黄的浅灰色。大桥的细部装饰,诸如大桥护栏的铸铁花饰,分为板式与镂空雕两种形式,采用蓝灰色漆饰,以构成与长江江水相印、龟蛇两山相依的联系。另如桥头堡内外空间中的花格门窗、电梯门上下与楼梯扶栏,则饰以深灰色和黑色油漆。桥头堡内部空间的顶与墙面则以米黄色涂饰,间有白色边纹,地面为水磨石铜条饰边的花纹,以让人感受到华丽、亲和的内部空间氛围(图 5-21)。

3. 大桥与周边环境

武汉长江大桥主要通过大桥两侧的引桥与桥台基座结合,以及长江两边岸堤等将桥身融入两岸龟、蛇两山郁郁葱葱之中。若人们登临江北龟山电视塔上鸟瞰,即可将大桥、长江、汉水、龟山、蛇山与武汉三镇收于一体。而武汉长江大桥质朴、本色的色彩景观及其与城市融为一体的景象无不令人发出由衷的赞叹(图 5-22)。

图 5-21 武汉长江大桥的桥梁桥头堡造型与花格窗、铁路桥梁钢构内景及桥面两
侧护栏的细部装饰设计实景

图 5-22 武汉长江大桥桥梁造型与其周边环境实景

（三）面向未来的长江大桥环境色彩

面对武汉市城市发展的需要，在"万里长江第一桥"建成通车38年后，武汉长江二桥于1995年6月在其下游6.8 km处建成。武汉长江二桥为长江上建设的第一座特大型预应力混凝土斜拉公路桥，它的建成也推动了武汉市在长江沿江两岸建设跨江桥隧步入了发展的快车道。随后武汉市在长江大桥上下游分别建成了白沙洲长江大桥、天兴洲长江大桥、军山长江大桥、阳逻长江大桥、二七长江大桥、鹦鹉洲长江大桥、黄家湖大桥，在建的还有杨泗港长江大桥、沌口长江大桥及青山长江大桥等。2008年12月，随着武汉万里长江第一隧道建成，相续还有武汉地铁2号线过江隧道、地铁4号线过江隧道通车。这些建成的桥隧分担了武汉长江大桥的车流，并使武汉三镇及城市开发新区更进一步地融为一体，为城市未来发展奠定了坚实的基础。

1. 武汉"长江主轴"发展规划的提出及其目标定位

长江主轴指武汉提出的结合江城特点以长江为城市主轴线的发展规划，这也是武汉市这个华中地区特大城市建设进入新的发展时期面向未来城市建设提出的新的发展规划，预计耗时10年基本建成。其发展规划的目标定位即沿"长江主轴"，以"全国领先、世界一流"为要求，围绕塑造"现代、繁华、生态、人文、智慧"的城市气质，体现城市价值，引领时尚生活，契合未来发展，打造现代城市的功能轴、时尚之都的发展轴、楚汉文化的展示轴、滨水绿城的生态轴、长江气派的景观轴，形成标志节点有序、空间复合立体、可感知可游憩的世界级城市中轴，成为充满活力、彰显实力、富有魅力的核心区，引领和推动武汉大都市提升发展。

长江主轴的区域范围包括核心段、重点段、主城段、拓展段等（图5-23）。

核心段范围北至长江二桥，南至长江大桥，面积约26.49 km²，其中陆域面积约15.18 km²，长江江段长约6.8 km。

重点段范围南北拓展至鹦鹉洲大桥和二七长江大桥，面积约61.23 km²，其中陆域面积约39.67 km²，长江江段长约12 km。

主城段范围西至沿江大道-晴川桥-滨江大道，东抵临江大道，南达长江上游白沙洲，北至长江下游天兴洲，总面积约138.5 km²，长江江段长约25.5 km²，其中，陆域面积约为78.98 km²，水域面积约为59.52 km²。

图 5-23　武汉长江主轴的区域范围及其核心段实景

拓展段范围南北拓展至鹦鹉洲长江大桥和天兴洲长江大桥；考虑到远期发展，进一步划定拓展段，向上下游拓展至武汉市域边界，以快速路、主干道及自然地貌为界。

在此基础上，为加快启动"长江主轴"建设，选取两江四岸江滩沿线作为启动片，并明确近、中、远期规划的建设重点。

2. 武汉"长江主轴"规划范围内已建成数座长江大桥的景观重整

而"长江主轴"发展规划的提出，对位于"长江主轴"规划范围内已建成数座长江大桥的景观重整，以及长江大桥环境色彩的景观个性彰显无疑是一个良好契机。目前，在"长江主轴"规划范围景观轴内的桥梁从上游往下游依次为白沙洲长江大桥、杨泗港长江大桥、鹦鹉洲长江大桥、武汉长江大桥、武汉长江二桥、二七长江大桥与天兴洲长江大桥，除杨泗港长江大桥在建外，其他 6 座都已建成通车。其中，除武汉长江大桥以质朴、本色的色彩景观立于龟蛇两山南北对应的长江江面，成为具有城市地标性的重要节点外，仅有鹦鹉洲长江大桥以"国际橘"的色彩矗立于长江之中。其他几座大桥的桥体及桥塔均为现浇混凝土材料，呈现出偏暖或偏冷的灰白色，仅桥索及梁架有红、白或浅蓝的区别。这些大桥都是悬索桥，加之桥梁色彩趋于一致，各桥的景观特色不够突出。如何对以上桥梁色彩景观进行调整，使其成为长江主轴的具有个性的桥梁景观，是尚需探索的色彩设计研究课题。

3. 武汉"长江主轴"规划范围内桥梁组群环境色彩景观设计构想

基于对武汉城市及其"长江主轴"规划范围内已建成和在建的 7 座长江大桥的认知，笔者对上述桥梁色彩景观设计在此提出一些个人的构想。

一是针对"长江主轴"规划范围内已建成和在建的 7 座长江大桥，首先应将其纳入一个桥梁组群来对其环境色彩景观特色的关系予以考量，以使其能够形成桥梁色彩景观的整体美（图 5-24），而不能各自为阵，一桥一色。尤其是要防止高明度、高纯度、色相各异及争奇斗艳的桥梁用色出现。即需从桥梁色彩整体景观塑造、两岸环境色彩协调、城市与桥梁关系融合等层面来进行桥梁色彩景观的设计。

图 5-24　武汉"长江主轴"规划范围内形成"桥梁组群"关系的桥梁环境色彩景观意象

二是在"长江主轴"规划范围内已建成和在建的 7 座长江大桥色彩景观的设计中，尚需确定其景观特色塑造的主次，并处理好桥梁组群色彩景观塑造中保护与创新的关系。武汉长江大桥落成 60 多年来不仅成为武汉市具有地标性的城市标识，还承载了几代武汉人挥之不去的城市记忆，其色彩景观塑造应从保护层面予以思考，纳入历史建筑的范畴。武汉长江大桥于 2013 年 5 月 3 日已被列入第七批全国重点文物保护单位，于 2016 年 9 月入选"首批中国 20 世纪建筑遗产"名录，成为武汉乃至中国极具特色的一个旅游景观（图 5-25）。武汉长江大桥周边后续建成桥梁色彩景观的处理，在环境色彩设计与选用上应避免破坏城市色彩的整体关系。

三是在"长江主轴"规划范围内已建成和在建的 7 座长江大桥的色彩景观设计中，应借鉴国内外城市桥梁色彩景观设计方面的成功经验，尤其是城市中跨越水体形成桥梁组群的城市色彩景观营造方面的案例。诸如法国巴

图 5-25　入选"首批中国 20 世纪建筑遗产"名录的武汉万里长江第一桥

黎塞纳河上由 36 座桥梁形成的组合系列,这些桥梁不仅体现了法兰西文化,记载了巴黎的城市发展,而且桥梁的造型、用材不同,桥梁色彩和谐,将塞纳河装扮得似彩虹一样,将沿河风光融为一体。美国宾夕法尼亚州匹兹堡市是美国著名的工业城市,被誉为"世界钢都",阿勒格尼河与莫农格黑拉河于此交汇后形成了俄亥俄河。匹兹堡市城区桥梁共计百余座,横跨几条大河的桥梁均由钢材建造,这是由于该市钢铁产量长期占全国三分之二,所以利用钢材造桥。匹兹堡市两河交汇处的尖端带桥梁更为密集,并形成钢桥组群,其中还有 3 座钢桥一模一样。而钢桥的色彩有浅土黄、浅绿灰、浅蓝灰、浅紫灰等,建筑背景也呈现多色系的特点,如深碧绿的河水,米黄色的石砌堤岸,中绿色的草地,各种建材色彩等。但这种色彩组合却更显靓丽与平和,引人注目又不耀眼,在世界钢都昔日浓烟散去、产业转型后,城市桥梁色彩呈现明媚的景观效果(图 5-26)。

上述两个城市桥梁组群在色彩景观方面取得的成功经验,对长江主轴景观带的城市环境色彩特色塑造具有借鉴意义。

日本桥梁美学家加藤诚平教授在《桥梁美学》一书中谈论到城市桥梁色彩设计方法时指出:桥梁色彩设计根据目标不同采用不同的方法,其一为消

图 5-26　世界著名城市形成桥梁组群关系的环境色彩景观效果

1～2.法国巴黎塞纳河上各式桥梁形成桥梁组群的环境色彩景观效果；

3.美国宾夕法尼亚州匹兹堡俄亥俄河上各种钢桥形成桥梁组群的环境色彩景观效果

去法，即为了尽可能减少桥梁对周围环境的影响，应将桥梁隐蔽在原始环境中，成为从属景观；其二为融合法，即为了有效利用周围自然和社会环境，巧妙体现桥梁的存在，应使桥梁和周边环境按基本相同的格调互相融合、协调，表现地域性、文化性与亲切感；其三为强调法，即以桥梁为主景，增设自然和人文景观，创造出新的独特的环境景观，突出桥梁建筑的存在，显示桥梁的标志性、主题性和象征性。城市桥梁色彩设计中的消去法、融合法与强调法在城市桥梁色彩设计创作中的关系是相辅相成的，将其应用于"长江主轴"规划范围上游和下游两端10余座长江大桥环境色彩的设计中，甚至应用于长江上更多的桥梁色彩景观营造之中，无疑是一件有意义的创造活动。在未来的城市建设中，城市桥梁的色彩景观应展现其独有的个性及艺术魅力。

第三节 深圳滨河大道人行天桥造型 及环境色彩设计

深圳作为一座快速发展、活力四射的年轻城市。该城市人行天桥的建设以 2011 年 8 月在深圳举办的世界大学生运动会为契机,在很短的时间内让 20 余座人行天桥一改昔日灰暗呆板的天桥造型印象,成功实现"蜕变",靓丽地展现在市民们面前。这不禁让深圳人眼前一亮:原来天桥可以如此美丽,也让国人与游人通过人行天桥的华丽变身,感知到深圳城市空间中环境艺术设计的魅力(图 5-27)。

图 5-27 造型各异的深圳城市人行天桥及环境色彩景观效果

一、城市人行天桥及其环境色彩的意义

城市空间中的人行天桥又称为步行桥、街桥。作为城市中较大型的交通类公共环境服务设施,人行天桥一般设置在重要的道路交叉处,使交通畅通,减少了交通事故。人行天桥在世界不少城市与乡村环境中得到广泛应

287

用。从人行天桥的构成来看,有横梁型、窝桥型、构架型、吊桥型与斜拉桥型等类型(图 5-28)。

图 5-28　人行天桥的构成类型

横梁型人行天桥适宜在较宽的道路上使用,横梁的跨度较大,构造简单,但与周围环境难以协调。

窝桥型人行天桥用在地形特别的地方,如在载物超高场所可使用此桥,给人沉重的感受。

构架型人行天桥多用于幅度较大的天桥和铁道线上空的跨架天桥,由于其骨架构造较为复杂,街市地区不常使用。

吊桥型与斜拉桥型人行天桥的主桁与塔或者缆索相互组合,具有紧张感和力学的安定感,给人深刻印象。

另外,为了增加人行天桥的使用效率,有的国家在人行天桥上设置了自动扶梯和斜坡道,并与周围建筑相联系而形成步行屋道。

城市人行天桥的造型与色彩设计首先应具有视觉美感上最易辨认和理解的作用,从而能够使市民通过对人行天桥的造型与环境色彩设计达到场所特性上的心智认同。其次,城市人行天桥的造型与环境色彩设计特色塑造还必须考虑到所处城市空间在生态、美学、社会和文化等方面的综合效应,以实现人与自然、城市与自然的和谐共处,这也是人行天桥的造型与环境色彩设计的意义所在。

二、深圳市滨河大道人行天桥更新改造及其色彩设计的探索

深圳市滨河大道人行天桥的更新改造工程源于深圳市为迎接2011年世界大学生运动会展开的城市综合整治。深圳市在更新改造中重点整治的人行天桥有20余座,涉及滨河大道上15座人行天桥(图5-29)。滨河大道是深圳市内的三条主干道之一,为双向六、八车道。它西接滨海大道,东接罗湖区的船步路,沿途贯穿罗湖区、福田区南端。作为深圳市区东西穿行快速通道的中段,道路上车流量大,且全路段封闭,行人横穿道路主要依靠人行天桥。

图 5-29 深圳市滨河大道人行天桥更新改造工程位置示意图

1. 滨河大道更新改造人行天桥存在的问题

从滨河大道上此次需要进行更新改造的人行天桥来看,除了天桥造型与经济快速发展的城市形象有较大差距外,存在的问题归纳起来主要有以下几点。

一是人行天桥使用时间较长,多数出现破损,天桥雨棚损坏,天桥栏杆、踏步与构件等变得污浊及破败。

二是人行天桥杂乱无序的标识系统与各类广告招牌破坏了桥体形象,严重影响了城市空间的美观。

三是人行天桥多数没有顶棚,且桥面与台阶遇雨易滑,加上桥体空间缺乏多样性,天桥人性化设计缺失。

四是人行天桥多数没有设置无障碍设施,缺少无障碍车道,不方便老人、残疾人、推儿童车的妇女与骑自行车的行人通过。

五是人行天桥管理不到位,不少小商小贩在天桥上买卖商品,导致行人通行不便等。

2. 滨河大道人行天桥更新改造设计的原则

针对滨河大道人行天桥更新改造存在的问题,我们提出深圳市滨河大道人行天桥更新改造设计的总体定位是"立足城市设计前沿、导入环境艺术手法、提升天桥造型水平、重塑创意之都风尚"。

在滨河大道人行天桥更新改造的造型与色彩设计层面,以深圳市的城市总体特色、城市风貌规划性质及城市环境色彩导则为主导来进行人行天桥的造型与色彩设计。在人行天桥的单体造型与色彩设计中,依人行天桥所处路段的位置及主次等因素设计。主要位置的人行天桥单体造型可使用较为夺目的色彩,使之得以脱颖而出,并在城市道路环境中产生视觉重点,彰显人行天桥单体造型识别与色彩设计的个性;次要位置的人行天桥单体造型可使用中性的色彩,以使之与城市道路环境融合,呈现出相宜与和谐的人行天桥单体造型与色彩设计文化意蕴。

三、深圳滨河大道人行天桥更新改造的设计成果

基于对滨河大道人行天桥更新改造设计的考量,在重点完成的 6 座人行天桥更新改造任务中,深圳市汉沙杨景观规划设计有限公司承担了其中 3 座人行天桥更新改造设计任务,即滨河大道彩田人行天桥、上沙人行天桥与车公庙人行天桥,并在大学生运动会举行前完成更新改造,使 3 座人行天桥以不同的设计造型呈现在世人面前,并在深圳市城市环境艺术设计引领与空间形象提升方面作出贡献。

(一)深圳滨河大道彩田人行天桥的造型与色彩设计实践

彩田人行天桥位于滨河大道联合广场附近,天桥四周均为高档写字楼,外墙清一色为玻璃幕墙。天桥离彩田立交桥近,周边人流量大。彩田人行天桥全长为 77 m,其中跨路部分长 63 m,宽 6 m。由于其特殊的区位性质,作为城市设计中的重点考虑地段(图 5-30)。

在设计特色方面,设计中延续天桥周边建筑的时尚风格,以简练的线条提升城市形象品质。彩田人行天桥更新改造中的造型与色彩设计,以在原来混凝土结构桥体两边设置独立钢结构桁架,在最大程度上避免或减小了对原桥体的影响。在桥体上增建廊桥造型,廊桥立面色彩采用通体铬黄铝、通

图 5-30　滨河大道彩田人行天桥位置图及更新改造前现状实景

条镂空条与低反射率淡蓝色胶钢化玻璃幕墙的设计形式,扶手改造为不锈钢加夹胶钢化玻璃设计,桥墩处外包波条喷灰漆铝板。人行天桥首梯段采用砖墙围护,地面改造为防滑地砖,并有效处理垃圾死角等问题(图 5-31、图 5-32)。

图 5-31　彩田人行天桥更新改造设计构思启示与效果图

图 5-32　彩田人行天桥更新改造建成后实景图

（二）深圳滨河大道车公庙人行天桥的更新改造设计

车公庙人行天桥位于滨河大道上沙村附近，周边上下班人流密集，行人主要是年轻白领，他们年轻、充满激情，是城市的主力军。城市形象定位为拥有想象力、鲜明，同时整理空间，打造整洁而不空泛的城市公共空间形象。该桥的设计在考虑实用性功能时，也顾及了年轻上班一族的审美趣味，于是设计成了既能遮风避雨又清新飘逸的绿色飘带状（图 5-33）。

图 5-33　滨河大道车公庙人行天桥位置图及更新改造前现状实景

车公庙人行天桥的设计灵感来源于花样体操中的彩带，动感、活力的彩带象征着深圳市未来不可限量的能量。在车公庙人行天桥更新改造中，在人行天桥桥体两边设置独立钢结构桁架，以避免或减小对原桥体的影响。另外，为体现此次滨河大道人行天桥更新改造设计的总体定位，在造型与色彩设计中，桥体的上部结构采用空间螺旋钢通及波纹铝板材料，桥螺旋钢通通体色彩为中灰绿镀光,可在不同天气条件下出现冷暖变化。桥体雨棚部分运用淡蓝色透明的 ETFE 膜,扶手改为银色弧形不锈钢设计,地面改造为防滑地砖设计。桥体的灯光处理采用弧形 LED 节能灯具,夜景灯光采用白色 LED 节能泛光灯照明。更新改造后的车公庙人行天桥既具有遮风避雨的功能,也符合城市形象定位及高科技的现代品质(图 5-34、图 5-35)。

图 5-34 车公庙人行天桥更新改造设计效果图 1

图 5-35 车公庙人行天桥更新改造设计效果图 2

（三）深圳滨河大道上沙人行天桥更新改造的造型与色彩设计实践

上沙人行天桥位于滨河大道福田体育馆附近，由于该人行天桥通向运动场馆，为了表现都市的活力，这座天桥的外形设计得比较有动感（图 5-36）。

图 5-36　滨河大道上沙人行天桥位置图及更新改造前现状实景

在设计特色方面，为体现上沙原住居民世代以渔业为主的特色，采用了鱼篓风格的变截面设计方式。在上沙人行天桥更新改造的造型与色彩设计中，因桥体为钢结构，原桥整体现状保持良好（图 5-37、图 5-38、图 5-39）。

图 5-37　上沙人行天桥更新改造设计效果图

图 5-38　上沙人行天桥桥身、桥栏与桥墩更新改造设计立面图

图 5-39　上沙人行天桥更新改造建成后实景图

在该天桥更新改造的造型与色彩设计方面,人行天桥通体采用银色与中性灰色的轻质满焊的铝通及镂空铝板材料,以减少自重,满足改造方案及原桥体结构的要求。地面改造为防滑地砖设计,扶手改造为不锈钢加夹胶钢化玻璃设计,屋面采用铝板贴膜装饰防雨,桥体下面喷刷灰色涂料,桥墩采用加厚钢板包身,以强化桥墩的整体感。人行天桥灯光照明采用弧形LED节能灯具,夜景灯光采用简单的白色LED节能泛光灯进行照明。

以上3座更新改造的人行天桥已在深圳滨河大道落成并投入使用,它们也与后续市内其他经过更新改造的人行天桥一道,融入高速发展的城市空间环境建设之中,成为横卧在滨河大道上空的美丽彩虹。而在造型与色彩设计创作实践方面,人行天桥更新改造无疑在导入环境艺术手法来提升城市设计品质,营造城市空间创新设计层面具有开拓意义与引领作用。

第六章　滨水工程景观的环境色彩设计

　　纵观城市演进发展的历程,从某种意义上说,城市的产生离不开水,水是城市发展的物质基础。生活、生产必须有水,水是城市产生、发展、演化的重要自然因素。水影响着城市社会、经济、文化诸多方面的发展,水也是城市生态系统中最重要的自然生态因子,且对城市空间的发展影响巨大,它不仅孕育了城市和城市文化,而且成为影响城市发展的重要因素。世界上众多城市的兴衰变化均与江河湖海关系密切,并大多伴随着滨水环境的发展。为此,城市滨水区域无疑成为城市空间的重要组成部分,城市滨水景观带更是成为城市空间环境体系的骨架和主体,其功能与作用是显而易见的(图 6-1)。在城市滨水工程景观带地域特色的塑造中,环境色彩更是有着举足轻重的作用。

图 6-1　城市滨水空间呈现各具特色的环境色彩设计风貌

第一节　滨水工程景观的内涵及环境色彩设计要点

一、城市滨水区域及滨水工程景观的意义

　　城市滨水区域是指在城市范围内水体区域与陆地区域相连接的一定区

域。它是一个城市包括政治、经济与文化等文明发展的起点,是由水体与陆地两种不同生态领域所组成的特定城市空间环境。就城市滨水区域而言,它既是城市公共空间的重要组成部分,也是城市人工和自然融合最具生态价值的交错区域。滨水区域不仅能够提高城市的宜居性,还是最能体现城市地域特色和最能展示城市面貌的地方,更是城市的"门户"和"窗口"。作为城市中特定的空间地段,城市滨水区域的空间范围需要根据居民日常生活中对于滨水空间的心理意识来确定,这需要对居民进行意向调查。通常滨水区域的宽度大致为 200～300 m,对人的吸引距离为 1000～2000 m,相当于正常步行 15～30 分钟可到达的距离。

(一) 城市滨水区域的空间形式

从水体与陆地的关系来看,城市滨水区域可分为沿水型、环水型与融水型等空间形式(图 6-2)。

沿水型的特点是陆地位于水面的一侧或两侧,陆地与水面的边沿呈带状展开。这类滨水区域多为城市建设的精髓所在,如埃及临地中海南侧的亚历山大、加拿大临安大略湖西北侧的多伦多、中国上海黄浦江与英国伦敦泰晤士河两岸等。

环水型的特点是陆地全围或半围水面,或水面全围或半围陆地,且陆地和水体呈环状关系。这类滨水区域依陆地与水面围合的性质不同,又有环湖、环海湾等区别。中国内陆此类城市滨水空间有被东湖等 10 余个湖泊所围的武汉,济南城内被陆地所围的大明湖,巴西被帕拉诺阿湖半围的巴西利亚,澳大利亚被墨尔本市所围的菲利普海湾,芬兰被波罗的海三面环围的赫尔辛基等。

融水型的特点是水城交融,水体可为自然形成,也可是人工挖掘而成,且城市中的水体呈网状交错的形态。典型例子有意大利水城威尼斯、荷兰的阿姆斯特丹、瑞典的斯德哥尔摩、美国的劳德代尔堡、法国的安纳西及中国苏州水乡同里镇等。

(二) 城市滨水景观及空间构成

就城市滨水工程景观而言,英国景观设计师威尔斯在《园林水景设计》一书中认为:滨水景观是指对临近所有较大型水体区域的整体规划和设计

图6-2　城市滨水区域的空间形式

1～2.沿水型——加拿大临安大略湖西北侧的多伦多与中国上海黄浦江两岸的滨水空间；

3～4.环水型——中国济南市内被陆地所围的大明湖与澳大利亚被墨尔本市所围的滨水空间；

5～6.融水型——荷兰阿姆斯特丹与中国苏州水乡同里镇的滨水空间

而形成的优美风景，按其毗邻的水体性质不同，可分为滨河、滨江、滨湖和滨海景观。城市滨水区的景观主要是指对于位于城市范围内的较大型水体区域进行规划设计而形成的优美风景。而城市滨水景观由于自身特殊的地理条件，其空间构成一般由水域、岸线和陆域三部分组成（图6-3）。

图 6-3　城市滨水景观的空间构成内容

水域是城市中面积不等的各类水体,为水体环境的重要组成部分。水域景观基本是由水域的平面尺度、水质、水生态系统、地域气候、水面的人类活动等要素所决定的。

岸线是指因水位变化在高水位时淹没、在低水位时显露的水边地段。其景观包括绿化带、堤岸和沙滩、滩涂等。

陆域即对城市水体环境中陆地范围的界定,其景观由城市水体的尺度、用地性质以及水域周边的滨水道路、人工建筑、城市历史文化、居民心理意识等诸多方面因素所构成。

(三)城市滨水景观的基本特征

基于城市滨水区域特有的地理位置,以及在城市发展进程中与水体形成的密切联系,从而使滨水区域的营造有别于城市其他区域,具有独有的景观特征。

1. 多样性

城市滨水景观创造的多样性可从多个层面来呈现。从空间功能看,有工业空间、仓储空间、商业空间、办公空间、休闲娱乐空间、居住空间等之分,滨水区域是城市多种功能的综合体。从空间层次看,有水体、岸线、陆域、游憩、自然空间等之分,滨水区域是其城市多种层次的集合体。从生态系统看,滨水空间是水域生态系统和陆地生态系统的交界处,具有水陆共生的两栖性,受到两种生态系统的共同影响,呈现出生态的多样性。从滨水活动看,有休闲、节庆、交通、体育、观光等,从而在活动上构成行为的多样性。而滨水区域的多样性特点显然也是营造城市景观的魅力所在。

2. 公共性

滨水区域是构成城市开放空间的主要场所,历来也是公众活动最为密集的区域。作为城市的"黄金宝地",滨水景观具有共享的特点,且强调滨水用地和公共设施的合理利用与配置,并尽可能地将滨水空间留给公众,从亲水空间到近水空间,再到远水空间,时开放,时围合,收中有放,放中有收,丰富了人们的体验,让人们享受到大自然的恩赐,共享和谐发展的人居空间环境。

3. 亲水性

水乃生命之源,人类的起源、生存、延续都离不开水的滋养。自古以来,人类就懂得择水而居的生存方式,且因水而兴、因水而盛,由此人类生来就有亲水情结。城市滨水景观就要为人们提供这样一个亲水的开放空间,让人们参与到亲水、近水、赏水、玩水的活动中去,以感受到生命的活力和亲水的乐趣。

4. 生态性

作为城市中最具生命力的空间场所,滨水区域不仅维持着整个城市生命的延续,承载着水体循环、水土保持、维护大气成分稳定的运作功能,还能净化城市的空气,改善城市小气候,有效调节城市的生态环境。同时,滨水区也可增加城市的自然环境容量,促使城市持续健康地发展。为此,滨水景观的塑造应注重生态性,充分考虑滨水区域的生态平衡,以维系生态结构及城市建设的良性发展。

5. 地域性

不同的城市拥有各自独特的自然与人文特色,城市滨水区域的景观营造亦然。在进行不同的城市滨水景观建设时,要充分考虑不同地区的滨水景观特色和文化内涵,将地域性特点融入到景观营造之中。就滨水景观而言,其地域性一是与自然相关联,有效利用当地的地形、地貌和气候等自然条件;二是当地文化的历史沉淀、文化内涵的表现,以展现出不同城市滨水景观的地域特色和认同感。

6. 安全性

对于滨水区域来说,安全性尤为重要。其中临海有潮起潮落,临湖、临江河有防洪的问题。城市滨水空间由于有较大水面的存在,就不能忽视人们的安全性。在滨水景观营造中,无论是在水中荡舟、游泳及戏水,还是在平台上观景,均应有安全保障,故安全问题应在城市滨水景观建设中得到充分考虑。

二、城市滨水工程景观与环境色彩的关系

城市滨水区域的开发是人类历史久远的建设活动之一,滨水工程景观的营造早已成为一种世界性现象,并涌现出一批著名的滨水城市或城市滨水区域。从古至今,国内也建有不少知名的滨水城市或城市滨水区域,如今国内经济快速发展与城市化进程加快,诸多城市都将滨水景观工程列为开发建设的重点。然而如何塑造有特色的城市滨水区域景观,使之成为城市整体空间塑造中令人过目不忘的特色景观,显然也是城市滨水区域景观设计追求的主要目标。

就城市滨水工程景观与环境色彩的关系而言,城市滨水工程景观的环境色彩无疑具有视觉美感上最易辨认和理解的识别作用,其城市滨水景观带地域特色塑造中的环境色彩设计,还必须考虑到所处滨水区域在城市生态、美学、社会和文化等方面的综合效应,以实现人与自然、城市与自然的和谐共处(图 6-4)。

通过对城市滨水工程景观基本特征的归纳与分析,可知在城市滨水工程景观营造中,水域宽度对城市滨水区域环境色彩设计具有较大的影响。不管是位于水面一侧还是两侧的城市滨水区域,滨水区域水域越宽,城市的细节可感知度就越低。反之,滨水区域水域越窄,城市的细节可感知度就越高。因此,水域的宽度显然就成为影响城市滨水区域环境色彩关系至关重要的因素。

对城市空间中具有两岸关系的滨水工程景观营造来说,对城市滨水区域总体环境色彩的感知,需要从对岸才能得以整体观察。当然,随着水域宽度的变化,城市滨江区域水岸两侧的环境色彩联系随之发生变化。这些变化包括水域两岸是否具有场所认同感,以及两岸景物所形成的环境色彩层次性。另外,面对不同尺度与地域特色的水体环境时,还应根据现状将两岸的滨水工程景观中的环境色彩放在城市色彩的总体框架下进行设计,以促进两岸的场所认同感。

图 6-4 城市滨水工程景观与环境色彩的关系

1.加拿大多伦多滨水工程景观与环境色彩设计实景；

2.中国深圳前海滨水工程景观与环境色彩设计实景

三、城市滨水区域环境色彩景观设计要点

在现代城市空间中，城市滨水区域工程景观是现代城市景观营建中的重要组成部分，滨水区域环境色彩景观的设计应结合城市空间与场所环境整体景观营建的需要来进行，其设计的要点包括如下内容。

1. 从城市总体对滨水区域环境色彩予以把控

滨水区域环境色彩是城市色彩总体框架中的有机组成部分，滨水工程景观中环境色彩的设计应在对城市自然环境、城市定位、文化精神等综合考虑的基础上，理解对城市整体与分区的色彩关系，并对滨水区域环境色彩进

行概念性定位,为城市滨水区域环境色彩设计提供指导。

2. 突出城市滨水区域水体及其环境色彩特点

滨水区域在城市景观中最具魅力的地方即为水体的存在,而滨水区域水体及其环境色彩显然是突出的重点。而滨水区域水体的色彩会因临水类型(如海、湖、江、河)的不同以及水体所处的地域、季节、气候等的差异呈现不同的环境色彩,从而形成独特的滨水工程景观色彩效果。

3. 对滨水区域环境色彩的空间关系进行协调

滨水区域作为城市中以独特的自然景观为主导的公共空间类型,其空间主要由水域、岸线和陆域三部分构成,在滨水区域环境色彩设计中,协调水域与其他部分之间的环境色彩关系,是城市滨水工程景观特色塑造的重点工作。

4. 城市滨水区域自然色彩与人工色彩的互生

在城市滨水区域工程景观的营造中,自然色彩与人工色彩之间具有互生和转换的特点(图6-5)。从城市滨水区域的自然色彩来看,主要包括水域色彩、自然水岸色彩(土、石等)、植被色彩(乔木、灌木、草坪、花卉等)、天空色彩(季节、时段)、气候色彩(雨、雪、雾霾等)。人工色彩受到基础设施、使用材料等的影响,包括水域范围的人工色彩(船舶、桥梁)、岸线范围的人工色彩(码头、堤岸、步道、人群)、路域范围的人工色彩(建筑、道路、公共设施、户外广告、车辆等)。从滨水区域向城市内部延伸,形成以自然色彩为主导向以人工色彩为主导的色彩转换趋势,即在水域空间一侧,自然色彩所占比重较大,人工色彩成为点缀色,适合使用高彩度、多色相的环境色彩。在城市内部空间,人工色彩的比重大于自然色彩,成为环境基色,自然色彩成为点缀色,形成滨水工程景观特色营造中自然色彩与人工色彩的互生和转换。

5. 城市滨水景观工程中的环境色彩设计及控制

城市滨水景观工程中环境色彩的设计分为制订计划、基地调查、分析比较、色彩设计、现场测试与报审实施等。其中对滨水区域现状色彩的调查需从自然色彩与人工色彩两个层面来展开,且在分析比较的基础上弄清现状色彩的配制比例,确立滨水区域总体色彩规划策略,从宏观、中观、微观等层面确定各个区域环境色彩的设计关系。在色彩设计中应以环境色彩配置的

图 6-5 自然与人工色彩在城市滨水工程景观营造中的效果

协调为准则,并使相关区域的环境色彩设计中的同一色彩或色调形成一致性,同一色系且相近的色调可以形成相关性,注意将色系不同、色彩互补的颜色进行对比,以此提出滨水区域环境色彩设计方案供现场测试所需。

城市滨水景观工程中环境色彩的控制,按照空间的重要程度有分级控制与法规控制等形式。其中分级控制有严格控制、协调控制、一般控制、特殊控制区域之分,控制内容包括各个控制区域的分控范围、控制内容、设计色表、实施框架等,并与控制性详细规划中的色彩专项结合起来予以实施。法规控制包括技术导则、法规条例等内容,以落实滨水景观工程中环境色彩设计,保障城市环境色彩的实现。

第二节 威尼斯环境色彩印象解读

威尼斯是一个美丽的水上城市,位于意大利东北部亚得里亚海威尼斯湾西北岸,也是一个重要的港口,人口有 34.3 万。威尼斯主要建于离岸 4

km 的海边浅水滩上,平均水深为 1.5 m,有铁路、公路桥与陆地相连。该城由 118 个小岛组成,177 条运河蛛网一样密布其间,这些小岛和运河大约由 401 座桥相连。整个城市只靠一条长堤与大陆半岛连接,并以船作为唯一的交通工具,从而享有"水城""水上都市""百岛城""桥城"等美称(图 6-6)。

图 6-6　水上威尼斯城市意象

对于世界闻名的水城威尼斯来说,水无疑是城市的灵魂。蜿蜒的河道、流动的清波,水光潋滟,赋予水城不朽和灵秀之气,为此,水城威尼斯有"因水而生,因水而美,因水而兴"的美誉,她就好像一个漂浮在碧波上的浪漫的梦,其诗情画意久久挥之不去。

一、飘浮在水上的城市意象

水城威尼斯的建设始于公元 452 年,在 8 世纪成为亚得里亚海的贸易中心,并在中世纪成为地中海最繁荣的贸易中心之一,曾经在地中海文化的发展中担当过重要角色。其后,随着新航路的开通,因欧洲商业中心渐移至大西洋沿岸而衰落,于 1866 年并入意大利。威尼斯作为意大利的历史文化名城,城内古迹众多,在这个不到 8 km² 四面环水的城市中,有 100 多座被运河分割而成的小岛。岛与岛之间以各式桥梁连接,大运河呈"S"形贯穿整个城市,人们乘船沿着这条号称为"威尼斯最长的街道"航行,即可饱览威尼斯的精华而不用担心迷路。运河两岸近 200 栋宫殿豪宅和 7 座教堂，这些建筑多半建于公元 14 至 16 世纪，有拜占庭风格、哥特风格、巴洛克风格、威尼斯式等。所有的建筑地基都淹没在水中，看起来仿佛是从水中升起的一座城市（图 6-7）。

图 6-7　贯穿威尼斯整个城市呈"S"形的大运河及环境色彩风貌

贯穿城市的大运河也如一条熙熙攘攘的大街，水道即为小巷，船是威尼斯唯一的交通工具，当地的小船贡多拉更是独具特色，与各式游船往来穿梭于城市的运河与水巷之中，并与万顷波涛的亚德里亚海相连。

二、水城威尼斯的色彩构成

应意大利米兰设计周学术交流活动之邀，2011 年 4 月，笔者一行在活动之后，乘"欧洲之星"快铁经与大陆相连的长堤抵达水城威尼斯。走出火车站后乘游船贯穿整个城市，沿大运河来到圣马可广场，穿越如潮的人群登临广场上的钟楼。该钟楼建于公元 15 世纪，高 99 m，挺拔秀丽。这碧波之上，代表文艺复兴精华的威尼斯城就展开了那令人陶醉的画面。我们俯瞰圣马可广场，也漫步其间，感受被拿破仑誉为"欧洲最美丽的客厅"及总督宫那美得令人窒息的回廊，步入建于中世纪的圣马可大教堂，停步于早期巴洛克式风格造型的叹息桥前，领悟其建筑的艺术魅力。更多的时间则循着河道徒步穿街、走巷、过桥，沿"水"踪觅"城"貌。其中最著名的有里亚托桥，该桥建于 1592 年前后,桥长 48 m,宽 22 m,是用大理石砌成的单孔拱桥。大文豪莎士比亚的文学巨著《威尼斯商人》就是以此为背景展开叙述的。此外,还有圣马可时钟塔、黄金宫、斯皮内利角宫、雷佐尼可宫、安康圣母圣院、圣马可图书馆、圣乔凡尼福音大学校、军械库、维克多·伊曼纽尔二世纪念碑以及遍布全城的教堂、博物馆、画廊与剧场等,以及周边各具特色的离岛风貌,这些人文景观让游人们体会到建筑的文化气魄及城市凸显出的温馨和浪漫(图 6-8)。

作为一个"读城者",在一页页翻阅水城威尼斯的美丽画卷之时,它的城市环境色彩也给我们留下深刻的印象。就威尼斯的城市环境色彩而言,归纳来看,最具特色的色彩主要由自然色彩与人工色彩要素所构成。其中自然色彩要素包括水体、天空、植被等的色彩,人工色彩要素包括建筑屋顶、街巷立面、码头堤岸、公共设施等的色彩,以及水城特有的细部色彩等。它们共同构成了水城威尼斯美丽的城市环境色彩画卷(图 6-9)。

威尼斯坐落于四面环海的岛屿之上,阳光照耀下的蓝色海洋,以及城中河道、水巷中的蓝绿基色与水中建筑倒影色彩融为一体。水体色彩对这座城市的影响非常大,并成为威尼斯自然色彩要素中最重要的城市色彩构成要素。威尼斯所处的亚得里亚海属于地中海气候,夏季炎热干燥,冬季温和多雨,春季蓝天、白云与碧海和水城中新绿的植被色彩共同组成威尼斯海天一色的城市环境色彩意象。

对要想感知水城威尼斯的人工色彩,可登临圣马可广场钟楼鸟瞰,整个城市的陶红色瓦屋顶尽收眼底。除少量公共建筑和教堂的白色弯窿顶外,一些体量高大的建筑显露出的墙面也以淡黄色、黄色、黄褐色、浅褐色、砖红色等暖色为主,从而使整个城市环境色彩显得和谐统一。陶红色屋顶与湖蓝色海洋之间的色彩对比形成了威尼斯最基本的城市环境色彩意象。

在水城威尼斯,不管是穿街、走巷、过桥,还是乘贡多拉游船沿着水城窄窄的水道前行,随处可见笔直地伫立于水中的历经数百年的古老建筑以及波光粼粼之中晃动的建筑倒影。威尼斯城内的建筑多形成于中世纪,建筑多为 3~5 层,并组成连续性强的街道和围合感很好的广场。水城威尼斯的建筑墙面和街巷立面色彩基本以暖色系为主,且多为黄色、橙黄色和黄褐

图 6-8 水城威尼斯著名的城市景观

1.欧洲最美丽的城市客厅——圣马可广场； 2.圣马可广场钟楼；

3.总督宫美得令人窒息的回廊； 4.建于中世纪的圣马可大教堂；

5.早期巴洛克式风格造型的叹息桥； 6.乘贡多拉小船沿运河游水城；

7.建于 1592 年前后的里亚托桥

图 6-9　对威尼斯城市环境色彩构成要素及色谱分析归纳图示

色,并与紫红色砖墙立面形成补色关系,呈现和谐而富有变化的色彩效果。另在建筑墙面和街巷立面色彩谱系中还有少量的白色、乳白色和灰白色,以避免环境色彩显得沉闷。

水城威尼斯内街巷中的码头堤岸及公共设施造型简洁,色彩多用深色或不同色相的浅灰色,以融于环境之中,诸如水巷中供游船航行防撞的护柱,沿水巷道路、桥梁边缘所设的护栏等,均取退让的设计态度,绝不喧宾夺主。设于城市街巷中的电话亭,虽为现代造型,但银灰色的外表色彩虽有些显眼,也基本可融于环境之中。

水城的细部色彩既包括街巷中商业广告招牌与遮阳棚上的用色,也包括建筑与街巷立面中门窗上特有的用色。作为世界文化遗产,威尼斯对城市中商业广告的设置管理严格,除维修中的历史建筑上设有广告外,不允许广告招牌遮挡历史建筑。遮阳棚的用色仅有蓝绿和紫红两类色彩,无杂乱的感觉。街巷立面中门窗、券柱以及建筑脚线多为白色、灰白色,且与中等明度的暖色系墙面搭配,显得明亮醒目。窗户多为木质百叶平开窗,色彩有深浅木色和蓝绿等。还有威尼斯的游船"贡多拉",其造型为两头翘的月牙形,多为黑色平底。船夫身着蓝白条文衫穿行于迷宫似的水巷,英俊洒脱、个性奔放、也对城市色彩起到点缀作用。

在威尼斯及泻湖区域周边的离岛,诸如丽都岛、穆拉诺岛、圣乔治亚岛及布拉诺岛等,不管是码头、车站还是道路、广场、公园与建筑内外场地,其环境色彩均较主岛艳丽,只是在阳光明媚、海风轻抚、碧空如洗、绿树成荫的背景映衬下,色彩与空间相辅相成,让游人品味到色彩设计的无限活力。

三、威尼斯的城市色彩特征

通过对威尼斯的考察和归纳,其环境色彩的特征主要表现在以下几个层面。

第一,水体色彩是威尼斯城市环境色彩的基调色彩,威尼斯周边的海洋、天空以及城内河流、水巷的色彩为蓝绿色系,城市环境色彩的整体色调偏冷,并随季节的变化呈现出色彩基调上变化。

第二,威尼斯城市环境中的建筑屋顶、街巷立面、码头堤岸、公共设施等的色彩均以褐红色系为主调,城市环境色彩丰富而不凌乱,和谐而不单调,是欧洲中世纪城市中极具色彩魅力的经典佳作。

第三,威尼斯城市细部的色彩反映在多方面水城街巷中墙上悬挂的各种路灯、店面招牌、门饰窗台、绿化;运河边护栏上、教堂院门院墙上的各式铁艺图案;街巷路面铺装;公园与休闲场地中的花园、绿地;城市导向牌与宅院门牌;等等。细微之中凸显出其城市空间及环境色彩的浪漫风情(图6-10)。

图6-10 飘浮在水上的城市威尼斯,环境色彩更是充满魅力与活力

威尼斯作为一个飘浮在水上的城市,也是一个充满魅力的城市,一年四季游人如织。全球每年都有成千上万的游客来到威尼斯,感受这座城市环境色彩特有的文化魅力。正如丹麦建筑师S.E.拉斯姆森在《建筑体验》一书中所说:"世界上有一个地方,那里的人们常常要在水上看景,这样的现象很引人注目,这就是威尼斯。"

第三节　豫中长葛市清潩河景观带的环境色彩设计

一、豫中长葛市清潩河景观带概念性规划解读

(一) 概念性规划设计背景

长葛市位于豫中平原腹地,相传为远古"乐神"葛天氏的故址。清潩河

作为市域范围内的主要河道,对城市的生态环境有着至关重要的作用。河道由城市西北向东南贯穿过市区,并经许昌市区后汇入颍河,直至流入淮河。清潩河在数千年的历史进程中见证了长葛的发展,并与长葛的历史文化息息相关。清潩河作为长葛市的母亲河,其开发建设备受广大城市市民的关注。随着城市经济社会的快速发展,市民的生活质量不断提高,精神文化需求、环境质量需求日益增长,人人都希望生活在"天蓝、水碧、地绿、人和"的环境中(图 6-11)。

图 6-11 豫中长葛市清潩河景观带概念性规划设计效果图

(二) 概念性规划设计定位

长葛市清潩河景观带概念性规划方案的设计定位为以反映葛天及钟繇文化、体现人文历史为主导的,为发展城市旅游、改善人居环境、完善生态结构、进行土地经营为目的,融休闲、观光、度假、居住、商业、交通、防洪等综合功能为一体的城市重要景观轴。

基于这样的设计定位,清潩河景观带建设用地内对葛天及钟繇文化的表现主要是取其内涵,更多地采取现代环境艺术设计的表现形式与手法来展示,以处理好对城市文化表达方面的主次关系,促进城市文化品牌与形象的塑造。同时,结合国内外提出的"河流生态修复"理念,确立设计概念为"展长葛历史文化之脉·建清潩河岸生态走廊"。并制定出河流开发建设应尊重的八个原则,即:

315

尊重河流生命的伦理观原则,尊重河流自然的生态观原则;

尊重河流发展的人本观原则,尊重河流演变的历史性原则;

尊重河流建设的整体性原则,尊重河流开发的多样性原则;

尊重河流空间的系统化原则,尊重河流设计的程序化原则。

(三) 概念性规划设计的景观结构

概念性规划设计确立的景观结构为一轴、两带、四大片区(图6-12)。

图6-12 清潩河景观带概念性规划设计定位、景观结构与空间布局平面图

一轴表示清潩河为城市一种重要水轴。

两带表示清潩河一河两岸的滨河公共带。

四大片区考虑了沿河地带的现有因素,包括景观特性、空间特性、文化特性和功能特性等,也研究了场地的历史因素,包括各种历史痕迹以及民俗文化等,同时预测了滨河可能的发展潜力。结合清潩河沿岸用地特点及社会、经济、文化基础,形成以"内部主题化"为原则的特色景观中心。

(四)概念性规划设计的空间布局

依据概念规划的设计定位与功能分区,在清潩河南北长 7000 m 的景观轴线上,取清明上河图中的文化意蕴,将清潩河景观带划分为"城·庄·林·野"四个主题进行布局,并形成空间序列,且围绕这 4 个景观风貌区来构筑葛天及钟繇文化的展示节点。其空间序列关系如下:城——展现城市风貌,庄——凸显民俗民风,林——彰显自然之美,野——重温许都余韵。

清潩河景观带城市概念性设计通过空间序列关系的处理将景观带整合成为一条美丽的"项链",轻柔地由城市西北绕过市区,穿过道路,蜿蜒至东南。正是这条经过生态修复的河流,将给长葛市造就千亩"绿色氧吧",并给城市注入新的活力。

二、环境色彩设计与长葛市清潩河景观带概念性规划的关系

从长葛市清潩河景观带来看,其滨河景观带既是长葛市城市空间中天然的风光长廊,也是长葛市城市中理想的生态走廊。其环境色彩具有城市空间中的线性特征,且滨河景观带水体的色彩在整个环境色彩中并不占绝对主体地位,为此,需要注意水体与其他环境构成物之间环境色彩的调和,以使滨水区域环境色彩成为一个整体。

长葛市清潩河景观带环境色彩设计主要在于协调水域、岸线和陆域之间的色彩关系,应对长葛市清潩河景观带水域中水体的色彩进行分析判断,由于水体所处的地域、季节、气候等的不同而呈现各异的色彩,通常河水的颜色呈浅绿灰色,冬季则呈深蓝灰色。

岸线和陆域的环境色彩主体色调以大面积使用与水体色彩相类似的冷

色,以突出水体的无彩色或低彩度、高明度色彩倾向。当然,局部可以使用高彩度色、暖色作为点缀色,以打破主体色调的单一性,特别是在清潩河景观带的高潮段,如滨水广场中心、滨水核心地段,适当使用亮色进行点缀是必不可少的,如亮色的环境小品和花卉配置等。

此外,从清潩河景观带滨水区域来看,自然风光极为重要,滨水区内不仅要有好的水体色彩,也要有好的绿化色彩,并在清潩河景观带滨水区域环境色彩设计指引中着重强调对自然色彩的处理与应用。

三、地域特色塑造中的豫中长葛清潩河景观带环境色彩设计应用实践

从现代城市色彩特色设计来看,地域文化是城市整体环境风貌特色形成的重要组成部分与关键所在。长葛地处豫中平原腹地,城市历史悠久,古时为驿道、漕运必经之地,商贾云集之所,是与神农氏和伏羲氏齐名的葛天氏故里,其独特的人文风景资源具有世界影响力。在2000多年的历史长河中,世代居于这片神奇土地的勤劳智慧的人民在生产生活中创造出了丰富多彩的文化,也形成了独具风韵的民族建筑及色彩景观,成为清潩河景观带城市概念设计中需要传承的珍贵文化资源。

豫中长葛清潩河景观带环境色彩设计应用实践主要从城区环境色彩的调查与采集、定位与特点、分区与设色、规划与实施等层面来展开。

(一)清潩河景观带环境色彩的调查与采集

长葛市清潩河景观带环境色彩的调查主要从清潩河两岸的自然及人文环境色彩入手,包括自然气候、河流水体、地貌土壤、绿化植物等自然环境色彩,以及城区风貌、历史文化、传统建筑、地方民俗等人文环境色彩,包括邻近清潩河景观带两岸区域内对环境色彩有影响的物体色彩现状,运用色卡对比法、拍照记录、计算机技术处理法和仪器测量法等进行分析,以使感性的色彩输入能够以理性的方式输出,并应用于其环境色彩的规划设计中。

与此同时,还需对清潩河景观带两岸区域内环境色彩的构成比例以及水域、岸线和陆域三个部分的环境色彩现状资料作出定性定量分析,从而确定清潩河景观带两岸环境色彩在色相、明度、纯度等方面的设计倾向,为整

体色彩基调的确立奠定基础(图 6-13)。

图 6-13　清潩河景观带环境色彩的调查与采集图示

(二) 清潩河景观带环境色彩的定位与特点

清潩河景观带环境色彩设计定位在于力求处理好景观带及其空间环境色彩的传承与时尚、自然与人工、历史与文化及设计与实施之间的关系,并使之能有机结合。

滨河景观带可从两岸观赏的特点,城市滨河区域总体的环境色彩感知需要从对岸观察才能得到整体体现,因此,河道的宽度成为影响城市景观带两岸环境色彩关系的重要因素。景观带的河面越宽,两岸相对的独立性就越高,其环境色彩设计的细节可感知度就低,两岸环境色彩相互影响也小。反之,景观带河面越窄,两岸环境的联系即相对紧密。这个特点是清潩河景观带环境色彩设计中必须把握的,只是从城市整体空间层面而言,清潩河景观带两岸的环境色彩设计均应置入总体城市环境色彩规划的框架下进行。

（三）清溪河景观带环境色彩的分区与设色

按照清溪河景观带总体概念规划，清溪河景观带未来将分为四个特色分区，即城、庄、林、野四个组团，其中"城"是城市滨河文化娱乐功能区，"庄"是城市滨河民俗文化体验区，"林"为城市滨河生态游憩功能区，"野"为许都余韵滨河休闲度假区。清溪河景观带总体色调以黄、绿、暖、浅灰色为主，根据各个分区的特点分布，保持协调但各有特色（图 6-14）。

图 6-14 清溪河景观带环境色彩的分区与设色规划设计图

1. "城"——辉煌葛城景区

辉煌葛城景区位于整个清溪河景观带的开端，从人民路到钟繇大道，用地面积约为 57 hm²。城市以"历史的赞歌，激情的长葛"为主题，景区内分为和家桃园区、水岸柳林区与绚丽橘园区。其分区设色以城区静谧、温馨的暖色调为主，以传承与延续城区传统建筑色彩文化与葛城激情岁月的辉煌。

2. "庄"——又绿雅庄景区

又绿雅庄景区位于钟繇大道至长安大道区段，用地面积为 68.85 hm²；以"绿色城市楷模，再塑葛城风情"为主题，景区内分为葛城风情区与民俗文化区。其分区设色以城区传统建筑特有砖木原色中的灰色、棕色与白色为主，并以河水水体与绿色植物色彩作为景区背景色调。

320

3. "林"——清潩林涧景区

清潩林涧景区位于长安大道和张辽路之间,用地面积为 54 hm²。此段位于清潩河景观带的中间部分,也是高潮部分。设计以"绿色生态、娱乐休闲与城市历史文化体验"为主题,景区内分密林绿水区、枫林湾广场区、趣味亲水平台区、歌八阕区与快活林观景区等。其分区设色以清潩河涧密林植被的蓝绿、中绿等绿色色调为主,以塑造生态绿化的自然美,满足人们亲近、回归自然的需求。

4. "野"——许都余韵景区

许都余韵景区位于清潩河景观带末端,从张辽路至许昌市界,是由许昌进入长葛的门户,占地 52 hm²。其景观特色主要以"生态走廊、许都余韵"为主,景区内分为溪水云道、百扇游园、许都韵苑等景观节点。其分区设色以清潩河自然生态河岸线、城市水源保护地段的自然色彩为主,并点缀昔日许都建筑遗迹色彩,以满足人们亲近、回归自然的需求,以及对许都曾有繁荣之貌的追忆(图 6-15)。

(四) 清潩河景观带环境色彩的规划与实施

清潩河景观带环境色彩的规划与实施遵循从总体规划到详细设计,再到实施管理的步骤来展开。

1. 清潩河景观带环境色彩的总体规划

这个阶段是决定清潩河景观带发展大局策略的阶段,在对长葛市的历史和现状进行充分调研、分析的基础上,从色彩的角度确定清潩河景观带色彩总体发展的定位与原则,并制定清潩河景观带色彩的分区规划。

2. 清潩河景观带环境色彩的详细设计

将清潩河景观带环境色彩的总体规划与分区规划的种种构想贯彻落实,主要内容包括落实和划定清潩河景观带及周围场所文物古迹保护、传统旧街区、地方民俗和民族聚居区位色彩的保护界线,提出具体的色彩保护方案,对周边环境做出具体的环境色彩设计方案。对清潩河景观带空间体系的主要节点,如街道、建筑、植被、节点、标志及广告、雕塑、市政设施等作出详细的设计(图 6-16)。

图 6-15 清潩河景观带各分区环境色彩规划设计效果

1.辉煌葛城景区环境色彩规划设计效果； 2.又绿雅庄景区环境色彩规划设计效果；

3.清潩林涧景区环境色彩规划设计效果； 4.许都余韵景区环境色彩规划设计效果

（五）清潩河景观带环境色彩的实施管理

根据确立出的清潩河景观带环境色彩规划结构对所做工作予以落实，做出清潩河景观带色彩实施设计方案。并通过对清潩河景观带环境色彩的引导与控制，为滨河区域环境色彩的管理实施提供实施导则，从而提高清潩河景观带环境色彩规划的法律地位。

今天，滨水空间已经成为城市空间中最为重要的景观要素，人们择水而居且生生不息，水无疑成为人与自然之间情感联系的纽带，尤其是城市中富有生机的滨水景观带。而作为城市滨水景观带地域特色塑造的因素之一，环境色彩设计将发挥重要的作用，并将以绚丽的姿态把城市滨水景观带装扮得更加动人，展现其艺术品位，在建设美丽中国的征程中起到更为重要的作用。

图 6-16　清潩河景观带各分区景点环境色彩详细规划设计效果表现

1. 辉煌葛城景区骨笛广场环境色彩规划设计效果；

2. 又绿雅庄景区寻礼园环境色彩规划设计效果；

3. 清潩林涧景区墨林广场环境色彩规划设计效果；

4. 许都余韵景区曹魏风情园环境色彩规划设计效果

第七章 建筑外部空间的环境色彩设计

人类对色彩的认识有着悠久的历史,早在远古时期,人类就已经懂得运用色彩来装饰自身与周围的环境,以表达心目中的情感和意念。纵览人类社会的发展历程,我们可以发现人类运用色彩来装饰、美化建筑的历史,也和装饰、美化自身及其他一切物品的历史同样源远流长,而且随着不同时代物质与精神、生产与意识等客观因素的改变而不断地发生变化。从建筑色彩发展的进程来看,其发展的规律可概括为由纯朴走向丰富,由单一走向多样,由崇尚自然走向匠心创造,直至今日还在继续发展之中。步入当代,伴随着人类现代环境意识的觉醒,人们对与自身息息相关的生活环境越来越关心,迫切期望有一个良好的生存空间,因此对建筑外部色彩设计的思考以及未来发展趋势的展望就显得意义深远了。而且色彩是现代建筑外部环境设计中对视觉美感影响最为重要的因素之一,处理好建筑外部的色彩关系,对建筑的外部环境的作用是显著的(图7-1)。

图7-1 色彩是现代建筑外部环境设计中最重要的原素之一

1.上海世博会中国馆建筑外部环境的色彩设计效果;

2.广西南宁国际会展中心建筑外部环境的色彩设计效果

第一节 建筑外部空间环境色彩设计的内涵

在现代建筑内外环境造型艺术设计的诸多因素中,运用色彩进行建筑外部环境设计,能创造富有变化的建筑内外环境造型设计艺术效果。因此在未来的设计发展中,建筑外部环境色彩设计已经成为现代建筑造型诸多要素中最为重要的设计手段之一。

建筑的环境色彩设计主要包括建筑的室内环境色彩设计和建筑外部环境色彩设计两方面的内容。就建筑外部环境色彩设计来说,它是利用现代色彩科学与美学的方法,对建筑的外部墙面、门、窗、突出物、细部、屋顶与台基及其周围环境等进行色彩处理的设计范畴,并且还是构成现代环境色彩设计大系统中一个重要的子系统。从世界建筑环境色彩设计的趋势来看,人们对"环境色彩"问题的关注始于 20 世纪 80 年代,后随着人类对生存环境质量问题的普遍关注而迅速得到发展(图 7-2)。在现代环境艺术设计中,占比例最大的又莫过于建筑,这样建筑外部环境色彩的设计处理往往就成为人们对环境艺术质量产生的第一印象。由各种建筑材料组成的构筑物在光照反射下呈现出多彩多姿的环境色彩效果,为人们创造了绚丽、和谐的色彩世界,极大地丰富了人们的物质生活和精神生活。而且经过精心设计的建筑外部环境色彩还对各种城乡聚落环境的独特景观效果起到举足轻重的作用。

从建筑外部环境色彩设计的内容来看,主要包括建筑的外部墙面、门、窗、突出物、细部、屋顶、台基以及建筑的周围环境部分。

一是建筑的外部墙面部分。主要包括除建筑物外部开口部或突出部以外的四面围墙的墙面。

二是建筑的门窗部分。主要包括门框、窗框、门扇、玻璃、铁窗(门窗部分)、窗台、雨篷、遮阳板、空调窗口等。

三是建筑的突出物部分。主要包括阳台、花台、屋顶水箱、楼梯、外楼楼梯、骑楼、门廊花架、招牌、铁窗(阳台部分)等。

四是建筑的细部部分。主要包括线脚、转角、突出梁柱、栏杆、排水管、

图 7-2 对环境色彩问题的关注,使其在城市环境设计中得以应用推广

1.法国巴黎蓬皮杜艺术和文化中心建筑及环境色彩;

2.澳大利亚国家博物馆建筑及环境色彩

排烟管、暖气管、煤气管、晒衣架等。

五是建筑的屋顶部分。主要包括平屋顶、斜屋顶、异形屋顶与屋顶花园等。

六是建筑的台基部分。主要包括建筑的台基、台座、栏杆等。

七是建筑的周围环境部分。主要包括各类环境设施与建筑小品、绿化植物、花草、山石、水池、叠泉等外部环境物品,它们都是构成建筑外部环境的重要组成内容,也是色彩设计的用武之地。

第二节 环境色彩在建筑外部空间设计中的作用

一、主体构形作用

主体构形是一种最常见的、应用最为广泛的建筑外观色彩构形手法。它与所在物体的形体构形无关,可以在建筑主体形象既定的情况下满足人们对色彩构形的各种要求,包括式样的创造、性格的象征、个性的展示、风格的表现及气氛的渲染与烘托等。

首先是式样的创造,比如中国传统建筑上的梁柱彩画,就在梁枋本身体形造型既定的条件下,选用不同的彩画样式,并通过色彩构形的手法可获得令人耳目一新的艺术设计效果。其次是性格的象征，比如红色代表热烈、喜庆、庄严、权威，绿色象征温柔、安宁、优雅、和平，黄色表示高贵、豪华、兴奋、光辉，蓝色显得清净、纯洁、深沉、飘逸等。这些跟建筑构形中所谓的雄伟、亲切、庄重、轻快、严肃、活泼之类的关于形体形象性格表现的描述则同属一个层面。再者就是个性的展示和风格的表现，这是色彩在建筑构形中展示巨大潜能的地方，不仅通过色彩要素的变化可以产生多样的色彩调子，而且还可通过色彩构形创造无穷的色彩图案，从而对视觉对象的形象个性与风格的塑造提供色彩表现的一切可能，其色彩特性即是构形的重要因素之一。若北京紫禁城建筑群丧失了其独有的建筑外观色彩，对它进行色彩形象的"卸装"，将会是怎样一种黯然失色的情景呢？又如摩尔设计的美国新奥尔良市意大利广场若是一片白色派的建筑，其外部环境设计还能给人留下深刻的印象吗？还有荷兰风格派建筑的代表作乌特勒克的施罗德住宅设计，就是充分利用色彩从而塑造建筑内外形象的典范。建筑外观色彩利用矩形阳台板、支架的翠绿色彩和其他构件的红、黄、绿、蓝、黑等色彩对建筑进行构形塑造，从而产生构成主义的雕塑效果，而色彩在这里就起到独立构形的作用了（图 7-3）。

　　另外建筑外部环境气氛的渲染与烘托更是色彩独立构形的优势，甚至是它难以分享的"专利"。在建筑内外空间的艺术处理中，只需稍微变其周围实体环境色彩的冷暖调子与明暗调子，便可立即使空间的情调气氛大为改观，几乎没有任何其他的设计手段能够取代这种优势。

二、同步构形作用

　　同步构形是一种既发挥色彩构形的表现功能，又借助形体来共同完成美学使命的色彩构形手法。中国传统建筑特有的艺术形式同样展现了色彩与形体同步构形的鲜明特征。如白色的台基、红色的柱子、黄色的琉璃屋顶与青绿点金的梁枋彩画是中国传统建筑艺术成就中具有特殊地位的一个重要组成部位。又如澳大利亚悉尼如帆影的歌剧院，也是色彩与形体同步构形的一个典范，歌剧院如帆影的建筑形体在白色的衬托下，使设计大师的构思理念发挥得淋漓尽致（图 7-4）。

图 7-3　色彩设计在建筑外部环境中的主体构形作用

1.北京昌平定陵裬恩殿外檐明间的彩画效果；

2.新疆维吾尔自治区喀什艾提尕尔清真寺建筑外部环境的色彩效果；

3.美国新奥尔良市意大利广场的建筑与环境色彩效果；

4.法国乌特勒克的施罗德住宅建筑与环境的色彩效果

图 7-4　色彩设计在建筑外部环境中的同步构形作用

1.北京紫禁城三大殿金碧辉煌的建筑外部环境色彩效果；

2.澳大利亚悉尼如帆影的歌剧院的建筑外部色彩效果

三、辅助构形作用

辅助构形指色彩构形配合建筑外观形象塑造的一种处理手法，它是形体造型的主要辅助方式，其辅助方法可分为强化、调节与组织三种形式。

1. 强化

强化方法是指运用色彩构形手法进一步增强和突出形体造型的表现力。比如在阳台、柱子、墙面线条或其他需要着重表现的凸出或前突部分，色彩明度与强度相对提高，而在其余凹入或后退部分，色彩明度与强度则相对降低等。

2. 调节

调节方法是指通过色彩途径对形体形象中某些不利特征或不良效果进行改善或隐化的处理，以使其产生所企求的视觉效果与形象特征来。比如在高层建筑尤其是点式高层建筑的立面，在色彩构形上常常利用横向分割与竖向分割的构形手法，从而达到调节形体的作用。如现代建筑大师勒·柯布西埃设计的法国马赛公寓，因是一幢高层的板式建筑，尽管在开窗处理上力求获得变化，但由于建筑的功能和材料所限，显得缺乏生气。为了调节形体上的这种不足，勒·柯布西埃在建筑凹廊两侧的墙面涂上色彩明快、纯度极高的色彩，这幢表面粗糙的混凝土建筑立即大放异彩，并为周围的整个外部空间环境增添了无尽的光彩（图 7-5）。

图 7-5 现代建筑大师勒·柯布西埃设计的法国马赛公寓建筑内外环境色彩可谓是独具匠心

3. 组织

组织方法即发挥色彩构形的概括突现及抑制的功能对形体形象的各个组成部分进行构图的重建和再造,即重构的手法,以使同一形体形象能够展现出多种不同的色彩构形效果,从而创造出多种可供比较和选择的整体形象,以便确定令人满意的外观构形形象。色彩构形与形体造型的关系上所表现出来的上述作用是相对而言的。其中独立构形不可能绝对地超脱形体,而辅助构形也并非毫无独立的成分,它们既各有特色,又相互渗透、相互贯通,从而反映出在建筑外观进行色彩构形的全部可能性能。

4. 功能构形作用

色彩在建筑外部环境艺术设计中的功能构形作用主要是指建筑色彩的选择必须符合其功能性质的要求。如行政办公建筑色彩宜素雅,给人以庄重、亲切的感觉。会堂、纪念馆常用黄色的琉璃瓦重檐装饰,淡黄色的墙面,红色的基台,白色的栏杆,在心理上给人以严肃、庄重、高贵和永久的感觉。疗养院、医院常用白色或中性灰色为主调,在心理上给人以洁净、清新、安详、宁静的感觉。学校、图书馆这类建筑应该有安静的气氛。不同性质和功能的建筑具有各自功能特征的建筑外部环境色彩设计效果。建筑外部环境色彩不宜过分鲜艳,但商业、娱乐、服务建筑的色彩应力求热烈、醒目与鲜艳多变,以体现一种轻松、欢快的气氛。

然而多数建筑的外部环境色彩,尤其是城市中量广面大的居住建筑外部环境的设色,其原则在考虑功能性质的基础上,应尽可能地选用淡雅、明快与平和的建筑外部环境色彩,以便于与周围的环境相协调。诸如北京市房山区的北潞园绿色住宅小区、奥林匹克花园健康住宅小区、广州市郊的山水庭苑住宅小区,深圳市龙岗圣·莫里斯与万科第五园居住小区、万里示范居住小区、锦华住宅小区与中城康桥花园居住小区,上海市浦东新区的御桥花园民乐苑居住小区等,在建筑外部环境色彩处理上,均采用明度较高的红灰、橙灰、黄灰、绿灰、蓝灰、紫灰等色,从而塑造出具有良好居住建筑外部环境色彩设计效果,体现住宅小区居住环境的质量(图7-6)。

当然也有些建筑由于功能性质的需要具有鲜明的行业色彩,如消防建筑就以红色为主调色,邮政建筑则以绿色为主调色,这些设计也为整个城市

图7-6　国内效果良好的居住环境色彩设计佳作

1.广州市郊的山水庭苑住宅小区；　2.深圳市龙岗圣·莫里斯居住区；

3.深圳市万科第五园居住小区；　4.上海市浦东新区的御桥花园民乐苑居住小区

建筑外部环境色彩效果的营造起到至关重要的作用。

从当前建筑外部环境色彩设计的趋向来看，整体建筑外部环境色彩设计在色相上宜简不宜繁，在彩度上宜淡不宜浓，在明度上宜明不宜暗。个体建筑应以单色为基调，辅以其他一两种色彩加以点缀对比。一个建筑群应以某一单色作基调，使整个城市的建筑风格统一协调。当然在某些街区中，装点些醒目的建筑物，亦可相映生辉，增加无穷情趣。随着社会生产力的发展，色彩调配工艺的改进，生活水平的提高，人们的美学修养和审美观也随之改变。我国的现代建筑已摆脱了历代传统的彩度很高的大红大绿的基本色调，而代之为流行的高明度、低彩度的浅色调。这一色彩鉴赏水平的变革与世界环境色彩设计趋势是同步发展的。

第三节　建筑外部空间环境色彩设计方法及其应用

一、建筑外部空间中的环境色彩设计方法

建筑外部环境中的色彩设计方法首先必须遵循整体—部分—细部—整体的原则。具体来说,需从建筑外部环境色彩设计的整体出发,然后深入到部分乃至细部,再从细部又回到整体的辩证设计过程。另外作为建筑外观的色彩设计,还必须从环境的角度及装饰的效果出发,也就是要顾及大众的审美情趣。同时在设计中还要传达出时代性、实用性、独特性、文化性,并与建筑外部环境的设计材料密切结合,使设计具有可行性。只有在设计中遵循这样的设计原则,才有可能创造出成功的建筑外部环境色彩,并被人们认可。而建筑外部环境色彩设计的步骤,主要可分为下列六步。

1. 制订计划

制订计划的主要工作就是对于需要进行外观色彩设计的建筑,首先制订出一个开展设计工作的计划,并做好各个阶段的准备工作。

2. 基地调查

基地调查是对需要进行外观色彩设计的建筑以及该建筑基地内邻近环境中对环境色彩的感受有影响的因素进行调查,如将基地内已有的建筑、植物、地面、其他人为设施等色彩的现状条件调查清楚,并拍摄出彩色照片及在基地环境的平面图和立面图上用色卡详细记录下来。

3. 模拟分析

在前面调查的基础上,从色彩现状资料中找到现有建筑与环境的色彩构成内容,作为对未来新建筑进行色彩设计的参考。同时还需对基地内现存各种物体与设施的色彩予以归纳分析,以找出基地现状色彩的配制比例,确定出其外部环境色彩设计的组配依据。

4. 色彩设计

依据基地现状分析的结果展开建筑外观的色彩设计工作,在设计中必

须认真考虑这样几个问题:色彩设计中将使用多少种颜色？多大的面积才开始有色彩变化？同一色相的颜色将重复使用多少次？另外在建筑外观的色彩配色中,应以色彩配置的协调为准则,为此还做到以下几点:即设计中同一色彩或色调可以形成一致性,同一色系且相近的色调可以形成相关性,注意不同色系但互补的色彩可以形成和谐的对比效果。根据对这些问题的考虑,提出几套建筑外观色彩的配色方案,以供现场测试的使用。

5. 现场测试

将设计出来的几套建筑外观色彩配色方案的色标放到基地,利用基地的光照条件,并以基地的现场为背景,用相机在各种不同的视线距离拍摄彩色照片。其后通过对照片的色彩效果进行比较,选择一至两个适宜的方案供审批单位批准后实施。

6. 审批实施

在完成建筑外部环境色彩配色方案后,立即将方案和说明报告呈报有关设计、管理部门论证讨论,待批准后交施工单位予以实施。施工过程中设计人员要亲临现场监督指导,以确保外观色彩设计施工质量,并把握最后的工程验收关。只有这样,良好的建筑外观色彩设计才能转变成具体的设计成果,而且还能和周围的环境融为一体。

根据上述建筑外部环境色彩设计的方法,获得调查对象的现场测试资料,再加上对建筑材料的材质、所用色彩的面积比率及地方发展方向、市民意象等因素进行综合分析后,即可提出环境的色彩设计计划。

二、建筑外部空间环境色彩设计的应用与未来

建筑外部环境的色彩设计实际上就是现代色彩设计在建筑与环境规划设计领域中的应用设计。我国这方面的设计工作还仅仅处于起步阶段,还没有被提到一个必不可少的环节来思考,因此尽快改变这种状况是我们走向未来的建筑与环境规划设计师们必须承担起来的又一个重要职责。随着全球对改善人类生存环境、提高生活空间物质与精神文化水平的呼吁,也迫切要求设计师们能以更大的热情关心人类环境。从 20 世纪 90 年代以来,许多建筑与环境设计师在这方面进行了成功的探索,并在近年来涌现了一大批建筑外部环境色彩设计的佳作(图 7-7)。我们的城市建设主管部门在近

图 7-7　国内效果良好的公共环境色彩设计佳作

年来也加大了对城市与建筑外部环境色彩设计的管理,如首都规划委员会就开始对北京新建的住区环境建设提出了色彩设计的要求。诸如从 2000 年 8 月 1 日起开始实施的《北京市建筑物外立面保持整洁管理规定》,标志着我国在城市与建筑外部环境色彩设计及管理方面也有了法规可供遵循。紧接着国内一系列城市也相继颁布了城市与建筑环境色彩方面的各种管理规定,如天津、沈阳、青岛、郑州、西安、成都、武汉、苏州、厦门、广州、珠海、南宁、贵阳、昆明等大中城市均完成了城市环境色彩规划,以使城市环境色彩在景观塑造中呈现个性与特色来。

当我们展望未来,深感我们要走的路还有很远,但我们相信在不久的将来,中国的城市与建筑外部环境色彩设计面貌定会出现令人耳目一新的视觉印象(图 7-8)。

图 7-8 面向未来的中国城市与建筑环境色彩设计意象

第四节 历史建筑内外环境更新改造中的色彩设计探索

历史建筑可谓是人类文明发展史的一面镜子,它既是社会及历史发展的实物体现,其存在仿佛是在向人们叙述一个古老的故事,反映了人类历史的进程。同时,它又记载着人类的光荣和梦想。在人类文明进程中,由于天灾人祸,不少古老的建筑遭到毁坏,甚至永远消失,这是人类文明发展的不幸,而也有一些古老的建筑留存至今,显得弥足珍贵。尤其是历史建筑的色彩,更是从一个特定的角度反映出特定地域的文化内涵与本质。其历史建筑色彩传承的价值不仅在于延续历史建筑及其内外环境的文脉,还展现在对当今文化全球化背景下对建筑特色塑造的层面,从而使历史建筑及其内外环境色彩的文化理念及其审美情趣得以维护、更新和持续发展(图 7-9)。

图 7-9　英国的伦敦塔桥与中国荆州太晖观环境色彩留存至今更是显得弥足珍贵

一、历史建筑释意及其内外环境色彩的内涵

对历史建筑最为权威的定义是 1982 年由英国国际古迹及遗址理事会主席伯纳德·费尔顿提出的,他认为:"历史建筑是能给我们惊奇感觉,并令我们想去了解更多有关创造它的民族和文化的建筑,具有建筑、美学、历史、纪录、考古学、经济、社会,甚至是政治和精神或象征性的价值;但最初的冲击总是情感上的,因为它是我们文化自明性和连续性的象征,是我们传统遗产的一部分。"

我国 2008 年 4 月颁布的《历史文化名城名镇名村保护条例》第四十七条将历史建筑定义为"经城市、县人民政府确定公布的具有一定保护价值,能够反映历史风貌和地方特色,未公布为文物保护单位,也未登记为不可移动文物的建筑物、构筑物"。这个定义主要强调的是历史建筑应具备的法律身

份是基于法律制度层面的意义。有关历史建筑的释义还有不同的解释，如在地方立法中，以广州为例，在 2013 年 11 月 25 日，广州市法制办公布的《广州市历史建筑和历史风貌区保护办法》中，对历史建筑的界定即为"建成 50 年以上并能够反映地方城乡发展历史、具有较高历史文化价值，未公布为文物保护单位，也未登记为不可移动文物，但如果是突出反映地方城乡建设历史或者社会生产、生活历史，以及重要的名人故居或者纪念性建筑等建筑物，可以列入历史建筑保护名录；对建成虽不满 50 年，但是反映地方时代特点的建（构）筑物，也可以列入历史建筑保护名录"。

基于上述定义，本书所提的"历史建筑及其内外环境色彩"内涵则是指具有一定历史文化性的，能够突出代表反映所属地域文化的，当代人们仍在使用的那部分老旧建筑及其内外环境的色彩。

从建筑造型的角度来看，历史建筑可以解构为由"形"和"色"共同构成的空间。其中，色彩具有很强的空间识别性、象征性与装饰性，并能展现造型中"形"等建筑要素所不能表达的情感，因而历史建筑及其内外环境色彩作为是一种符号，能够最直接地表现历史建筑的风貌特色。此外，历史建筑及其内外环境色彩还是建筑美学的与城市环境色彩的重要组成部分，诸如当我们说到意大利古城佛罗伦萨时，一定会联想到由红瓦屋面与黄色墙身立面构成的城市整体色调；提到江西婺源，由古城中的明清传统建筑屋面与墙身立面构成的黛瓦粉墙又给人别样的建筑与环境色彩印象，这些都是历史建筑及其内外环境色彩的人文魅力所在（图 7-10）。

二、历史建筑内外环境更新改造中的色彩设计

建筑是有生命的东西，历史建筑内外环境在现代社会的不断演绎下可以继续生存。对历史建筑内外环境的更新改造及再利用，既可实现其经济价值的转移，又可体现其文化价值的延续。其深远意义在于对人类历史的尊重，并集中从历史建筑及其内外环境价值观念、社会属性、建筑美学和文化传承等方面展现出来。

从历史建筑更新改造来看，根据美国《建筑、设计、工程与施工百科全书》对建筑更新改造的概念的解析，即指"在建筑领域之中借助创造一种新

图7-10　历史建筑及其内外环境色彩是城市环境色彩的重要组成因素

1.意大利佛罗伦萨的古城建筑及环境色彩效果；

2.中国江西婺源的明清古城传统建筑及环境色彩效果

的使用机能，或者是借助重新组构一幢建筑，使其原有机能得以满足一种新需求，重新延续一幢建筑或构造物的行为，有时也被称作建筑适应性利用。建筑更新改造可以使我们捕捉建筑历史的价值，并将其转化成将来的新活力。建筑更新改造是否成功关键在于建筑师是否能抓住一幢现存建筑的潜力，并具有开发其新生命的能力"。

更新是以既有历史建筑为设计主体，以改良和修缮其功能为手段，使建筑资源被充分利和内外环境品质得到提高为目的的二次设计行为。改造是比较完整地剔除历史建筑现有环境中的某些方面，目的是为了开拓空间，增加新的内容，以提高历史建筑内外环境质量。只是对历史建筑而言，不论是更新还是改造，直至再次利用，多数历史建筑主要用作艺术或历史博物馆、住宅、商业或办公等公共建筑使用。

从历史建筑内外环境更新改造中的色彩设计来看，早在1931年第一届历史性纪念物建筑师及技师国际会议通过的《关于历史性纪念物修复的雅典宪章》中就首次提出，当历史建筑由于坍塌、破坏而必须修复时，应尊重其过去的艺术风格，历史建筑应予以利用来延长寿命，但新的使用功能也必须以尊重建筑的历史和艺术特征为前提。在该宪章中反复提到历史建筑的艺术风格应当包含色彩。这一点在后来的诸多国际历史建筑、环境保护宪章中都予以细化。如1962年联合国教育、科学及文化组织大会第十二届会议通过的《关于保护景观和遗址的风貌与特性的建议》中规定。在一个已列入保护目录的区域内，当艺术特征为头等重要时，列入保护目录的应包括控制土地，遵循美学要求，包括材料的使用、颜色以及高度标准。

在 1987 年于美国华盛顿举办的第八届国际古迹遗址理事会通过的《保护历史城镇与城区宪章（华盛顿宪章）》中，再次要求：所保存的特性包括历史城镇和城区特征……特别是用规模、大小、风格、建筑、材料、色彩以及装饰所决定的建筑物的外观，包括内部的和外部的。对一定范围内环境的保护，凡现存的传统环境必须予以保持，决不允许任何导致群体和颜色关系改变的新建、拆除和改动。

改革开放以来，我国经济快速发展，城市化进程加快，历史建筑与文化遗产保护越来越受到政府的重视与公众的关注，历史建筑及其内外环境色彩的保护也成为国内相关保护法规中重要组成部分。随着人们认识的不断提高，历史建筑及其内外环境更新改造中的色彩设计在其承载艺术风格以及城市历史文脉信息的独立性和重要性方面越来越得到认可和重视。

三、广东新会茶坑村旧乡府建筑内外环境更新改造中的色彩设计探索

（一）新会茶坑村旧乡府建筑及其内外环境更新改造项目设计背景

位居广东江门市新会区茶坑村旧乡府的建筑建于 20 世纪 60 年代初，至今已有 50 多年的历史。随着旧乡政府功能转变，其办公场所另迁他址，旧乡府仅作为茶坑村老人基金会的办公场所使用。

从旧乡府建筑及其内外环境看，它为一组中西合璧且颇具侨乡风情，融合了岭南建筑和西方建筑特色的园林式院落建筑。而新会茶坑村是中国近代史上伟大的政治活动家、启蒙思想家、清末发起著名"公车上书"及"戊戌变法"，推动中国维新改革运动的领袖之一梁启超的故乡，也是其长子、中国科学史事业的开拓者，著名的建筑学家和建筑教育家梁思成的祖籍地（图 7-11）。

据茶坑村民介绍，在新会茶坑乡间早已流传旧乡府为梁思成 1962 年返乡主持的设计，但要确定旧乡府是否为梁思成设计，相关文物工作者认为需

图 7-11　从广东新会茶坑村凌霄塔鸟瞰村貌及环境色彩构成印象

要更多证据。为了做好旧乡府建筑与周边具有侨乡特色历史建筑的维护工作,以及传承旧乡府在中国近代发展进程中的历史价值,新会区委、区政府与主管部门近年来依据国家及广东省文物保护等相关条例,已将茶坑村旧乡府列为江门市新会区优秀历史建筑保护名录予以保护。

与此同时,基于近年来山西大同、河北正定在梁思成、林徽因考察中国古建筑所在地建设纪念馆的行动,新会区政府认为此地作为梁思成先生的祖籍城市,更有责任为梁思成先生建设一个纪念馆,以彰显家乡人民对梁思成先生的崇敬之情。为此,广东省江门市规划局新会分局提出将茶坑村旧乡府建筑作为新会梁思成·林徽因纪念馆建设选址加以更新改造及再次利用,且在批准实施的《会城茶坑旅游规划》中,将旧乡府作为茶坑村旅游规划线路上的一个重要节点来建设(图 7-12)。

梁启超纪念馆　　　　　梁思成·林徽因纪念馆　　　　　茶坑村凌霄塔

图 7-12　优秀历史建筑旧乡府是新会区茶坑村旅游规划线路上的重要节点

（二）旧乡府建筑内外环境更新改造设计构想

1. 建设场地与建筑用房现状

从新会拟建的梁思成·林徽因纪念馆建设场地现状看，旧乡府为融合岭南和西方建筑特色的园林式院落建筑，院落内留有前后两栋房屋及由院墙围合而成的院子。旧乡府前楼为一层，门楼部分为两层高，但实际使用面积仅为一层门厅通道；后楼为二层5间，楼的右侧设有狭窄的外梯供上下使用。旧乡府院门外有两株百年树木，院内也有数株佳木，后楼背面有一片不规则用地，长满荒草，需整治后与登山步道相连（图7-13）。

图 7-13　新会茶坑村旧乡府更新改造建设场地与前、后楼建筑用房现状图

从旧乡府建筑用房看，该建筑原功能为办公，使用范围仅为前楼、后楼及院落，总用地总平面为 1280 m²，前、后楼建筑面积分别为 81 m² 与 168 m²。其中前楼为一层，平面布局为正中门厅，左右两侧为门房及收发人员以及管理人员值班休息房。后楼为两层，正中为一开间较大的办公空间，主要用于会议及村民活动的开展，左右两侧各两间大小相同的独立办公或居住空间。旧乡府后楼二层上下楼梯设在建筑南端,且十分狭窄。

2. 更新改造设计理念与构想

利用茶坑村旧乡府作为新会梁思成·林徽因纪念馆建设选址,依据建设场地与建筑用房现状条件,设计团队确立新会梁思成·林徽因纪念馆的设计理念:对建筑环境整旧如旧,对内外空间有机更新;对内外展示内容提炼,用艺术手段营造氛围。

旧乡府更新改造设计构想是运用整旧如旧、有机更新的方式对旧乡府内前后两栋建筑及院落进行改造,并以"家乡"为主题和特色来建设梁思成·林徽因纪念馆。这对保护具有文物价值的旧乡府具有建设意义。只是作为纪念馆,其建筑在空间与功能上发生了变化,如何在维护旧乡府建筑整体风貌及整旧如旧的前提下,做到对建筑与院落环境的有机更新,则是需要我们进行研究探索的问题。

(三) 作为纪念馆建筑内外环境更新改造中的色彩设计探究

1. 旧乡府建筑与院落环境更新改造及其色彩设计

基于历史建筑保护的原则,笔者拟从以下几个方面对旧乡府进行更新改造、色彩设计(图 7-14)。

(1) 建筑空间重构。

在空间序列方面,沿着纪念馆建筑及院落空间中轴线,将其分成为"起始—过渡—展开—高潮—结束—余音"等部分,并将其组成具有起伏变化、结构严谨、整体完整的空间序列(图 7-14)。其中,起始段为纪念馆入口空间,过渡段为纪念馆前楼,展开段为纪念馆前院环境,高潮段为纪念馆后楼,结束段为纪念馆后院,余音段为纪念馆梁林塑像等。

梁思成·林徽因纪念馆建筑及院落空间改造形成的空间序列,让观者和游人能够在其中感悟到中国建筑一代宗师的文化意蕴。

(2) 建筑更新改造。

将旧乡府建筑及院落空间改造成为梁思成·林徽因纪念馆后,就其建筑平面来看,前楼平面布置基本维持现状,建筑正中门厅改为纪念馆门厅,左右两侧的门房及收发人员、管理人员值班休息用房空间分别改为纪念馆的管理与接待用房。后楼作为纪念馆主要展示空间,其建筑平面布置在功

图 7-14　纪念馆建筑内外环境更新改造与空间序列重构

能上需作相应调整,以适应展示主题与陈列内容的布置。

后楼一层正中用房改为纪念馆序厅,序厅之后改为媒体演示空间;正中用房左右两侧办公空间隔墙按展示陈列需要局部打通,以形成完整的室内展示陈列空间。

后楼二层 5 间办公空间隔墙按展示陈列需要局部打通,以形成 3 个展厅陈列主题内容。并在后楼二层正中阳台处设置具有岭南特色的休息茶座,方便游人在此小憩交谈。

(3)院落场地拓展。

在旧乡府入口与前院空间场地的基础上,对后院场地进行拓展,并与登山步道连通,使改造后的梁思成·林徽因纪念馆能够成为茶坑村整个旅游线路上的重要节点。后院场地设可供游人休息的矮墙，中间铺地广场可用于纪念馆举办户外专题展示活动。另在后院南侧仿建梁思成和林徽因在清华大学校园内的居住空间——新林院 8 号建筑一角的生活与工作场景，以展现家乡名人之子在清华大学取得令人瞩目的各项学术成就。后院场地东端设梁林塑像，并后置竹林与登山步道相连。

（4）环境色彩设计。

对旧乡府建筑与院落环境进行色彩设计，按"尊重历史，再现历史，修旧如旧"的思路予以整修复原。只是旧乡府前、后楼建筑采用中西合璧的风格建造，且造型各异，在其建筑与外部环境修缮维护中，力求在遵循旧乡府前、后楼建筑风格原真性的基础上，对旧乡府前、后楼建筑等的色彩予以分析与提炼，并通过色谱、比例与材质分析等方法来进行（图 7-15）。

归纳来看，旧乡府前、后楼建筑与院落环境色彩迥异，其中前楼立面偏浅土黄色调，后楼立面为白色色调。在其立面修缮维护中，拟恢复保留原旧乡府前、后楼建筑立面的这种色彩关系，并用整旧如旧的方式及同色同质的手法对旧乡府前、后楼建筑屋顶、墙体、地面、门窗、细部与外部环境色彩进行修缮，以取得历史建筑与外部环境色彩传承的设计效果（图 7-16）。

2. 作为纪念馆建筑内外展示空间环境的色彩设计

结合茶坑村旧乡府作为历史建筑更新改造与再次利用的目标，拟从以下几个方面对其进行更新改造及色彩设计。

（1）提出内外环境展示空间设计概念。

基于对茶坑村旧乡府作为新会梁思成·林徽因纪念馆建筑内外展示空间更新、改造利用的目标，不管选用何种方案，我们提出的建筑内外环境展示设计主要包括以下三点。

一是对内外空间有机更新。旧乡府原建筑用于办公，改为纪念馆后，原建筑内部空间在使用上无法满足内外展示的需要，应对其内外空间格局作相应调整，以在参观线路设置上满足内外环境展示的要求。

二是对室内展示内容提炼。梁思成·林徽因夫妇对中国建筑及教育发展影响巨大，学术成果丰富，需要室内展示的内容较为丰富，而目前茶坑村旧乡府作为新会梁思成·林徽因纪念馆面积有限，加上国内已有多地在建

图 7-15　茶坑村旧乡府建筑与外部环境色彩分析与提炼

或准备建设梁思成纪念馆。为此，基于新会馆址的现状，应对其内外环境展示内容予以提炼，并尽可能从家乡纪念馆的角度来精选室内展示内容，以形成纪念馆内外环境展示内容上的特色。

三是用艺术手段营造氛围。作为梁思成·林徽因夫妇在家乡的纪念馆，且依据内外环境展示条件，其内外环境展示可运用现代科技方法来增强

345

图 7-16　旧乡府建筑与外部环境更新改造及其立面色彩设计效果

表现的效果,通过现代艺术手段营造氛围与文化内涵。

(2) 构建内外展示陈列空间序列。

将旧乡府原办公空间改建为新会梁思成·林徽因纪念馆,从现有建筑及其内外环境条件看,虽可尽量利用,但若要满足参观活动与内外环境展示,尚需对存在的诸多问题进行改造,以适应内外环境展示空间环境布置。

而新会梁思成·林徽因纪念馆内外环境展示布置,由序厅与 5 个展厅,以及纪念馆后院仿建其新林院 8 号一角室内展示空间组成,其内外环境展示空间序列由"起始—过渡—展开—高潮—结束—余音"等展示空间所构成,具体内容为:起始段——纪念馆序厅,过渡段——纪念馆第一展厅,展开段——纪念馆第二展厅、多媒体演示厅,高潮段——纪念馆第三、四展厅后楼建筑,结束段——纪念馆第五展厅,余音段——纪念馆后院仿建新林院 8 号一角内外环境展示空间等(图 7-17)。

图 7-17　纪念馆室内环境展示空间序列与展厅布置主题

(3) 确定内外环境展示陈列设计内容。

新会梁思成·林徽因纪念馆内外环境展示陈列设计的内容,为与国内已建的梁思成纪念馆有所区别,且彰显家乡人民对梁思成先生所作重要贡献的崇敬之意,我们认为其展示陈列设计内容应围绕"家乡"的主题做文章,

主要通过序厅及多媒体演示厅，家学渊源·成长之路、一代宗师·一代才
女、学术成就·名人评述、珠联璧合·相濡以沫及故乡的云 5 个主题展厅，以
及后院仿建梁思成·林徽因在清华大学校园内的居住空间——新林院 8 号
建筑一角的生活与工作场景等专题内容来展示梁思成、林徽因伉俪的学术
人生，以呈现家乡纪念馆在设计内容上不可比拟的展示陈列特色(图 7-18)。

图 7-18　纪念馆一、二层室内展示空间平面布置设计图

（4）进行内外环境展示空间色彩配置。

新会梁思成·林徽因纪念馆内外环境展示空间色彩配置，依据所提出
内外环境展示空间设计概念、构建内外环境展示陈列空间序列、确定内外环
境展示陈列设计的主题内容，结合旧乡府建筑与院落环境更新改造及其色
彩设计中的相关要素，以纪念馆内外环境展示空间中色彩配置的叙事性与
情景性为基础，对不同主题内容的内外环境展示空间色彩基调予以配置
(图 7-19)，其中，不同展示空间中环境色彩配置的具体设计效果分别为
图 7-20 至图 7-23 所示。

序厅空间以红色为主，饰以金色，取梁、林两人设计国徽时所选色彩，体
现中国传统色彩文化的设计意蕴。

室内展示空间一层色彩配置

序厅空间
多媒体演示空间
崇华源起·成长之路主题展厅
一代宗师主题展厅
一代才女主题展厅

室内展示空间二层色彩配置

学术成就·名人评述主题展厅
珠联璧合·相濡以沫主题展厅
故乡的云主题展厅

图 7-19 纪念馆室内展示空间色彩配置图

图 7-20 纪念馆室内展示空间色彩配置效果

图 7-21　纪念馆室内主题展厅的色彩配置效果

图 7-22　纪念馆院落户外展示空间造型与色彩配置效果

图 7-23　纪念馆院落空间——新林院 8 号建筑及院落环境
　　　　色彩配置效果

多媒体演示空间以深蓝色为主,以满足室内媒体演示空间的光影需要。

家学渊源·成长之路主题展厅空间左右 2 个展厅分别展示梁林两家世代相传的学术渊源及对儿女的教育,以及梁思成、林徽因两人各自的求学征程与成长之路,色彩基调以黄褐色为主。

一代宗师·一代才女主题展厅拟采用"集约化"与内容精选的方式分别展示梁思成、林徽因两人各自生平与取得的学术成果。其中,梁思成主题展厅以嫩绿到深绿渐变为主色调;林徽因主题展厅以粉红到深红渐变为主色调,从而给参观游人传递出成长渐进的理念。

学术成就·名人评述主题展厅以橙黄色调为主,寓意成果丰硕。

珠联璧合·相濡以沫主题展厅是纪念馆最具特色的展示空间,也是最具特色的设计展厅。其空间采用叙事性与情景化的方式,集中展示梁思成、林徽因两人的绝世姻缘和家庭生活,展厅以橙红色调为主,寓意"家"的温暖馨香。

故乡的云主题展厅从内向外做棕黄到彩色的渐变处理,以表现新会由古老走向充满希望未来的设计构想。

户外展示空间造型作为新会梁思成·林徽因纪念馆展示陈列的另一亮点,是在后院仿建梁思成和林徽因在清华大学校园内的居住空间——新林院 8 号建筑一角及院落环境的生活与工作场景。户外仿建展示空间以北方旧红砖为建筑外观色彩主调,内部墙面为旧红砖色,地面为旧木地板的褐黄色,力求原汁原味地呈现原建筑的色彩风貌。

综上所述,历史建筑内外环境更新改造中的色彩设计与其历史建筑更新改造同步,其中建筑与外部环境更新改造采用整旧如旧的方式,其色彩设计也尽可能呈现原有建筑与外部环境的色彩效果,以达到色彩传承的目的。历史建筑内外空间环境由于再次利用的目标不同,在更新改造中考虑到建筑风貌传承的基础上,尚需结合历史建筑再次利用的功能需要来进行设计,诸如茶坑村旧乡府作为新会梁思成·林徽因纪念馆内外环境展示空间,其内外环境展示陈列设计的色彩配置即需依据所提出的内外环境展示空间设计概念、构建的内外环境展示陈列空间序列、确定的内外环境展示陈列设计主题内容,以及纪念馆内外环境展示空间需表现的叙事性与情景性等要求对不同主题内容的内外环境展厅色彩基调予以配置，从而实现空间的有机更新及利用艺术手段来营造纪念馆内外环境展示空间氛围的设计构想。

　　历史建筑是世界文化遗产的重要组成部分，同时也是人类不可缺失的文化资源。今天，随着"建设美丽中国"观点的提出，为实现中华民族的永续发展，人们逐步认识到历史建筑是人类文化传承的宝贵财富，其历史建筑内外环境更新改造中的色彩设计探索，显然是对历史建筑内外环境色彩资源的一种永续利用。而解决历史建筑的生存危机，缓解经济利益驱动下不断出现的新生建筑带来的对历史建筑的损害，促进历史建筑及其内外环境色彩的文化理念及其审美情趣得以维护、更新和持续发展，更是我们的职责和历史使命。

第八章 "美丽乡村"建设中的乡村
环境色彩设计考量

　　"环境色彩"在 20 世纪 80 年代引入国内，历经 30 余年的理论研究与应用实践，如今已成长为一个多学科交叉、具有专业特点的色彩应用研究范畴。只是对"环境色彩"的探索目前主要集中在城市环境色彩方面，在乡村环境色彩研究与应用方面的成果尚不多见。当今在国家实施"美丽乡村"的建设中，乡村环境色彩作为乡村特色营造要素之一，必将伴随着量广且面大的乡村建设的深化。社会经济的发展和物质生活水平的提高，以及对乡村建设的个性化追求成为其环境色彩理论与应用研究拓展的崭新领域，这也是"美丽乡村"建设中村落文化特色得以维护和持续发展的必然需要(图 8-1)。

图 8-1　国内外乡村各具特点的环境色彩效果

第一节　"美丽乡村"建设推动对乡村环境色彩设计的关注

一、美丽乡村建设的解析

党的十八大报告提出,把生态文明建设放在突出地位,融入经济建设、政治建设、文化建设、社会建设各方面和全过程,努力建设美丽中国,实现中华民族永续发展。其实,在日常生活中,"美丽"和"中国"都是非常大众化、通俗化的用语,但是,在十八大报告中,"美丽中国"被赋予了新的内涵。从党的十八大报告我们可以看出"美丽中国"的概念或基本含义:努力建设社会主义生态文明的中国,即人与自然和谐的美好的中国,也是人与人关系达到和谐完美状态的中国。而在党的十九大报告中,"加快生态文明体制改革,建设美丽中国"被再次强调,并被提高到国家的战略高度来认识。

建设美丽中国,重点和难点在乡村。美丽乡村建设是城乡一体化发展的重要途径,也是实现美丽中国建设的根本与保障。从"美丽乡村"的内涵来看,它应该是"生态宜居、生产高效、生活美好、人文和谐"的典范,也是美丽中国的重要组成部分。其中"美丽"是指乡村的自然生态环境之美,天蓝、地绿、水净的自然环境,还指乡村的和谐之美,即人与自然、人与社会、自然与社会的和谐。美丽乡村建设是新农村建设的典型范例,也是新农村建设的升级版(图8-2)。

所谓乡村,《辞源》中将其解释为主要从事农业、人口分布较城镇分散的地方,是居民以农业为经济活动基本内容的一类聚落的统称。在旧石器时代中期,原始部落出现,到新石器时代,出现了第一次社会大分工,农业和畜牧业分离,出现以农业为主要生产方式的氏族定居,从而出现了真正的乡村。中国发掘已知的最早村落如浙江河姆渡、陕西半坡等,属于新石器时代前期。而村庄是人类聚落发展中的低级形式,人们以农业为主。村庄通常指的是居民房屋的建筑群、周围工业企业和商业服务设施等。另外,村庄在我国北方地区还是居住地形的代称。一般而言,村庄包含于乡村的广大范

图 8-2　自然生态环境之美是美丽乡村的建设目标

围之中,村庄是乡村空间中的建筑及其附属空间。乡村空间相当于地球上可居住部分的非城市化空间,它不仅仅是农业生产的场所,也是乡村空间、交通运输业、旅游业等的活动场所,乡村居民点与乡村居民日常生活、乡村经济活动密切相连。为此,十九大报告中首次提出实施乡村振兴战略,并明确指出要按照产业兴旺、生态宜居、乡风文明、治理有效、生活富裕的总要求,最终实现"乡村,让生活更美好"的目标。

二、美丽乡村建设的特征

就美丽乡村建设的内涵而言,其特征的塑造不仅仅停留在以往对乡村环境的整治上,而且包括对乡村环境、民居建筑、民俗文化与特色旅游等方面的整体营造,以使乡村更像乡村,从而打造出"一村一品,一村一韵,一村一景"的美丽乡村风貌。这样使乡村的建设保得住传统、留得住特色、记得住乡愁,实现永续发展。基于美丽乡村建设的目标,我们认为,美丽乡村建设的特征主要表现在自然、乡村和聚居人群三者之间关系的高度和谐,能够实现人的存在价值以及满足人的审美需求,是具有科学价值并能够融入城乡环境美学研究的系统之中的。而美丽乡村建设的特征归纳来看,主要通过乡村的自然山水、人工构筑与人文传统等层面来表达。

乡村的自然山水与城市不同，乡村对自然环境的改造不多，其原生态的自然环境与丰富的山水景观为乡村提供了鲜明的特色之美。山地、河流、田野、树木等构成了乡村各具地域特征的原野美景，其独有的"形""色"关系，给人们展现出一幅幅美丽的图卷。

不管是在山区还是平原，人工构筑在乡村的布局与造型均更加有机、自由，不少乡村人工构筑层层叠叠，形成空间有序、曲折迂回、街巷丰富和景观多样的人工构筑效果。

乡村的人文传统包括乡村的地域特色、村风民俗等，是乡村的魅力所在。乡村的人文传统不仅展现出乡村的文化特质，还反映出聚居人群的价值观念、审美情趣等，体现出乡村所要传承和发扬的人文传统之美。

三、乡村环境色彩的意义

乡村环境色彩是指乡村实体环境中反映出来的所有色彩要素共同形成的相对综合的群体的色彩面貌，主要由绿化、建筑、道路以及构筑物等的色彩构成，可分为自然色彩与人为色彩两类。乡村环境色彩涉及乡村生活的方方面面，涵盖了乡村的历史、气候、植被、建筑和环境等诸多因素，直接体现了乡村的地域风貌特点及乡村的经济状况、村民素质和建设水准等。数千年来在中国这片土地上形成类型丰富的传统村落与民居建筑，均构成中国乡村特有的空间形态与和谐的环境色彩关系，诸如被许多海内外媒体誉为"中国最美的乡村"的江西婺源，乡村中四季的自然景色与村落中的明清传统民居，呈现出的绿、红、黑、白等环境色彩，给人一种别样的乡村环境色彩印象，并具有乡村环境特有的人文魅力。近年评出的美丽乡村，如福建闽西连城县的培田村、云南元阳县箐口哈尼族民俗村、新疆维吾尔自治区布尔津县的图瓦村与山东沂南县竹泉村等均呈现出各具特点的环境色彩文化意蕴(图8-3)。乡村环境色彩积淀着乡村的历史，与地理环境和传统民族风俗关系密切。其特征鲜明的乡村环境色彩可以提升乡村形象，强化乡村的地域风情，在美丽乡村的建设中，具有传承乡村环境文化的价值与作用。

图 8-3 中国最美的十大乡村环境色彩实景

1.福建连城县培田村； 2.云南元阳县哈尼族民俗村；

3.新疆维吾尔自治区布尔津县图瓦村； 4.山东沂南县竹泉村

第二节 "美丽乡村"建设中的乡村环境色彩设计考量

　　建设美丽中国,重点和难点在乡村,从环境色彩设计范畴出发,在"美丽乡村"建设中导入乡村环境色彩设计概念与方法,我们认为这不仅是乡村建设中对个性化追求的必然,使乡村环境色彩成为乡村特色塑造的重要因素,而且也拓展了环境色彩设计的领域,对"美丽乡村"建设中乡村环境色彩的延续与发展起到推动作用。

一、乡村建设中的环境色彩设计现状

对乡村建设中环境色彩进行设计,无疑是进行乡村特色塑造的重要构成内容,也是提高乡村生活质量的外在表现。只是从当前乡村建设中的总体环境色彩来看,其环境色彩设计现状呈现如下特点(图8-4)。

图8-4 乡村建设中的环境色彩设计现状

1.乡村建设中对城市住区与环境色彩的仿建之风;

2.乡村整治中随处可见的照搬皖南与江南村落之风; 3.乡村住宅建造中的仿欧式风格

一是改革开放以来,中国城市化的迅猛发展,人们对环境色彩的关注程度与日俱增。随着乡村建设视城市为表率,城市环境色彩对乡村建设的影响日益加深,不少经济发达的乡村环境色彩陷入模仿城市环境色彩的误区。

二是在面广、量大的乡村整治、修复与重建中,忽视地域文化特性,简单照搬皖南与江南村落环境色彩与仿建其民居建筑造型,从而形成由东到西、从南至北,均能见到"千村一面",以徽派为最为典型的乡村环境色彩。

三是在不少经济落后的乡村,乡村环境色彩还基本处于自主、随意的状态,反而当地的自然、人文等传统村落环境色彩得以延续,特色犹存。

纵览乡村建设中的环境色彩设计现状,存在的问题归纳来看就是无个性、少和谐,加上乡村环境色彩尚未引起重视,人工构筑材料的同化等,造成乡村环境色彩缺乏协调性、提炼性、地域性与引导性,这些都与乡村环境色彩规划滞后相关。正是乡村建设中的环境色彩设计现状,使我们深感乡村环境色彩设计已经成为一个亟须引起关注的环境色彩设计课题,尤其在"美丽乡村"建设的当下,对乡村环境色彩设计的考量,更是实现美丽乡村风貌建设的目标之一。

二、乡村建设中的环境色彩设计原则

进行乡村环境色彩设计和城市环境色彩设计在结构和性质上存在着差异。若从环境色彩设计理论层面来考量,其遵循的原则、方法及管理形式应有其乡村建设的特点,以使乡村建设中的环境色彩设计定位更像乡村,而不似城市。

就设计的原则而言,乡村环境色彩设计应顺应其自然之美、彰显其地域特色、强调其和谐统一、塑造其人文意向。

1. 顺应自然之美

乡村与城市不同,乡村有着丰富的自然色彩,主要由山水、土地、植被与作物等组成,具有质朴纯真之美。顺应乡村这一美丽的环境色彩组合关系,使用具有原生态特性的构筑用材,显然是延续乡村环境色彩的关键。

2. 彰显地域特色

乡村环境色彩作为乡村的第一印象,应结合村落的地理环境和传统文化等因素来进行环境色彩设计,以彰显乡村环境的历史文脉与个性特色,从而形成其独特的乡村环境色彩艺术魅力。

3. 强调和谐统一

乡村环境中的人工构筑(建筑、道路、桥梁、服务设施)等具有不同的色彩,其环境色彩必须从整体上考虑,把这些色彩和谐地组构于一体,并形成良好的色彩关系,达到和谐统一。

4. 塑造人文意向

乡村环境色彩设计还应将其村落中的人文传统在归纳、提炼的基础上表达出来,它们也是乡村的魅力所在。乡村环境色彩设计还需塑造出聚居人群的价值观念、审美情趣等,以体现出乡村环境色彩设计的人文传统之美。

三、乡村建设中的环境色彩设计方法

从乡村建设中的环境色彩设计的方法来看,首先要对乡村环境色彩设计的对象进行充分的了解,并根据设计对象的特点,运用相关色彩知识进行

359

环境色彩的设计,并注意色彩整体的统一与变化。最后还要经过适当的调整和修改,才能最终确定其室内环境色彩设计的效果。其设计在调查采集、目标定位、规划原则、详细设计与实施应用等层面展开。

当下,一年一度的寻找"中国最美乡村"活动是各地政府极力推崇和争取的"名片"。最美乡村不仅是一个概念、一个头衔,更是一种理念、意识,需要建立一系列评价标准来塑造,并确定严格的管理制度对乡村环境色彩予以维护。此外,乡村建设中愉悦的环境色彩设计实施还离不开相关管理标准的制定与完善,只有在相关部门的有效管理下,乡村环境色彩设计的效果才能得以最终呈现出来,并成为乡村建设中一项意义深远的惠民工程。

第三节　河南信阳市"狮乡美环"总体规划及美丽乡村重点地段整治项目中的环境色彩设计探索

一、河南信阳市"狮乡美环"总体规划及美丽乡村重点地段整治项目解读

(一)规划设计背景

信阳古称义阳、申州,又名申城、茶都,位于河南省最南部,东连安徽,西面及南面接湖北,是江淮河汉间的战略要地,为鄂豫皖区域性的中心城市。"狮乡美环"项目所在的南湾湖位于城市西南 5 km 处,是一个以山林、岛屿为主体的风景胜地。其水域面积为 75 km²,由 61 座错落分布的岛屿组成,景色秀丽,湖的上游为信阳毛尖主产地,湖中则盛产南湾鱼。

南湾湖的周边由 224 省道与 011 及 040 两条县道构成环湖路,并通过省道连接市区及国道,通往全国各地,形成了便捷的交通格局。此项规划的区域即以环湖路外围 1 km 为基准,对规划范围涉及的 4 个乡镇、8 个重点村落及湖区 7 个旅游景点进行整治与规划设计(图 8-5)。

此次规划设计系信阳市落实党的十八大精神提出的美丽乡村建设要求

图 8-5 "狮乡美环"总体规划及碧波万顷的南湾湖与绿茶飘香的万亩信阳毛尖茶园

及《国家新型城镇化规划(2014—2020 年)》目标,以适应农村人口转移和村庄变化的新形势,建设各具特色的美丽乡村,以及河南省 2014 年新一轮美丽乡村试点申报工作的需要进行的规划设计项目。任务包括以南湾湖环湖路外围 1 km 为基准、长 84 km 所形成的"狮乡美环"总体规划及乡村重点地段整治设计,以对信阳市美丽乡村建设工作起到促进作用。

(二)规划设计定位

河南信阳"狮乡美环"总体规划及美丽乡村重点地段整治项目的规划设计方案定位,即以党的"十八大"提出的美丽乡村建设精神为指导,围绕科学规划布局美、村容整洁环境美、创业增收生活美、乡风文明身心美的目标要求,挖掘信阳毛尖茶文化,着力推进乡村生态人居体系、乡村生态环境体系、乡村生态经济体系和乡村生态文化体系建设,形成有利于乡村可持续发展的农村产业结构、农民生产方式和乡村消费模式,努力建设全国一流的宜居、宜业、宜游的美丽乡村。

(三)环境色彩设计在乡村建设中的导入

从乡村建设规划设计看,多数设计师在乡村环境营造中尚未将环境色彩设计方法引入其中,也未根据乡村所在地的人文与自然特性进行归纳与提炼,缺乏对环境色彩与乡村空间场所景观关系的深入思考,缺乏乡村环境整体上的分析研究,致使乡村建设规划设计实施后的效果远远偏离乡村环境营造的预期,使得村落景观显得平庸无奇,丰富的环境色彩未能得以延续。而将环境色彩设计在乡村建设中导入,且又不应仅仅停留在对色彩感性的认知上,更需要去理解由感性所主导影响的文化特色,然后理性地结合环境场所的需求和变化,再通过合理的环境色彩设计手法来完成设计方案,是一个感性和理性结合的过程。

此外,在导入环境色彩设计的乡村建设规划中,还需借鉴发达国家乡村环境色彩设计处理的成功经验,并从调查了解需要进行环境色彩的乡村现状资料着手,弄清乡村的地理环境、风土人情和文化特征,了解当地的风土民俗及其历史、文化和未来的发展取向,从乡村环境色彩的"调查采集、目标定位、规划原则、详细设计与实施应用"等层面来展开河南信阳市"狮乡美环"总体规划及美丽乡村重点地段整治项目的环境色彩设计的探索工作。

二、河南信阳市"狮乡美环"总体规划中的环境色彩设计

(一) 乡村环境色彩的现状调查

乡村环境可谓色彩斑斓、变化万千,不同地域、不同季节、不同天气与不同时间的乡村呈现出来的环境色彩也不一样,乡村环境色彩的营造需要通过对其区域内的现状资料搜集调研及要素分析提炼来实现。河南信阳市"狮乡美环"总体规划中的环境色彩现状调查内容包括对项目所在场地空间中已有的建筑、道路、植物、其他人工设施以及项目邻近环境中对其环境色彩有影响的物体色彩予以采集,并用我们所建构的环境色彩分析表格进行色彩记录。

在上述调查的基础上,从信阳"狮乡美环"总体规划场地环境获取的色彩现状资料中归纳出乡村环境色彩的构成内容,以此作为信阳"狮乡美环"总体规划中环境色彩设计的参考。同时还对所在乡村环境的文脉、用材等色彩信息资料进行搜集调研及要素分析,开始逐步构建当地乡村环境色彩总体框架及确定村落场地环境色彩主调,以实现规划设计色彩和已有乡村环境色彩的调和。同时,找出信阳"狮乡美环"总体规划现状色彩的配置比例,以形成乡村环境色彩设计的组配依据(图8-6)。

图 8-6　"狮乡美环"总体规划及美丽乡村重点整治村落

1.董家河镇睡仙桥村；　2.董家河镇车云山村；　3.狮河港镇桃园村；

4.狮河港镇郝家冲村；　5.南湾湖湖区；　6.狮河港镇龙潭村；

7.谭家河乡土门村；8.谭家河乡凌岗村；9.十三里桥乡黄湾村

（二）总体环境色彩规划的意向

结合信阳"狮乡美环"总体规划，以满足美丽乡村建设中场地环境特色塑造的需要，主要通过乡村的自然环境、人工构筑与人文传统等层面来表达其色彩规划的意向（图 8-7）。

自然环境色彩规划的意向是美丽乡村建设中环境色彩营造最基本的构成要素。自然环境为天然塑造而成的乡村景观，村落所处的地域不同、气候有差异等因素，使得村落的自然环境色彩千差万别。归纳来看可以从乡村的天空、地貌、水体、植被、动物等方面来提炼自然环境色彩的规划意向。信阳"狮乡美环"为中国著名茶乡，绵延数万亩茶园呈现绿色飘香的世界，形成了信阳"狮乡美环"的自然环境色彩主调，也是信阳"狮乡美环"最具地域特征的乡村自然环境色彩魅力所在。

图 8-7 "狮乡美环"总体色彩规划意向

　　人工构筑色彩规划的意向是美丽乡村建设中环境色彩营造把控的关键,包括聚落建筑、相关构筑与便民设施等内容,它们是乡村居民在长期生活、生产、交流、传承以及吸收外来思想的历史过程中逐步建设完成的,也有不少是为满足新的生活与生产需要规划建设的,其环境色彩规划应在传承、更新与再造的基础上,得到村民的认可和赞同,并形成其特有的乡村人工构筑色彩的规划意向。

　　人文传统色彩规划的意向是美丽乡村建设中环境色彩文化内涵体现的价值所在,包括乡村所处区域中广大民众所创造、享用和传承的大众生活文化。它源于生活的心理需要,并在特定的聚居群体、时代进程和地域空间中不断形成、扩大以及演变,成为民众固定的精神与灵魂的信仰。这种人文传统具体体现在每个村落上,都或多或少形成了具有地域特色的民俗色彩。而信阳"狮乡美环"沿南湾湖各个乡村的特色民居,以及打钉缸、汪家拳、特色婚俗、手工制茶技艺等民俗文化资源,无疑是人文传统色彩规划意向开发的宝库,展现出信阳"狮乡美环"的环境色彩文化特质和审美情趣。

三、河南信阳市"狮乡美环"美丽乡村建设中的环境色彩设计

信阳"狮乡美环"美丽乡村建设涉及南湾湖周边环湖公路沿线 1 km 范围内的 4 个乡镇、8 个重点乡村、7 个主要景点,规划面积为 131.2 km²。从环境色彩设计来看,主要按特色村落、重点地段、典型建筑与服务设施的分类来推动乡村建设中的环境色彩设计工作。

(一) 特色村落的环境色彩营造

信阳"狮乡美环"美丽乡村建设中的特色村落规划共选点 8 个,其中最具代表性的为位于董家河镇西北部与湖北随州市三道河乡相连的车云山村。该村面积为 4.5 km²,人口为 565 人,主要以茶叶为生。村内现有茶园 3600 亩,年产干茶 7.5 万公斤,是全国十大名茶之一信阳毛尖的发祥地,也是久负盛名的茶叶生产专业村。所产信阳毛尖是上等的生态茶,为毛尖精品,是唐武则天时期的贡茶之一,民间传说在清光绪年间,拔贡程梯隐居于此,见山上常有风云翻滚,状如车轮,遂名曰"车云山"。1915 年,该村茶叶代表信阳毛尖荣获巴拿马万国博览会金奖,是河南省独有的茶叶品牌。车云山毛尖不仅在国内畅销,在国际上也享有盛誉(图 8-8)。

1. 特色村落环境色彩营造范围

村落环境色彩营造范围集中体现在对特色村落风貌色彩进行统筹,重点对山村已有房屋建筑,包括拟重建的青龙寺、宏济茶社,新建的普茶亭、佛茶苑等建筑外观色彩以及村内细部设施予以设计。

2. 特色村落环境色彩现状分析

车云山村位居苍翠欲滴的茶树山坳,周边自然环境优越,作为千年古村,村前池水荡漾,村中住屋错落,村后树木茂盛,生态条件良好。只是村内不少近年自建的楼房由于缺少统一规划,使山村环境色彩分布凌乱,缺乏协

图 8-8　贡茶之村——车云山及环境色彩风貌

调性。

3. 特色村落环境色彩规划设计

依据乡村环境色彩特色的成因,结合当地民俗文化及建筑群整治等需要,将车云山村定位为以特色为主的环境色彩营造村落(图8-9)。

首先,在宏观层面上,对车云山村整体风貌色彩予以规划。结合乡村环境色彩建设导则和山村基本形态、布局及整个区域范围的控制性详细规划资料和调查信息,通过功能分区把山村分为自然环境色彩区、人工构筑色彩区、产业作物色彩区。良好的村落界面色彩可以强化乡村内部的色彩识别,美化乡村环境。

其次,在中观层面上,对车云山村房屋建筑色彩进行整治。研究并控制不同材料的色彩比例关系,如木制材料色彩同砖混墙面涂料的比例。通过对风貌较差的房屋建筑外观色彩、材料等予以调整,以达到与该区域色彩的协调。村内道路地面统一恢复为传统街巷石板路和卵石灰砖铺路,以营造出山村特色村落的文化意韵。

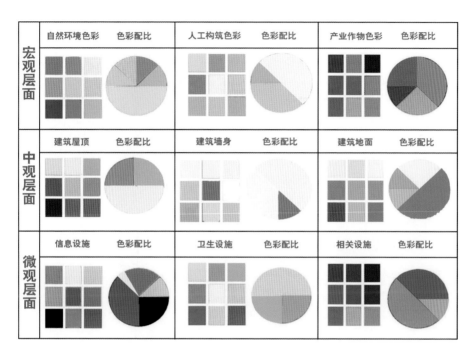

图 8-9 特色村落——车云山村的环境色彩营造

再者,在微观层面上,对车云山村细部设施色彩进行设计。内容包括信息类、卫生类、照明类、服务类、交通类、管理类等,这些细部设施随着乡村经济发展延伸出来的具有当地特色的产品已经成为诱导乡村总体色彩的重要手段,需要在乡村环境色彩设计中适度把控。

最后,在文化层面上,对车云山村品茶文化予以挖掘,将其提高到乡村特色旅游开发的高度来认识,从中提炼出车云山村的民俗文化内涵,使山村的环境色彩设计更具个性特色和美学价值。

(二)重点地段的环境色彩整治

信阳"狮乡美环"美丽乡村建设中的重点整治地段有 10 余处,以董家河镇睡仙桥村特色商业店街与狮河港镇桃园村五道河沿河景观整治最具特点。

1. 董家河镇睡仙桥村特色商业店街景观整治

睡仙桥村位于董家河镇东部,东与南湾乡相接,北与游河乡相连,面积为 7 km²,人口有 1142 人,产业以林业、板栗、水稻和茶叶为主。其境内有座古桥,相传苏东坡醉酒依靠柳树下的小桥而睡、羽化成仙而得名睡仙桥村。规划董家河镇为美丽乡村建设的示范村,计划对沿街立面进行改造,新建民俗博物馆、游客服务中心与入口村民休闲广场。

特色商业店街位居睡仙桥村穿村而过的 011 县道两侧,全长 357 m。规划将穿村县道改线,现有道路两边的民居改造成为商业店街。店街环境色彩整治集中在街面,因原有基调过于单调,便更换无特点的粉墙,从当地特有石材中选用灰褐白色、灰褐浅黄色相间饰面,使店街立面环境色彩更为丰富。为使店街空间更具活力,将雨水花园概念引入,形成独具生态特色的景观效果与环境色彩意象。而流畅的灰白、橘红相间的曲道,使商业店街的环境色彩更具动感变化(图 8-10)。

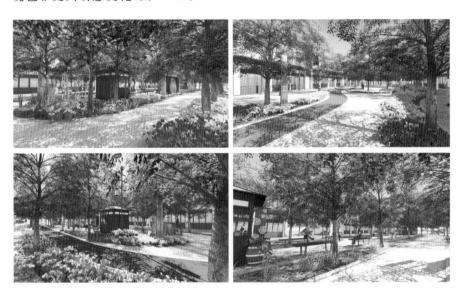

图 8-10 重点地段——睡仙桥村特色商业店街的环境色彩营造

2. 狮河港镇桃园村五道河沿河景观整治

桃园村位于狮河港镇西北部,东邻陡坡村,南与夏家冲村接壤,西与董家河乡相邻,北临南湾水库库区西部尽端。从上游入此处的五道河穿村而过汇入南湾水库,山村环境优美,聚居人口达 2554 人。该村主要产业为茶叶,村民收益较好。桃园村五道河沿河景观整治地段长约 2.57 km,河床距路面约有 2.8 m 高差,沿河两岸一侧为村民住宅,一侧为茶园和林地,河滩中建有当地特色的卵石公园。整治内容为沿河民宅、河道游路及增添美丽乡村游览服务设施(图 8-11)。

图 8-11 重点地段——狮河港镇桃园村五道河沿河的环境色彩营造

沿河民宅整治为重点,由于民宅多为村民自建,形式均为无特点的多层房。整治中结合豫南民居特征,从造型、用材、做法中提取形态与设色要素,力求在空间布局、外观色彩与内部使用方面满足美丽乡村建设要求及村民各自居家生活的实际需要。就沿河民宅外观色彩而言,提取此处山石冷灰与河中卵石暖灰为墙面色彩,屋顶及山墙屋脊为深灰瓦色。民宅外观墙裙为与墙面色彩相似的深色,均可在当地石材面色中选择。河堤用石垒砌,可与墙裙用色一致,所搭栈桥尽可能用木料本色。河岸一侧的茶园和林地中的寻幽禅径沿茶园中已有采茶小径拓展出一条曲线自然的"如意茶道",用色为灰白、橘红相间,寓意称心如意,以取吉兆。栈桥则沿着岸边山体蜿蜒,游人可沿山上的木栈道游览并溯水而上,以体会五道河清新的自然气息及清风拂面的惬意感受。

(三)典型建筑与重点设施的环境色彩设计

信阳"狮乡美环"美丽乡村建设中的典型建筑与设施设计有近 30 项,以谭家河乡土门村韩千岁府老宅更新恢复与凌岗村茶叶交易市场入口牌坊最具特点。

1. 土门村韩千岁府老宅

土门村位于谭家河乡西南部,与狮河港镇黑龙潭、红旗接壤,是谭家河乡生产大山茶的行政村之一。村内韩千岁府老宅位居"韩家索畈",距土门村中心约 1600 m。老宅建成至今约有 400 年,最早的三间房屋建于康熙年间,在康熙至道光年间加盖房屋形成院落,院落坐西朝东。现房屋失修多年,显得阴暗潮湿,仅部分建筑构件如花窗保存至今,并留有少量道光年间青砖。老宅南、北、西方向为丘陵地及茶田,东侧为耕地和水塘。基于韩千岁府老宅在当地的影响,规划利用韩千岁府老宅尚有基础与场地进行更新恢复,将韩千岁府老宅改建为乡风民俗馆及村民文化中心,以使乡村的古朴乡风、草根文化、特色民俗得到继承和发扬(图 8-12)。

更新恢复的韩千岁府老宅作为土门村乡风民俗馆及村民文化中心,作为信阳"狮乡美环"美丽乡村建设中的典型建筑,其建筑内外环境色彩设计遵循修旧如旧、有机更新的原则。其留存老宅屋面、墙体与基础均保留原有建筑色彩,复建部分色彩虽用新材,但建筑色彩尽可能与保留的原始建筑一致。地面则选用村旁河中的卵石铺装,内外环境中的人工构筑物与服务设施多用原木、河石、钢构等材料本色,加上地方树木与花草的种植,使人工与自然环境色彩以及从人文传统中提炼出来的色彩,共同构成韩千岁府老宅

图 8-12 典型建筑——谭家河乡土门村韩千岁府乡风民俗馆及村民文化中心的环境色彩营造

内外空间和谐的环境色彩设计关系。

　　2. 凌岗村茶叶交易市场入口牌坊

　　凌岗村位于 224 省道与 040 县道交界口的东南侧,该村茶叶交易市场已成为豫南大型茶叶集散地。由于茶叶交易的时令性,不交易时市场冷清。如何发挥市场功能并提高使用效率和环境层次,即为此次整治的重点。其整治内容包括增建便于市场识别的凌岗牌坊,整治住房门前场地,修建停车场与茶叶交易市场前广场,使豫南大型茶叶集散地交易市场的环境层次得以提升。其中牌坊设计最具特色,其造型取古篆体"茶"字进行打散重构,以形成牌坊左右造型构筑体形,牌坊局部连接,以形成结构上的稳定。牌坊柱顶采用钢构仿坡屋顶,柱身采用木质结构造型,基座采用当地石材砌筑而成,刻上"心清凌岗"四个大字。牌坊外观用色以木质结构本色为主,加以灰色钢架与基座石材本色,传达出质朴、清净的豫南茶叶交易市场的环境色彩文化品位(图 8-13)。

图 8-13　重点设施——谭家河乡凌岗村茶叶交易市场入口牌坊的环境色彩营造

乡村环境色彩是环境色彩设计探索的崭新领域,它的出现与美丽乡村建设的提出相关。2013 年 7 月 22 日,习近平总书记在湖北省鄂州市长港镇进行城乡一体化试点的峒山村视察时曾说道:"实现城乡一体化,建设美丽乡村,是要给乡亲们造福,不要把钱花在不必要的事情上,比如说'涂脂抹粉',房子外面刷层白灰,一白遮百丑。不能大拆大建,特别是古村落要保护好。"乡村环境色彩既受自然环境的影响,也受人文传统的作用,而美丽乡村追求的是乡村的个性,追求的是生态、空间与文化的契合(图 8-14)。乡村环

图 8-14　和谐的乡村环境色彩文化是环境色彩设计探索的崭新领域

境色彩的营造需要将新旧环境融合并发挥得恰到好处,在沉淀历史的同时抓住时代的脉搏,积极创造乡村匠心独运的环境色彩印象,以使承载历史、文化和美学信息的色彩在美丽乡村建设中发挥更大的作用,最终营造出"一村一景斑斓色彩,量体裁出如画乡村"和谐的乡村环境色彩文化印象。

附录 A 图目引注

序号	分图序	图　　名	作者与引处
导论		环境色彩设计与城市景观个性的创造	
图 0-1		城市景观个性创造和环境色彩设计	作者拍摄
图 0-2		城市景观个性创造中的环境色彩设计	作者拍摄
图 0-4		法国及日本相关机构完成的城市环境色彩景观调查与规划设计成果	作者拍摄
图 0-5	图 0-5-2	国内外城市环境色彩设计	举白拍摄
第一章		色彩学的基本理论	
图 1-1		五彩缤纷的色彩世界	作者拍摄
图 1-2		人们感受色彩现象的三个基本条件	作者绘制
图 1-5		甘肃秦安大地湾编号 F901 房址	作者拍摄
图 1-6		五行、五色与五方的构成关系图	作者绘制
图 1-11	图 1-11-2	英国物理学家牛顿利用太阳光进行了著名的"光的色散"实验	作者绘制
图 1-15		颜色标准在各领域得到应用推广	吉田慎吾.環境色彩デザイン——調査から設計まで[M].东京:美術出版社.1984.
图 1-16	图 1-16-1	数字色彩应用	作者拍摄
图 1-17		电磁波与可见光线	作者绘制

续表

序号	分图序	图　　名	作者与引处
图 1-18		色彩现象中的光源色、固有色和环境色之分	作者绘制
图 1-19		色彩的无彩色系与有彩色系的构成类型	作者绘制
图 1-20		色相环、原色、间色与复色的生成关系	作者绘制
图 1-21		加色法混合	作者绘制
图 1-22		减色法混合	作者绘制
图 1-24		色彩并置产生空间混合效果	作者绘制
图 1-25		眼睛的生理构造	作者绘制
图 1-26		色彩错觉	作者绘制
图 1-27		不同色彩并置会各自呈现出对方的补色倾向	作者绘制
图 1-28		色彩现象对人的身体机能和生理过程具有影响	作者拍摄
图 1-29		色彩心理赋予的共同情感特征	作者绘制
图 1-30		色彩的心理感受在空间环境中的表现	作者拍摄
图 1-31		色立体的构成结构示意图	作者绘制
图 1-32		孟赛尔表色系统	作者绘制
图 1-33		奥斯特瓦德表色系统	杨鑫芃绘制
图 1-34		CIE 表色系统色度图	杨鑫芃绘制
图 1-35		PCCS 颜色坐标表色系统	杨鑫芃绘制
图 1-36		NCS 自然色表色系统	杨鑫芃绘制
图 1-38		色相的对比关系	作者绘制
图 1-39		明度的对比关系	作者绘制
图 1-40		纯度的对比关系	作者绘制
图 1-41		冷暖的对比关系	作者绘制
图 1-42		面积的对比关系	作者绘制
图 1-43		同一调和的调和方法	作者绘制

续表

序号	分图序	图　　名	作者与引处
图 1-44		以孟塞尔色立体为例的色彩调和方法示意	杨鑫芃绘制
图 1-45		平面、色彩、立体"三大构成"专业基础训练内容对中国现代设计教育产生推动作用	作者指导本科生完成作业
图 1-46		色彩构成教学中的训练内容	作者指导本科生完成作业
图 1-47		24 色相环与孟塞尔色立体练习作业	作者指导本科生完成作业
图 1-48		色彩推移方面的练习作业	作者指导本科生完成作业
图 1-49		色彩对比方面的练习作业	作者指导本科生完成作业
图 1-50		色彩调和方面的练习作业	作者指导本科生完成作业
图 1-51		色彩构图方面的练习作业	作者指导本科生完成作业
图 1-52		色彩采集构成练习作业（采集对象——秋天风景）	作者指导本科生完成作业
图 1-53		色彩采集构成练习作业（系集对象——酒店泳池环境）	作者指导本科生完成作业
第二章		城市景观及其工程景观的营造	
图 2-1		城市景观对生活在其间的人们产生影响	作者及辛宇拍摄
图 2-2	图 2-2-2 图 2-2-4 图 2-2-5	城市景观系统的构成要素	作者拍摄
图 2-3		从城市美学的视角对城市景观进行划分	作者拍摄

序号	分图序	图　　名	作者与引处
图 2-4		从城市景观的功能需要角度进行划分	作者拍摄
图 2-5		从城市景观的空间形态进行划分	作者拍摄
图 2-6		工程景观及其营造	作者拍摄
图 2-7	图 2-7-1 图 2-7-3 图 2-7-4 图 2-7-6 图 2-7-7 图 2-7-8 图 2-7-9	国内具有景观意义的土木建筑工程项目	作者拍摄
图 2-17		具有景观意义的军事工程项目(二)	作者拍摄
图 2-18		城市景观特色	作者拍摄
图 2-19	图 2-19-3 图 2-19-4	特色是城市景观的魅力所在	作者拍摄
图 2-20		城市景观特色的建构	作者拍摄
第三章		城市景观及其环境色彩的设计	
图 3-2		空间实体中的环境色彩探究	作者拍摄
图 3-3		空间实体中环境色彩的作用	作者拍摄
图 3-4		影响环境色彩的自然因素	作者拍摄
图 3-5		影响环境色彩的人文因素	作者拍摄
图 3-6	图 3-6-4 图 3-6-5 图 3-6-8 图 3-6-9 图 3-6-10	环境色彩的基本特性	作者拍摄
图 3-12		日本 CPC 机构完成的城市环境色彩设计成果	作者拍摄

续表

序号	分图序	图　　名	作者与引处
图 3-14	图 3-14-2	20 世纪 90 年代完成的城市环境色彩规划与设计成果	作者拍摄
图 3-17		中国城市化进程中城镇环境色彩特色塑造	作者拍摄
图 3-18		城市历史风貌及其旧城文化保护区维护层面的环境色彩保护规划	作者拍摄
图 3-19		城市景观特色规划及空间形象设计重塑层面的环境色彩保护规划	作者拍摄
图 3-20		城市开发新区整体规划及环境设计创新层面的环境色彩保护规划	作者主持完成设计项目
图 3-21		城市标志建筑造型及内外环境空间营造层面的环境色彩保护规划	作者拍摄
图 3-22		城市色彩表示系统及传统建筑色彩调研层面的应用系统建构	作者绘制
图 3-23		国际上在城市环境色彩调研方面运用的调查方法	作者绘制
图 3-24		城市环境色彩现状的调研	作者绘制
图 3-26		城市环境色彩的目标定位	作者绘制
图 3-27		城市环境色彩的设计内容	作者绘制
图 3-28		城市环境色彩的基本色谱	作者绘制
图 3-29		构建城市环境色彩信息数据库	作者绘制
图 3-30		城市环境色彩的相关管理流程	作者绘制
图 3-31		面向未来的武汉城市环境色彩特色风貌塑造	作者拍摄
图 3-32		意大利威尼斯的城市环境色彩文化印象	作者拍摄
图 3-33		城镇环境色彩的处理直接影响城镇地域景观特色塑造	作者拍摄

续表

序号	分图序	图　　名	作者与引处
图 3-34		被誉为地球腰带上的"绿宝石"的荔波县城美丽风光	作者拍摄
图 3-35		荔波县城区地域景观特色营造中的环境色彩设计背景	张媛媛绘制
图 3-36		荔波县城区地域景观特色营造中的环境色彩调查采集	张媛媛绘制
图 3-37		荔波县城区环境色彩目标定位及其基调色彩的确立	张媛媛绘制
图 3-38		荔波县城区风貌特色营造及其环境色彩的规划策略	张媛媛绘制
图 3-39		荔波县城区地域景观特色营造中的环境色彩总体规划	张媛媛绘制
图 3-40		荔波县城区都市风貌区环境色彩分区规划	张媛媛绘制
图 3-41		荔波县城区历史文化区环境色彩分区规划	张媛媛绘制
图 3-42		荔波县城区时代风貌区环境色彩分区规划	张媛媛绘制
图 3-43		荔波县城区滨水风貌区环境色彩分区规划	张媛媛绘制
图 3-44		荔波县城区旅游游览区环境色彩分区规划	张媛媛绘制
图 3-45		荔波县旧城区商业及休闲广场环境色彩详细设计	张媛媛绘制
图 3-46		荔波县旧城区街道沿街立面环境色彩详细设计	张媛媛绘制

续表

序号	分图序	图　　名	作者与引处
图 4-11		道路附属设施中构造物的环境色彩景观效果	作者拍摄
图 4-12		道路绿化水体与地形地貌的环境色彩景观效果	作者拍摄
图 4-13		米兰蒙特拿破仑大街环境色彩呈现出低调、贵气的品质和氛围	作者拍摄并绘制
图 4-14		米兰市中心的时尚品牌名街——蒙特拿破仑大街	作者拍摄
图 4-15		散发着和风文化魅力的京都清水寺及其周边老街	作者拍摄
图 4-16		京都清水寺周边老街及其环境色彩视觉印象	作者拍摄并绘制
图 4-17		有"南中国第一路"之誉的深圳深南路道路景观	作者拍摄
图 4-18		深圳深南中路及深南东路西段(人民桥以西)道路环境色彩	作者拍摄
图 4-19		深圳深南中路及深南东路西段(人民桥以西)道路本体的环境色彩调研与分析	杨鑫芃绘制
图 4-20		深圳深南中路及东路西段(人民桥以西)道路两侧建构筑物环境色彩调研与分析	杨鑫芃绘制
图 4-21		深圳深南中路及东路西段(人民桥以西)道路附属设施环境色彩调研与分析	杨鑫芃绘制
图 4-22		深圳深南中路及东路西段(人民桥以西)道路两旁的绿化环境色彩调研与分析	杨鑫芃绘制
图 4-23	图 4-23-5 图 4-23-6	国内外城市高新科技园区环境设计特色景观营造	作者拍摄

附录 A　图目引注

续表

序号	分图序	图　名	作者与引处
图 5-5	图 5-5-2 图 5-5-4 图 5-5-5 图 5-5-6 图 5-5-7 图 5-5-10	满足市民游览、休闲所需而建的各式桥梁	作者拍摄
图 5-7	图 5-7-1 图 5-7-2 图 5-7-3	城市桥梁景观中的环境色彩案例	作者拍摄
图 5-8		广东潮州广济桥环境色彩景观效果	作者拍摄
图 5-9		浙江泰顺北涧桥环境色彩景观效果	作者拍摄
图 5-10		北京颐和园荇桥环境色彩景观效果	作者拍摄
图 5-15		堪称中国建桥史上里程碑的武汉长江大桥	作者拍摄
图 5-16		百年前武汉长江大桥构想图中的桥面设计景象	作者重绘
图 5-18		再现盛况空前通车大典的巨幅中国画作品《南北天堑变通途》	辛克靖先生绘制
图 5-19		武汉长江大桥的正桥、引桥与大桥桥头、桥身、桥面、观景平台及纪念碑的设计造型实景	作者拍摄
图 5-20		本色呈现的武汉长江大桥环境色彩景观效果	作者拍摄
图 5-21		武汉长江大桥的桥梁桥头堡造型与花格窗,铁路桥梁钢构内景及桥面两侧护栏的细部装饰设计实景	作者拍摄

383

序号	分图序	图　　名	作者与引处
图 5-22		武汉长江大桥桥梁造型与其周边环境实景	作者拍摄
图 5-23	图 5-23-1	武汉长江主轴的区域范围及其核心段实景	作者绘制
图 5-27		造型各异的深圳城市人行天桥及环境色彩景观效果	作者拍摄
图 5-28		人行天桥的构成类型	作者拍摄
图 5-29		深圳市滨河大道人行天桥更新改造工程位置示意图	深圳市汉沙杨景观规划设计有限公司绘制
图 5-30		滨河大道彩田人行天桥位置图及更新改造前现状实景	深圳市汉沙杨景观规划设计有限公司绘制与拍摄
图 5-31		彩田人行天桥更新改造设计构思启示与效果图	深圳市汉沙杨景观规划设计有限公司绘制与拍摄
图 5-32		彩田人行天桥更新改造建成后实景图	深圳市汉沙杨景观规划设计有限公司绘制与拍摄
图 5-33		滨河大道车公庙人行天桥位置图及更新改造前现状实景	深圳市汉沙杨景观规划设计有限公司绘制与拍摄
图 5-34		车公庙人行天桥更新改造设计效果图 1	深圳市汉沙杨景观规划设计有限公司绘制

续表

序号	分图序	图　名	作者与引处
图 5-35		车公庙人行天桥更新改造设计效果图 2	深圳市汉沙杨景观规划设计有限公司绘制
图 5-36		滨河大道上沙人行天桥位置图及更新改造前现状实景	深圳市汉沙杨景观规划设计有限公司绘制与拍摄
图 5-37		上沙人行天桥更新改造设计效果图	深圳市汉沙杨景观规划设计有限公司绘制
图 5-38		上沙人行天桥桥身、桥栏与桥墩更新改造设计立面图	深圳市汉沙杨景观规划设计有限公司绘制
图 5-39		上沙人行天桥更新改造建成后实景图	深圳市汉沙杨景观规划设计有限公司拍摄
第六章		滨水工程景观的环境色彩设计	
图 6-2	图 6-2-2 图 6-2-3 图 6-2-6	城市滨水区域的空间形式	作者拍摄
图 6-3		城市滨水景观的空间构成内容	作者绘制
图 6-4	图 6-4-2	城市滨水工程景观与环境色彩的关系	作者拍摄
图 6-6		水上威尼斯城市意象	作者拍摄
图 6-8	图 6-8-2 图 6-8-3 图 6-8-4 图 6-8-5 图 6-8-6 图 6-8-7	水城威尼斯著名的城市景观	作者拍摄

序号	分图序	图　　名	作者与引处
图 6-9		对威尼斯城市环境色彩构成要素及色谱分析归纳图示	作者绘制
图 6-10		飘浮在水上的城市威尼斯,环境色彩更是充满魅力与活力	作者拍摄
图 6-11		豫中长葛市清潩河景观带概念性规划设计效果图	作者主持完成设计项目
图 6-12		清潩河景观带概念性规划设计定位、景观结构与空间布局平面图	作者主持完成设计项目
图 6-13		清潩河景观带环境色彩的调查与采集图示	作者绘制
图 6-14		清潩河景观带环境色彩的分区与设色规划设计图	作者主持完成设计项目
图 6-15		清潩河景观带各分区环境色彩规划设计效果	作者主持完成设计项目
图 6-16		清潩河景观带各分区景点环境色彩详细规划设计效果表现	作者主持完成设计项目
第七章		建筑外部空间的环境色彩设计	
图 7-1		色彩是现代建筑外部环境设计中最重要的原素之一	作者拍摄
图 7-3		色彩设计在建筑外部环境中的主体构形作用	作者拍摄
图 7-6		国内效果良好的居住环境色彩设计佳作	作者拍摄
图 7-8		面向未来的中国城市与建筑环境色彩设计意象	作者拍摄
图 7-11		从广东新会茶坑村凌霄塔鸟瞰村貌及环境色彩构成印象	作者拍摄

续表

序号	分图序	图　　名	作者与引处
图 7-12		优秀历史建筑旧乡府是新会区茶坑村旅游规划线路上的重要节点	作者拍摄与绘制
图 7-13		新会茶坑村旧乡府更新改造建设场地与前、后楼建筑用房现状图	作者绘制拍摄
图 7-14		纪念馆建筑内外环境更新改造与空间序列重构	作者主持完成设计项目
图 7-15		茶坑村旧乡府建筑与外部环境色彩分析与提炼	作者绘制
图 7-16		旧乡府建筑与外部环境更新改造及其立面色彩设计效果	作者主持完成设计项目
图 7-17		纪念馆室内展示环境展示空间序列与展厅布置主题	作者绘制
图 7-18		纪念馆一、二层室内展示空间平面布置设计图	作者主持完成设计项目
图 7-19		纪念馆室内展示空间色彩配置图	作者主持完成设计项目
图 7-20		纪念馆室内展示空间色彩配置效果	作者主持完成设计项目
图 7-21		纪念馆室内主题展厅的色彩配置效果	作者主持完成设计项目
图 7-22		纪念馆院落户外展示空间造型与色彩配置效果	作者主持完成设计项目
图 7-23		纪念馆院落空间——新林院 8 号建筑及院落环境色彩配置效果	作者主持完成设计项目
第八章		"美丽乡村"建设中的乡村环境色彩设计考量	
图 8-2		自然生态环境之美是美丽乡村的建设目标	作者拍摄

序号	分图序	图 名	作者与引处
图 8-3		中国最美的十大乡村环境色彩实景	作者拍摄
图 8-4		乡村建设中的环境色彩设计现状	作者拍摄
图 8-5		"狮乡美环"总体规划及碧波万顷的南湾湖与绿茶飘香的万亩信阳毛尖茶园	作者主持完成设计项目
图 8-6		"狮乡美环"总体规划及美丽乡村重点整治村落	作者主持完成设计项目
图 8-7		"狮乡美环"总体色彩规划意向	作者绘制
图 8-8		贡茶之村——车云山及环境色彩风貌	作者拍摄
图 8-9		特色村落——车云山村的环境色彩营造	作者绘制
图 8-10		重点地段——睡仙桥村特色商业店街的环境色彩营造	作者主持完成设计项目
图 8-11		重点地段——狮河港镇桃园村五道河沿河的环境色彩营造	作者主持完成设计项目
图 8-12		典型建筑——谭家河乡土门村韩千岁府乡风民俗馆及村民文化中心的环境色彩营造	举白绘制
图 8-13		重点设施——谭家河乡凌岗村茶叶交易市场入口牌坊的环境色彩营造	刘若昕绘制
图 8-14		和谐的乡村环境色彩文化印象是环境色彩设计探索的崭新领域	作者拍摄

附录 B 书中所用工程设计项目参与人员注

序号	项目名称		时间	参与人员	备注
1	湖北武汉东湖国家级风景名胜区清河桥造型及环境设计		2000年	万敏、辛艺峰、伍特煜、陶碧伟	
2	贵州荔波县县城风貌规划及旧城区主要街道街景整治规划		2008年	万敏、辛艺峰、苏杰、石东明、陈恒、任善丽、董文思、张岩、赵旭、游珊珊、李灵芝、罗融、朱方琳、许晶、刘斌、陈雪	
3	广东珠海主城区道路及广场公共服务设施设置规划设计		2012年	万敏、辛艺峰、海洋、江吟、许艺凡、刘若昕、黄卉、张鹏、谢逸、龚道林、刘盼、王雅慧、宗子熙、薛雨桦	
4	安徽合肥柏堰科技园区城市道路绿化环境色彩设计		2007年	辛艺峰、王锋、傅方煜、董文思、游珊珊、张岩	
5	广东深圳南山区南新路街道立面整治规划与环境设计		2009年	辛艺峰、王锋、杨润、王炽、陈竟	
6	广东深圳滨河大道人行天桥造型及环境色彩设计	上沙人行天桥	2011年	王锋、李洁、潘海飞	
		车公庙人行天桥		王锋、胡洲、李洁、潘海飞	
		上沙人行天桥		王锋、李洁、潘海飞	
7	豫中长葛市清潩河景观带的环境色彩设计		2013年	辛艺峰、傅方煜、刘丰祺、王冲、袁珍、王晶、游珊珊、黄河、张岩、王思萌、熊瑛	

序号	项目名称	时间	参与人员	备注
8	广东新会茶坑村旧乡府建筑内外环境更新改造中的色彩设计	2013 年	辛艺峰、贾才俊、童宪、张文凡、刘羿	
9	河南信阳市"狮乡美环"总体规划及美丽乡村重点地段整治设计	2014 年	万敏、辛艺峰、乐美棚、海洋、李瑶、柯纯、吕彩虹、刘若昕、举白、黄倩、刘书婷、张文毅	

参 考 文 献

[1] 吉田慎吾. 環境色彩デザイン——調査から設計まで[M]. 东京：美術出版社,1984.

[2] 约翰内斯·伊顿. 色彩艺术[M]. 杜定宇,译. 上海：上海人民美术出版社,1985.

[3] 大智浩. 设计色彩知识[M]. 尹武松,译. 北京：科学普及出版社,1986.

[4] 尹定邦. 装饰色彩基础研究[M]. 广州：广州美术学院,1980.

[5] 黄国松. 实用美术——装饰色彩基础专辑[M]. 上海：上海人民美术出版社,1984.

[6] 赵国志. 色彩构成[M]. 沈阳：辽宁美术出版社,1989.

[7] 山口正城,琢田敢. 设计基础[M]. 辛华泉,译. 北京：中国工业美术协会,1981.

[8] 阿恩海姆. 艺术与视知觉[M]. 滕守尧,朱疆源,译. 成都：四川人民出版社,1998.

[9] 贡布里希. 艺术与人文科学[M]. 范景中,译. 杭州：浙江摄影出版社,1989.

[10] 孙孝华,多萝西·孙. 色彩心理学[M]. 白路,译. 上海：上海三联书店,2017.

[11] 《色彩学》编写组. 色彩学[M]. 北京：科学出版社,2003.

[12] 张宪荣,张萱. 设计色彩学[M]. 北京：化学工业出版社,2003.

[13] 田少熙. 数字色彩与环境设计应用[M]. 北京：中国建筑工业出版社,2004.

[14] 李广元. 色彩艺术学[M]. 哈尔滨：黑龙江美术出版社,2011.

[15] 张康夫. 色彩文化学[M]. 杭州：浙江大学出版社,2017.

[16] 凯文·林奇. 城市意象[M]. 北京：华夏出版社,2001.

[17] 丁圆.景观设计概论[M].北京:高等教育出版社,2008.

[18] 吴晓松,吴虑.城市景观设计——理论、方法与实践[M].北京:中国建筑工业出版社,2009.

[19] 许浩.城市景观规划设计理论与技法[M].北京:中国建筑工业出版社,2006.

[20] 张建涛,卫红.城市景观设计[M].北京:中国水利水电出版社,2008.

[21] 威尔逊,陈晓宇.景观中的现代色彩[M].北京:电子工业出版社,2015.

[22] 芬克.景观实录:景观设计中的色彩配置[M].李婵,译.沈阳:辽宁科学技术出版社,2015.

[23] 池沃斯.植物景观色彩设计[M].董丽,译.北京:中国林业出版社,2007.

[24] 施淑文.建筑环境色彩设计[M].北京:中国建筑工业出版社,1991.

[25] 吴伟.城市风貌规划:城市色彩专项规划[M].南京:东南大学出版社,2009.

[26] 吉田慎吾.环境色彩设计技法——街区色彩营造[M].北京:中国建筑工业出版社,2011.

[27] 《建筑设计资料集》编写组.建筑设计资料集(1)[M].北京:中国建筑工业出版社,1995.

[28] 辛艺峰.建筑绘画表现技法[M].天津:天津大学出版社,2001.

[29] 辛艺峰.建筑室内环境设计[M].北京:机械工业出版社,2007.

[30] 辛艺峰.城市环境艺术设计快速效果表现[M].北京:机械工业出版社,2008.

[31] 辛艺峰.室内环境设计理论与入门方法[M].北京:机械工业出版社,2011.

[32] 辛艺峰.城市细部的考量——环境艺术小品设计解读[M].武汉:华中科技大学出版社,2015.

[33] 约翰·沃尔夫冈·歌德.色彩学[J].莫光华,译.中国书画,2004(6).

[34] 俞孔坚.景观的含义[J].时代建筑,2002(1):15-17.

[35] 王云,崔鹏,江玉林,等.道路景观美学研究初探[J].水土保持研究, 2006,13(2):206-208,233.

[36] 齐伟杰.城市桥梁的景观设计现状和发展[J].交通世界,2017(14).

[37] 王毅娟,郭燕萍.现代桥梁美学与景观设计研究[J].北京建筑工程学 院学报,2004(3).

[38] 金轶峰.现代城市滨水景观规划设计要点探析——上海国际友好城 市公园设计[J].上海建设科技,2014(4).

[39] 江鸿.城市滨水区景观规划设计理论及应用研究[J].科技与创新, 2015(12).

[40] 薛恩伦.荷兰风格派与施罗德住宅[J].世界建筑,1989(3).

[41] 辛艺峰.现代城市景观个性创造的重要因素——城市的环境色彩设 计[C]//1989年中国流行色协会学术论文集.1989.

[42] 辛艺峰.风景园林专业构成教育刍议[C]//武汉城市建设学院高教研 究室.城建高教研究.1991(1).

[43] 辛艺峰.城市景观与环境色彩设计[J].流行色,1992(4).

[44] 辛艺峰.浅析建筑外观色彩设计的特殊性质与审美作用[C]//第二届 建筑与文化研究会论文集.1993.

[45] 辛艺峰.试论色彩在建筑外观设计中的特性与作用[C]//中国流行色 协会学术论文选编.1995.

[46] 辛艺峰.对建筑外观色彩设计的思考与展望[J].装饰装修天地,1995.

[47] 辛艺峰.论建筑外观的色彩设计[C]//中国室内设计学会.1995年青 岛年会论文集.1995.

[48] 辛艺峰.走向新时期的城市环境色彩设计[J].新建筑,1995(4).

[49] 辛艺峰.试论现代城市的环境色彩设计[J].城市,1995(6).

[50] 辛艺峰.试探色彩在建筑外部环境艺术设计中的应用[J].长江建设, 1997(5).

[51] 辛艺峰.论建筑外部环境的色彩设计[J].广东建筑装饰,2001(5).

[52] 辛艺峰.建筑外部环境艺术设计中的色彩应用研究[J].重庆建筑大学 学报,2002(5).

［53］　辛艺峰.现代城市环境色彩设计方法的研究［J］.建筑学报,2004(5).

［54］　辛艺峰.南方喀斯特地区城镇地域特色塑造中的环境色彩设计研
　　　　究——以贵州荔波县城区为例［M］//2012 年中国流行色协会学术年
　　　　会论文集.北京:中国科学技术出版社,2012.

［55］　辛艺峰.基于城市滨水区域的环境色彩设计探析——以豫中长葛市
　　　　清潩河景观带设计为例［M］//2013 年中国流行色协会学术年会论文
　　　　集.北京:中国科学技术出版社,2013.

［56］　辛艺峰.历史建筑内外环境更新改造中的色彩设计探索——以广东
　　　　新会茶坑村旧乡府建筑为例［M］//2014 年中国流行色协会学术年会
　　　　论文集［M］.北京:中国科学技术出版社,2014.

［57］　辛艺峰.“美丽乡村”建设中的乡村环境色彩设计考量——以河南信
　　　　阳市“狮乡美环”总体规划及美丽乡村重点地段整治设计为例［J］.流
　　　　行色,2015(1).

［58］　辛艺峰.建筑外部环境中色彩设计的作用与方法研究［J］.流行色,
　　　　2016(12).

［59］　辛艺峰.城市桥梁景观中的环境色彩设计探究——武汉“长江主轴”
　　　　规划范围内长江大桥组群环境色彩景观解读［C］//2017 中国国际时
　　　　尚创意论坛论文集.2017.